涡轮机械与推进系统出版项目

航空发动机技术出版工程

航空发动机加力燃烧室设计

尚守堂 何小民 等 编著

科学出版社

北京

内 容 简 介

本书主要介绍航空发动机加力燃烧室设计过程的各个环节需要做的工作,给出了加力燃烧室的设计理论和流程、加力燃烧室总体及各构成部分设计、加力燃烧室数值模拟仿真和试验验证等要点,并融入工程研制和相关科研经验,与现有教材和专著合理衔接,力求达到学科基本理论与工程实践应用相结合的目的,希望为读者提供系统、全面、细致的加力燃烧室设计参考。

本书主要面向从事航空发动机加力燃烧室研发的科技人员、技术管理人员,尤其是新参加工作的工程技术人员,高等院校的教师、硕士研究生、高年级本科生,可作为设计工具书,也可作为相关专业课题研究的参考书。

图书在版编目(CIP)数据

航空发动机加力燃烧室设计/尚守堂等编著. —北京:科学出版社,2022.12
航空发动机技术出版工程　国家出版基金项目
涡轮机械与推进系统出版项目
ISBN 978-7-03-074387-9

Ⅰ.①航… Ⅱ.①尚… Ⅲ.①航空发动机-加力燃烧室-设计 Ⅳ.①V233.7

中国版本图书馆 CIP 数据核字(2022)第 246415 号

责任编辑:徐杨峰／责任校对:谭宏宇
责任印制:黄晓鸣／封面设计:殷　靓

科学出版社 出版
北京东黄城根北街 16 号
邮政编码:100717
http://www.sciencep.com

南京展望文化发展有限公司排版
广东虎彩云印刷有限公司印刷
科学出版社发行　各地新华书店经销

*

2022 年 12 月第 一 版　开本:B5(720×1000)
2025 年 2 月第六次印刷　印张:16 1/4
字数:320 000

定价:**130.00 元**
(如有印装质量问题,我社负责调换)

涡轮机械与推进系统出版项目
顾问委员会

主任委员

张彦仲

委 员
(以姓名笔画为序)

尹泽勇　乐嘉陵　朱　荻　刘大响　杜善义
李应红　张　泽　张立同　张彦仲　陈十一
陈懋章　闻雪友　宣益民　徐建中

航空发动机技术出版工程
专家委员会

主任委员

曹建国

副主任委员

李方勇　尹泽勇

委　员

（以姓名笔画为序）

王之林　尹泽勇　甘晓华　向　巧　刘大响
孙　聪　李方勇　李宏新　杨　伟　杨　锐
吴光辉　吴希明　陈少洋　陈祥宝　陈懋章
赵振业　唐　斌　唐长红　曹建国　曹春晓

航空发动机技术出版工程
编写委员会

主任委员
尹泽勇

副主任委员
李应红　刘廷毅

委　员
（以姓名笔画为序）

丁水汀	王太明	王占学	王健平	尤延铖
尹泽勇	帅　永	宁　勇	朱俊强	向传国
刘　建	刘廷毅	杜朝辉	李应红	李建榕
杨　晖	杨鲁峰	吴文生	吴施志	吴联合
吴锦武	何国强	宋迎东	张　健	张玉金
张利明	陈保东	陈雪峰	叔　伟	周　明
郑　耀	夏峥嵘	徐超群	郭　昕	凌文辉
陶　智	崔海涛	曾海军	戴圣龙	

秘书组
组　长　朱大明
成　员　晏武英　沙绍智

航空发动机技术出版工程
设计系列
编写委员会

主 编

李建榕

副主编

李孝堂　高　洁　李中祥　王占学

委 员

（以姓名笔画为序）

王　强	王　鹏	王占学	王延荣	毛军逵
石建成	朱如鹏	刘永泉	刘传凯	刘振侠
米　栋	江　平	李　果	李　维	李中祥
李孝堂	李建榕	李继保	吴　新	邱　天
何小民	邹正平	邹学奇	张世福	张志学
邵万仁	尚守堂	金　捷	洪　杰	姚　华
聂海刚	桂幸民	索建秦	高　洁	高为民
郭　文	黄　敏	黄金泉	黄维娜	梁彩云
程荣辉	温　泉	蔡建兵	廖梅军	

航空发动机加力燃烧室设计
编写委员会

主　编
尚守堂

副主编
何小民

委　员
（以姓名笔画为序）

才　娟	王建培	文清兰	邓远灏	朱　健
刘玉英	李　娜	李江宁	何小民	张　飞
张　琪	陈洪林	尚守堂	金　捷	周开福
单学庆	姜　雨	徐兴平	黄晓锋	蒋联友
程岩岩	游庆江	蔡明权	颜应文	

涡轮机械与推进系统出版项目

序

　　涡轮机械与推进系统涉及航空发动机、航天推进系统、燃气轮机等高端装备。其中每一种装备技术的突破都令国人激动、振奋,但是由于技术上的鸿沟,使得国人一直为之魂牵梦绕。对于所有从事该领域的工作者,如何跨越技术鸿沟,这是历史赋予的使命和挑战。

　　动力系统作为航空、航天、舰船和能源工业的"心脏",是一个国家科技、工业和国防实力的重要标志。我国也从最初的跟随仿制,向着独立设计制造发展。其中有些技术已与国外先进水平相当,但由于受到基础研究和条件等种种限制,在某些领域与世界先进水平仍有一定的差距。在此背景下,出版一套反映国际先进水平、体现国内最新研究成果的丛书,既切合国家发展战略,又有益于我国涡轮机械与推进系统基础研究和学术水平的提升。"涡轮机械与推进系统出版项目"主要涉及航空发动机、航天推进系统、燃气轮机以及相应的基础研究。图书种类分为专著、译著、教材和工具书等,内容包括领域内专家目前所应用的理论方法和取得的技术成果,也包括来自一线设计人员的实践成果。

　　"涡轮机械与推进系统出版项目"分为四个方向:航空发动机技术、航天推进技术、燃气轮机技术和基础研究。出版项目分别由科学出版社和浙江大学出版社出版。

　　出版项目凝结了国内外该领域科研与教学人员的智慧和成果,具有较强的系统性、实用性、前沿性,既可作为实际工作的指导用书,也可作为相关专业人员的参考用书。希望出版项目能够促进该领域的人才培养和技术发展,特别是为航空发动机及燃气轮机的研究提供借鉴。

张彦仲

2019 年 3 月

航空发动机技术出版工程
序

航空发动机被誉称为工业皇冠之明珠,实乃科技强国之重器。

几十年来,我国航空发动机技术、产品及产业经历了从无到有、从小到大的艰难发展历程,取得了显著成绩。在世界新一轮科技革命、产业变革同我国转变发展方式的历史交汇期,国家决策进一步大力加强航空发动机事业发展,产学研用各界无不为之振奋。

迄今,科学出版社于2019年、2024年两次申请国家出版基金,安排了"航空发动机技术出版工程",确为明智之举。

本出版工程旨在总结、推广近期及之前工作中工程、科研、教学的优秀成果,侧重于满足航空发动机工程技术人员的需求,尤其是从学生到工程师过渡阶段的需求,借此也为扩大我国航空发动机卓越工程师队伍略尽绵力。本出版工程包括设计、试验、基础与综合、前沿技术、制造、运营及服务保障六个系列,2019年启动的前三个系列近五十册任务已完成;后三个系列近三十册任务则于2024年启动。对于本出版工程,各级领导十分关注,专家委员会不时指导,编委会成员尽心尽力,出版社诸君敬业把关,各位作者更是日无暇晷、研教著述。同道中人共同努力,方使本出版工程得以顺利开展、如期完成。

希望本出版工程对我国航空发动机自主创新发展有所裨益。受能力及时间所限,当有疏误,恭请斧正。

2024年10月修订

前　言

　　航空发动机燃烧室通过燃料与空气中的氧气化学反应放热增加燃气流的热能。具备燃烧加热功能的航空发动机部件有主燃烧室(有时直接称为燃烧室)和加力燃烧室(又称后燃室或复燃室)。加力燃烧室利用涡轮后燃气中未被主燃烧室烧掉的余氧和外涵道来流中的氧气与喷入的燃油再次组织燃烧,可快速提高燃气温度和排气速度,是涡喷、涡扇发动机在短时迅速增大推力的有效手段。涡喷发动机加力燃烧室能产生40%~50%的推力增量(也称加力比),涡扇发动机采用加力燃烧室加力比可达60%~70%,甚至更高。而加力燃烧室的重量只占发动机总重量的20%左右,因此采用加力燃烧室能大幅度提高发动机的单位迎面推力和推重比,但也要付出耗油率(大多为非加力状态的2.5倍左右)及构件热负荷与红外辐射强度急剧增加的代价。多数加力燃烧室只用在飞机快速起飞、爬升、跨声速加速和战斗机动、追击、逃逸等情况,一次使用和总累积使用时间受限,其中加力燃烧室总累积使用时间通常限制在发动机寿命的20%左右。加力燃烧室内涉及旋流、回流、燃料/空气射流、燃料雾化蒸发、油气掺混、点熄火与湍流燃烧、冒烟的生成/氧化以及对流、辐射换热、释热与声压耦合等多种复杂的物理和化学过程,而这些单一过程又相互耦合和干扰。在航空发动机加力燃烧室的设计和研制中,其容积(特别是长度)相当重要,要在尽可能小的容积内具有足够大的容热强度。同时,还希望加力燃烧室具有以下性能:温升高、冷热态(或者非加力和加力状态)的总压损失小、温度调节范围宽、在任务包线内加力使用无限制、各工况(包括稳定工作状态、过渡态)内燃烧稳定、加力推力连续可调、燃烧效率高、温度分布适宜、加力点火特别是高空飞行中的再点火可靠平稳、构件质量轻且可靠性高等。现代先进军用航空发动机的加力燃烧室还要求其后向雷达波散射和红外辐射强度足够低。但在工程设计时,上述性能要求往往存在矛盾和冲突,需要折中、平衡择优设计。

　　采用加力燃烧室增加推力的研究早在20世纪30年代末期就已开始,但经过10年左右的不断探索和验证,航空发动机上采用加力燃烧室到20世纪40年代末期才真正进入工程应用。特别是20世纪60年代中期,随着涡扇发动机加力燃烧室的投入使用,加力燃烧室进入快速发展时期,至今已有四代涡扇发动机加力燃烧室在工程中得以应用,更先进加力燃烧室的技术研究和应用研究也有了很大进展。

加力燃烧室在军用战斗机上得到广泛应用，也曾被其他机种如轰炸机、侦察机（如SR-71、米格-25P等）甚至民航客机（如"协和"号超声速客机）所选用，也会作为一些无人机、临近空间高超声速飞行器、超声速客机的动力。加力燃烧室的发展过程是一个不断追求提高加力温度、提高燃烧效率和燃烧稳定性、减小流动损失、减轻重量、提升可靠性和响应能力的过程。从20世纪60年代到现在，加力燃烧室的容热强度已提高2倍以上，燃烧效率由0.75提升到0.90以上，加力温度由1 430~1 600 K提升到2 000~2 200 K，加力燃烧室的油气比也提高约2倍。

本书以先进性与实用性相结合为主要特点，梳理总结以往及现在航空发动机加力燃烧室领域的优秀工程、科研、教学成果，以培养航空发动机工程技术人员为目的，特别是满足从学生到工程师过渡阶段的培养需求，为我国航空发动机领域培养卓越工程师做出贡献。本书定位介于高校教材和设计手册之间，与现有教材和其他系列丛书合理衔接，主要是供新参加工作的工程技术人员、高年级本科生、硕士研究生等参考和学习，相比于设计手册适当增补了新的设计过程、手段、流程等。

本书编写团队积极吸纳在航空发动机加力燃烧室研究领域处于领先地位的沈阳发动机研究所、四川燃气涡轮研究院、贵阳发动机设计研究所等设计院所技术领导和具有丰富工程经验的一线科研人员，以及参与意识强烈、科研学术潜力较大的青年科技人才，同时充分发挥高等院校的作用，积极邀请在航空发动机加力燃烧室研究领域有丰富教学、科研经验的北京航空航天大学、南京航空航天大学等高等院校的老师参加编写工作。全书由尚守堂、何小民统编，张孝春、何立明、任祝寅审编。

全书共9章。第1章介绍加力燃烧室设计基础，主要内容包括加力燃烧室概念、功能、类型、构成、截面划分、应用对象等；加力燃烧室设计理论基础，包括流动和燃烧基本理论、性能参数和计算公式等；加力燃烧室设计要求，包括发动机工作条件及对加力燃烧室的要求和总体提供的设计要求等；加力燃烧室设计流程，包括研究思路及需求分析、可行性分析、方案设计、技术设计、详细设计、生产与装配、试验与验证等。第2章介绍加力燃烧室总体设计，主要内容包括基本流路的关键尺寸设计、混合扩压形式、稳定器类型选择、点火供油方案、防振隔热屏、初步性能评估、燃烧不稳定、应急放油/漏油引射/隐身等其他功能；结构设计包括强度计算、重量等。第3~8章分别介绍混合扩压器、火焰稳定器、燃油喷射系统、点火、防振隔热屏、加力筒体等加力燃烧室主要构成部分的设计，主要内容包括各构成部分的类型、功能、发展历程、趋势、设计要求、设计过程、材料和工艺等。第9章介绍加力燃烧室的数值模拟仿真和试验验证等相关内容。

航空发动机加力燃烧室还在不断发展中，同时由于作者水平有限，本书难免存在不足之处，恳请读者批评指正。

作者
2022年6月

目 录

涡轮机械与推进系统出版项目·序
航空发动机技术出版工程·序
前　言

第 1 章　加力燃烧室设计基础

1.1　概述 …………………………………………………………………… 001
1.2　设计理论基础 …………………………………………………………… 002
　　1.2.1　流动和燃烧的基本理论 ………………………………………… 003
　　1.2.2　加力燃烧室性能参数 …………………………………………… 020
1.3　加力燃烧室的设计要求 ………………………………………………… 024
　　1.3.1　安装与工作环境 ………………………………………………… 024
　　1.3.2　功能要求 ………………………………………………………… 024
　　1.3.3　性能要求 ………………………………………………………… 024
　　1.3.4　接口要求 ………………………………………………………… 025
　　1.3.5　通用特性要求 …………………………………………………… 025
1.4　设计流程 ………………………………………………………………… 025
　　1.4.1　可行性分析 ……………………………………………………… 026
　　1.4.2　方案设计 ………………………………………………………… 027
　　1.4.3　技术设计 ………………………………………………………… 028
　　1.4.4　详细设计 ………………………………………………………… 028
　　1.4.5　生产与装配 ……………………………………………………… 029
　　1.4.6　试验与验证 ……………………………………………………… 030

第 2 章　加力燃烧室总体设计

- 2.1 加力燃烧室总体方案设计 ·· 031
  - 2.1.1 需求分析和方案类型选择 ·· 031
  - 2.1.2 基本流路的关键尺寸设计 ·· 035
  - 2.1.3 加力燃烧室总体方案设计 ·· 036
- 2.2 加力燃烧室热力特性计算 ·· 040
  - 2.2.1 概述 ··· 040
  - 2.2.2 流阻损失计算 ·· 041
  - 2.2.3 热核心流完全燃烧系数计算 ······································· 041
  - 2.2.4 热核心流温升及出口热核心流温度计算 ······················· 043
  - 2.2.5 加力燃烧室燃烧效率计算 ·· 044
  - 2.2.6 加力燃烧室燃烧稳定性评估 ······································· 044
- 2.3 加力燃烧室的结构设计 ··· 044
  - 2.3.1 加力燃烧室的一般结构形式和组成 ····························· 044
  - 2.3.2 加力燃烧室结构设计的依据以及与发动机/飞机的协调 ··· 046
  - 2.3.3 结构设计的主要工作内容 ·· 046
  - 2.3.4 结构设计原则 ·· 048
  - 2.3.5 强度计算和试验 ··· 052
  - 2.3.6 加力燃烧室的主要结构故障 ······································· 053

第 3 章　混合扩压器设计

- 3.1 概述 ··· 056
- 3.2 设计要求 ·· 059
  - 3.2.1 环形混合器 ··· 059
  - 3.2.2 波瓣形混合器 ·· 060
  - 3.2.3 漏斗形混合器 ·· 061
  - 3.2.4 指形混合器 ··· 061
- 3.3 设计过程 ·· 062
  - 3.3.1 主要参数 ··· 062
  - 3.3.2 性能参数计算 ·· 066
  - 3.3.3 环形混合器设计 ··· 070

3.3.4　波瓣形混合器设计 ·· 073
　　3.3.5　漏斗形混合器设计 ·· 078
　　3.3.6　扩压器设计 ·· 081
　　3.3.7　测试与试验 ·· 083
3.4　混合器的材料和工艺 ·· 086

第 4 章　火焰稳定器设计

4.1　概述 ··· 087
　　4.1.1　非流线体火焰稳定器 ·· 087
　　4.1.2　非钝体类火焰稳定器 ·· 094
　　4.1.3　气动火焰稳定器 ·· 096
4.2　设计要求 ·· 097
4.3　设计过程 ·· 097
　　4.3.1　设计的已知数据 ·· 097
　　4.3.2　火焰稳定器类型的选择 ··· 097
　　4.3.3　堵塞比设计 ··· 098
　　4.3.4　火焰稳定器槽宽计算 ·· 099
　　4.3.5　火焰稳定器的布置 ·· 099
　　4.3.6　等槽宽环形稳定器的布置 ······································ 100
　　4.3.7　不等槽宽环形稳定器的布置 ··································· 103
　　4.3.8　环形与径向组合布置 ·· 104
　　4.3.9　径向稳定器的布置 ·· 107
　　4.3.10　总压损失的计算 ·· 107
　　4.3.11　火焰稳定器后方回流区内的当量比计算 ·················· 108
　　4.3.12　吹熄边界的计算 ·· 109
4.4　火焰稳定器材料和工艺 ··· 110

第 5 章　燃油喷射系统设计

5.1　概述 ··· 111
5.2　输入要求 ·· 114
5.3　燃油喷射系统设计准则 ··· 114
5.4　燃油总管的供油方案设计 ·· 115

  5.4.1 设计原则 ·· 115
  5.4.2 供油方案的选择 ·· 116
  5.4.3 值班火焰设计 ··· 117
  5.4.4 供油顺序设计 ··· 118
 5.5 燃油总管布局设计 ··· 118
  5.5.1 燃油喷嘴设计 ··· 118
  5.5.2 确定燃油喷嘴布局 ··· 119
  5.5.3 匹配稳定器与燃油总管的布局 ··· 121
  5.5.4 计算燃油浓度分布 ··· 122
 5.6 燃油总管结构设计 ··· 123
  5.6.1 燃油总管典型结构 ··· 123
  5.6.2 燃油总管结构设计要点 ··· 124
  5.6.3 材料和工艺 ·· 125

第 6 章　加力燃烧室点火设计

 6.1 概述 ·· 127
  6.1.1 软点火和硬点火 ·· 128
  6.1.2 点火基本类型 ··· 128
 6.2 加力燃烧室点火设计要求 ··· 133
  6.2.1 加力点火性能的总体技术要求 ··· 133
  6.2.2 加力点火设计基本参数 ··· 134
  6.2.3 加力燃烧室的点火、供油与喷口的匹配 ······························· 135
 6.3 点火方式选择 ·· 135
 6.4 各类加力点火设计的基本性能计算和结构设计 ······························ 136
  6.4.1 高能电嘴直接点火设计 ··· 136
  6.4.2 预燃室点火设计 ·· 139
  6.4.3 热射流点火设计 ·· 144
  6.4.4 催化点火设计 ··· 147

第 7 章　防振隔热屏设计

 7.1 概述 ·· 149

7.2 防振屏设计 ·· 151
7.2.1 防振屏抑制振荡燃烧的机理 ·· 151
7.2.2 防振屏设计要点 ·· 153
7.2.3 防振屏特性计算 ·· 154
7.3 隔热屏设计 ·· 155
7.3.1 设计输入 ·· 155
7.3.2 设计准则 ·· 155
7.3.3 隔热屏的工作特点及冷却方式 ······································ 156
7.3.4 隔热屏设计要点 ·· 159
7.3.5 材料和工艺 ·· 164
7.4 防振隔热屏冷却计算 ··· 165

第 8 章 加力筒体设计

8.1 概述 ·· 167
8.1.1 加力筒体热分析 ·· 167
8.1.2 避免局部过热 ··· 168
8.1.3 重视刚性和稳定性设计 ·· 168
8.1.4 分散集中负荷 ··· 168
8.2 设计要求 ··· 168
8.2.1 设计依据 ·· 168
8.2.2 设计要求 ·· 169
8.3 设计过程 ··· 169
8.3.1 加力筒体各段长度和直径的确定 ··································· 169
8.3.2 加力筒体结构设计 ··· 170
8.3.3 加力筒体的壁温计算 ·· 181
8.3.4 加力筒体的强度计算 ·· 185
8.4 材料和工艺 ·· 189
8.5 加力筒体的常见故障 ··· 189
8.5.1 加力筒体裂纹故障 ··· 189
8.5.2 变形 ·· 190
8.5.3 过热和烧蚀 ··· 191

第 9 章　加力燃烧室数值模拟仿真和试验验证

9.1　加力燃烧室数值模拟仿真 …………………………………………… 192
　　9.1.1　基于 RANS 方法的加力燃烧室两相喷雾燃烧数学
　　　　　模型 …………………………………………………………… 193
　　9.1.2　基于 LES 方法的加力燃烧室两相喷雾燃烧数学
　　　　　模型 …………………………………………………………… 200
　　9.1.3　加力燃烧室数值计算方法 ………………………………………… 212
　　9.1.4　加力燃烧室计算结果 …………………………………………… 222
9.2　加力燃烧室试验 …………………………………………………… 225
　　9.2.1　水流模拟试验 …………………………………………………… 226
　　9.2.2　混合器试验 ……………………………………………………… 227
　　9.2.3　二元稳定器试验 ………………………………………………… 228
　　9.2.4　喷嘴特性试验 …………………………………………………… 230
　　9.2.5　扇形试验 ………………………………………………………… 232
　　9.2.6　全尺寸试验 ……………………………………………………… 234

主要参考文献 ……………………………………………………………… 237

第1章
加力燃烧室设计基础

1.1 概　　述

加力燃烧室是增加军用航空发动机推力的重要部件,可以在发动机中间状态(又称最大状态)推力基础上提高推力40%以上。

采用加力燃烧室增加发动机推力的研究最早在1939年就开始了,1944年德国使用JUMO-004E发动机完成了加力燃烧室试验,是涡喷发动机开始使用加力燃烧室增推的重要标志。在20世纪50年代,加力燃烧室已在军用涡喷发动机上获得了广泛应用并占有重要地位,到20世纪60年代中期,涡扇发动机的加力燃烧室投入使用。

目前,已有四代涡喷/涡扇发动机的加力燃烧室出现,几十年来,加力燃烧室的技术发展一直是一个不断提高加力温度、提高燃烧效率、减小流动损失、减轻重量、提高可靠性的过程。

加力燃烧室在涡扇发动机中的位置如图1.1中虚线所示,燃烧室包括内外两个涵道,其中内涵道进口与涡轮相连,外涵道进口与风扇相连;加力燃烧室出口和喷管相连。各截面的划分和标识也示于图中,内涵道沿流向分别为:加力燃烧室内涵道进口标为6,对应位置处的外涵道标为16,混合扩压器出口标为65,加力燃烧室出口标为7。

典型涡扇发动机的加力燃烧室结构示意图如图1.2所示,加力燃烧室包括内涵道、外涵道、混合扩压器、供油系统、火焰稳定系统和防振隔热屏等零组件。空气分别经内涵道、外涵道进入加力燃烧室,内涵道为高温燃气,外涵道是低温的纯空气,二者混合后与喷入的燃油进行掺混燃烧;加力燃烧室的供油一般采用直射式喷嘴,并根据不同工作状态的需要,设置了分区和分压两种供油模式。在燃烧区设置了火焰稳定器组,承担点火、稳定火焰和高效燃烧的功能;稳定器包括值班稳定器和主流稳定器两部分,值班稳定器主要用于软点火和稳定火焰,主流稳定器除了辅助火焰稳定,还承担着引燃并支持主流燃烧的功能。防振隔热屏包含防振屏和隔热屏两部分,防振屏主要用于削弱压力和释热引起的振荡燃烧;隔热屏的主要功能是保护壁面免受高温燃气的侵蚀破坏。

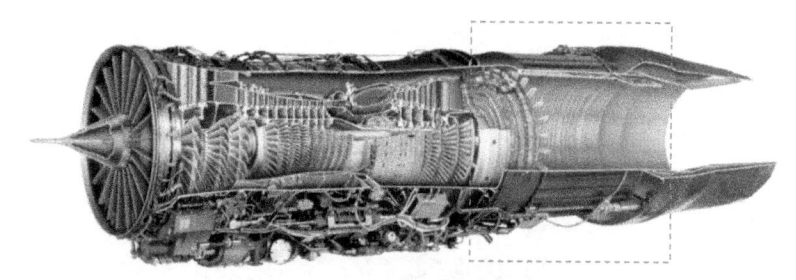

(a) 典型加力涡扇发动机的结构图

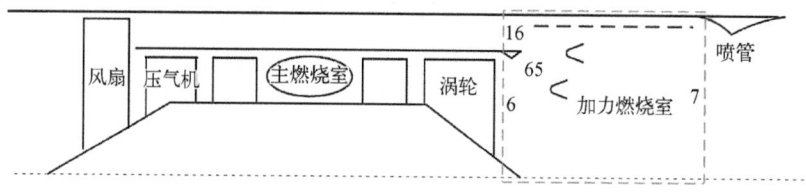

(b) 加力燃烧室的截面划分示意图

图 1.1　加力燃烧室在涡扇发动机中的位置示意图

(a) 加力燃烧室三维示意图

(b) 加力燃烧室二维示意图

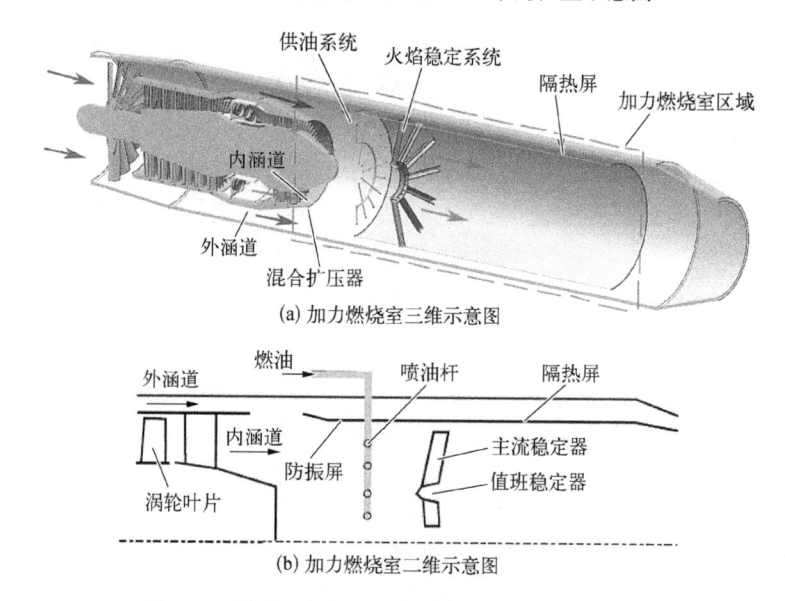

图 1.2　典型涡扇发动机的加力燃烧室结构示意图

1.2　设计理论基础

　　加力燃烧室的流动主要涉及混合器、扩压器(两者常合并称为混合扩压器)、火焰稳定器及隔热屏等方面的流动,燃烧主要与着火、火焰稳定和传播等密切相关,相关的流动和燃烧基本理论也与此相关。

1.2.1 流动和燃烧的基本理论

1. 扩压器流场

加力燃烧室扩压器的主要功能是降低气流速度,满足火焰稳定、高效低阻燃烧的要求。

在扩压器设计中,应满足如下性能要求:

(1) 压力损失尽可能小,一般要求压力损失小于进口动压头占总压比例的30%~40%;

(2) 扩压器长度尽可能短;

(3) 扩压器沿程流动不分离;

(4) 在所有发动机工作状态下扩压器内的流场动态稳定。

总之,如何在最短距离内、最小流阻损失下实现减速增压,获得稳定的流动是扩压器设计的关键。

1) 加力燃烧室扩压器类型

加力燃烧室扩压器大都是气动扩压器,沿流动方向截面面积平缓增加,气流速度逐步下降,静压上升。同时,加力燃烧室扩压器内边常与发动机的后锥合为一体,外边则是内外涵道的隔板,一般是直边或扩张角非常小,因此加力燃烧室的扩压器往往是一个半边扩压器。

根据扩压器壁面形式的不同,气动扩压器又可分为直壁扩压器和曲壁扩压器。

直壁扩压器(图 1.3)是最简单的一类气动扩压器,扩压器壁面的母线为直线,结构简单,加工容易,成本低。但由于受限于气流分离的要求,直壁扩压器一般只应用于进口速度低、扩张比小的燃烧室。近年来,为控制发动机后向雷达波散射方向,发动机后锥多为尖锥,直壁扩压器的应用又得以扩展。

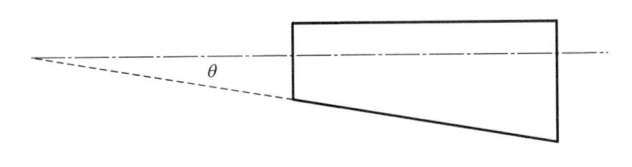

图 1.3 直壁扩压器

随着燃烧室进口气流速度的提高,要求扩压器降低气流速度的能力提高,在直壁扩压器的基础上发展了曲壁扩压器,主要目的是通过合理设计扩压器的壁面形状,可以在更大的扩张比下,流动不分离的前提下更多地降低气流速度和提高静压。曲壁扩压器的结构如图 1.4 所示,扩压器的壁面曲线一般按等压力梯度、等速度梯度或双纽线等规律设计。由于曲壁扩压

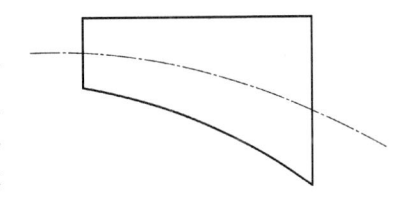

图 1.4 曲壁扩压器

器的流动平稳光滑,压力损失小,有时也称为流线型扩压器。

2) 扩压器性能参数

(1) 静压恢复系数 C_p。

静压恢复系数 C_p 是指扩压器进出口静压差与进口动压头的比值,定义式为

$$C_p = \frac{p_{S6} - p_{S5}}{q_5} \tag{1.1}$$

式中,p_{S6} 为扩压器进口静压;p_{S5} 为扩压器出口静压;q_5 为进口动压头,$q_5 = \frac{\rho \bar{u}_5^2}{2}$。

静压恢复系数 C_p 反映了进口动压头转化为静压的程度,体现了扩压器减速增压的特点,是扩压器最重要的性能指标。

(2) 总压损失系数 ζ。

总压损失系数 ζ 是指进出口总压差与进口总压的比值:

$$\zeta = \frac{P_{T5} - P_{T6}}{P_{T5}} \tag{1.2}$$

(3) 扩压器效率 η。

扩压器效率 η 是指扩压器的实际静压恢复系数与理论静压恢复系数之比,反映了实际扩压器的性能与理想扩压器的差距,表达式为

$$\eta = \frac{C_p}{C_{pi}} \tag{1.3}$$

理想扩压器是指不考虑压力损失的扩压器 ($P_{T5} = P_{T6}$),对应的静压恢复系数为理论静压恢复系数 C_{pi}。

3) 扩压器的流态

如前所述,当扩压器出口面积与进口面积之比(扩张比)越大,出口速度越小。而当扩张角一定时,为了获得较大的扩张比,扩压器的长度将会变大,这会增加流阻损失和发动机的重量。相反,若要保证更小的扩压器长度,则必然要增大扩张角,可能导致气流分离,造成实际扩张比减小、流阻损失增大。扩压器的流场与扩张比、扩张角相关,一般会出现如下五种流态,如图 1.5 所示。

针对不同的扩张比和长度,气动扩压器内会出现五种典型流态。图 1.6 为在特定结构参数扩压器内的流态情况,图中横轴为扩压器长高比,纵轴为扩压器的扩张角。总体来看,扩压器长度保持不变时,扩张角越大,越容易分离;相反,扩张角越大,能够保证扩压器流动不分离时的长度越小。图中有四条线,分别为 a—a、b—b、c—c、d—d,把整个图分成了 5 个区域。由下而上,扩压器长高比一定时,扩张角越大,扩张比也越大,若各种情况下都没有分离,则说明减速增压的性能越好。

扩张角增大 →

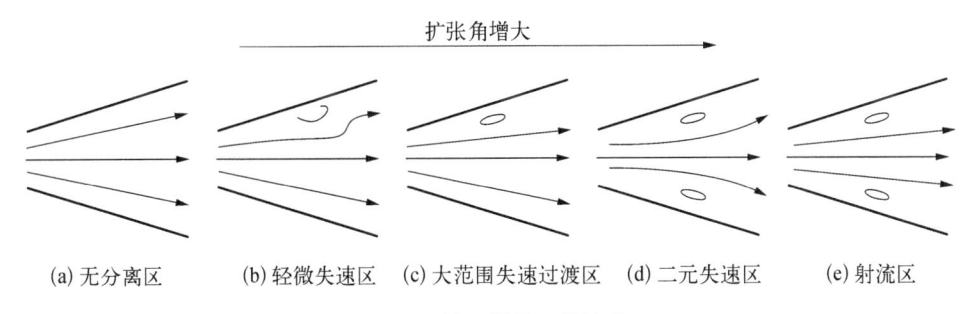

(a) 无分离区　　(b) 轻微失速区　　(c) 大范围失速过渡区　　(d) 二元失速区　　(e) 射流区

图 1.5　扩压器的五种流态

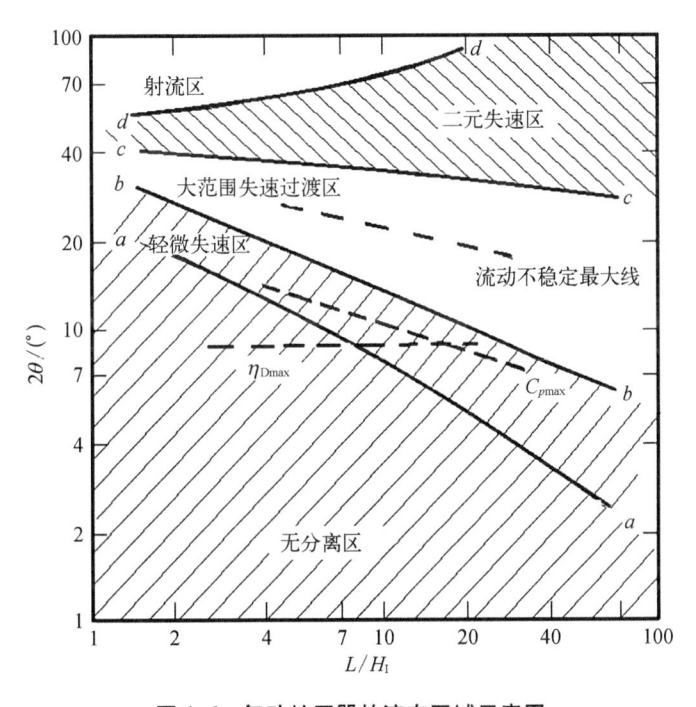

图 1.6　气动扩压器的流态区域示意图

而实际上各个区域的流态有较大的差异。线 a—a 以下的区域，扩压器的扩张角小，此时气流没有分离，如图 1.5(a) 流态所示；线 a—a 和 b—b 之间的区域，是轻微失速区，此时在扩压器的一侧壁面处有很小的分离区，流线绕过该分离区后又会重新附着于壁面，如图 1.5(b) 流态所示。扩压器的最大静压恢复系数也出现在轻微失速区，图中有一条虚线，表示的是最大静压恢复系数的变化规律，随着扩压器长度的变大，对应最大静压恢复系数的扩张角变小。这主要是因为相比于无分离区，在同样长度下，轻微失速区对应的扩压器扩张角更大一些，尽管在扩压器中间的某个区域产生了分离，但经重新附着，出口处流场依然是完整的。线 b—b 和 c—c 之间的区域，是一个大范围失速过渡区，此时扩压器中在某一侧出现了分离区，然后消失,接着在另一侧又会出现分离区,整个流态呈现一个两侧交替出现分离区的动态变化过程。同样,扩压器出口流场也呈现出类似的动态变化特性,这会对加力燃烧室性能带来极为恶劣的影响,如图 1.5(c)流态所示。再往上,从线 c—c 到 d—d 区域,是二元失速区,该区域中在扩压器的一侧壁面形成相对稳定的分离区,之后的流线也不会重新附着于壁面,但流线是弯曲的。该区域产生的分离涡虽然不像大范围失速过渡区时刻在变化,但仍存在脱落生成过程,流线如图 1.5(d)流态所示。在线 d—d 以上的区域,会在扩压器的两个壁面都产生分离区,出口流动呈现射流流动特征,此时流线是直线形,常称为射流区,如图 1.5(e)流态所示。

由上面的讨论可知,为了在尽可能短的距离内获得高静压恢复系数,需要设计更大的扩张比,但这可能导致气流分离,反之,又会增加扩压器的长度。扩张比和长度存在一定的匹配关系,使得静压恢复系数最大,流动又不产生分离。另外,图 1.6 中的无失速区和轻微失速区中还有一条虚线,表示的是扩压器最大效率线。由图 1.6 可知,最大效率线在长高比为 3~20 时,对应的扩张角基本不变,图中为 $2\theta = 9°$ 左右,这表明扩压器在该匹配参数范围内,扩压器的损失基本保持不变。最大效率线和最大静压恢复系数线的交点处于轻微失速区,该点也是扩压器设计时的首选位置。

2. 热自燃和强迫着火的基本理论

油气混合气的着火方式分为自发着火和强迫着火。

(1) 自发着火:可燃混合气加热到某一温度时,燃烧反应能自发开展,且可燃混合气释放的热量大于散热量,反应能持续下去,而不需要外部再提供热量,这种现象称为自发着火。

(2) 强迫着火:在可燃混合气内的某处,用外部能量点着一层混合气体,然后火焰自动传播到混合气的其余部分,又称点火。

加力燃烧室中,最初的着火往往是通过点火实施的,然后是自发着火,维持稳定燃烧。

下面首先介绍热自燃理论,建立着火条件,然后对点火理论进行简要阐述。

1) 热自燃理论

热自燃理论认为,着火是反应放热因素和散热因素相互作用的结果,若反应放热大于散热,则着火成功。

着火条件是指能够实现着火的临界条件,定义为:如果在一定初始条件(闭口系统)或边界条件(开口系统)下,使系统在某个瞬间或某个空间内燃烧,对应的初始条件或边界条件称为着火条件。

显然,着火条件是化学动力学参数和流体力学参数的综合函数。对于一定种类的可燃混合气,在闭口系统的条件下,其着火条件可由下列函数关系表示:

$$f(T_\infty, H, P, d, u_\infty) = 0 \tag{1.4}$$

式中,T_∞ 为预混气的初温;H 为对流换热系数;P 为预混气的压力;d 为容器直径;u_∞ 为环境气流速度。

(1) 谢苗诺夫非稳态分析法。

谢苗诺夫通过分析在闭口系统中预混可燃气体中着火与熄火的条件,给出了着火临界条件的关系式。

假设在密闭容器中,如图1.7所示,存在一定初温的可燃混合气,在发生化学反应时,放出一定的热量。热量一方面促进反应的加速,另一方面也会通过器壁向外界散热。谢苗诺夫非稳态分析法是假定在容器内可燃气体的温度和浓度是均匀分布的,混气反应过程只随时间变化。

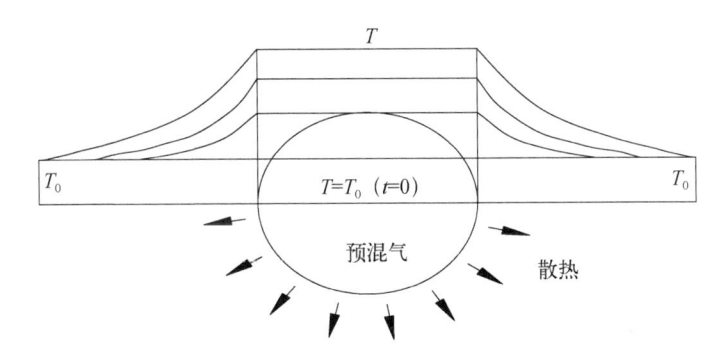

图1.7 热自燃理论简化模型的分析示意图

谢苗诺夫进行如下假设:

① V 和 S 分别代表容器的体积和表面积,在反应过程中,容器内的混合气体成分、温度和密度(或压力)是均匀分布的;

② 容器的壁温 T_w 与环境温度 T_∞ 相同,容器内无自然对流也无强迫对流;

③ 容器与环境之间有对流换热,对流换热系数 h 等于常数;

④ 在着火之前,忽略容器内反应物浓度和温度的变化。

图1.7所示的闭口系统能量方程为

$$V\rho C_v \frac{dT}{dt} = VQw_s - hS(T - T_\infty) \tag{1.5}$$

式中,ρ 为可燃气体的密度;C_v 为可燃混气的比定容热容;Q 为可燃混气的反应热;w_s 为可燃混气的反应速率;h 为对流换热系数。

将式(1.5)改写为

$$\rho C_v \frac{dT}{dt} = Qw_s - \frac{hS}{V}(T - T_\infty) = q_G - q_1 \tag{1.6}$$

$$q_G = Qw_s = Qk_0 C^n e^{-\frac{E}{RT}} \propto C^n e^{-\frac{E}{RT}}$$

$$q_1 = \frac{hS}{V}(T - T_\infty)$$

式中，q_G 为可燃气体在单位时间内反应放出的热量，简称放热速率；q_1 为可燃混气在单位体积单位时间内平均向环境散发的热量，简称散热速率；C 为浓度；E 为活化能；R 为通用气体常数。

谢苗诺夫指出，着火成功与否取决于 q_G 与 q_1 的相互关系，若 $q_G > q_1$，则可以成功着火。

图 1.8 给出了着火过程中 q_G 和 q_1 随温度变化的曲线。当压力(或浓度)不同时，可以得到一组反应放热曲线，随着压力增大，曲线向左上方移动；当改变 T_∞ 时，则得到一组平行的散热曲线，随着 T_∞ 减小，曲线沿横轴向原点移动；同样，当 $\frac{hS}{V}$ 改变时，则得到一组不同斜率的散热曲线，$\frac{hS}{V}$ 变小，曲线变缓。

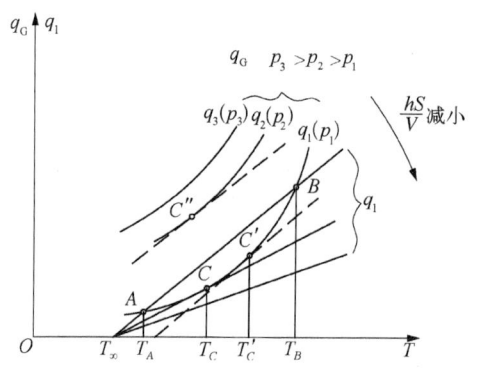

图 1.8　热着火过程中 q_G 和 q_1 随温度变化的曲线

由图 1.8 可知，q_G 和 q_1 之间有三种情况。第一种情况是 q_G 和 q_1 有两个交点 A 和 B；第二种是 q_G 和 q_1 不相交也不相切；第三种是 q_G 和 q_1 只有一个交点，即相切于 C 点。下面对上述三种情况进行进一步分析。

第一种情况：初始时，混合气存在一定的化学反应，使混合气温度升高；同时，系统内外温差变大，对外的散热量逐步增加；当反应放热量和散热量相等时，两条线交于 A 点。但温度上升存在一定的惯性，因此温度会继续上升，即系统温度会偏离 T_A，设 $T > T_A$，此时反应放热量小于散热量，即 $q_G < q_1$，则温度会自动下降，使工况恢复到 A 点，并继续下降，此时又会出现 $q_G > q_1$，即系统围绕 A 点处于动态稳定；由于 A 点温度较低，反应速率又不能自行加速，系统不可能着火，A 点工况往往被称为缓慢的氧化反应状态。对于状态 B 的情况，若由于某些原因，当系统工况偏离 B 点向左移动时，$q_G < q_1$，温度继续下降到 A 点，则不能着火。反之，若系统工况偏离 B 点向右移动时，$q_G > q_1$，温度将继续升高，系统内反应加速，则会导致着火，由此可见，状态 B 是不稳定的。实际上，由于 B 点对应的温度很高，在自燃条件下很难达到，除非外界向系统加入额外热量，如点火，使混合气温度越过 AB 段。

第二种情况：当 q_G 和 q_1 没有交点时，q_G 始终大于 q_1，因此必定会引起预混气的着火成功。

第三种情况：放热曲线 q_G 与散热曲线 q_1 相切的情况，切点 C 是放热量、放热速率与散热量和散热速率相等的点。当一定的初始条件使系统温度到达 C 点（T_C）时，由于惯性，温度会继续上升，$q_G > q_1$，系统将出现着火；反之，若条件变化，使温度下降到 T_C 以下，但由于此时 $q_G > q_1$，温度仍会回到 C 点，并继续上升，则会导致着火。

分析三种情况可知，第一种情况不可以使混气着火，此时两条曲线有两个交点（A、B）；第二种情况没有交点，肯定可以着火；第三种情况处于两者之间，只有一个交点，处于着火的临界状态，使第一种情况的缓慢反应态过渡到第二种情况的剧烈反应态。因此，C 点相当于着火的临界状况，产生这种过渡的初始条件即着火条件（临界条件），T_C 是着火温度。

如前所述，C 点处的化学反应放热量和对外散热量相等，放热率和对外散热率也相等，把这两种情况用数学关系式表示，分别为

$$q_G \mid_{T_C} = q_1 \mid_{T_C} \tag{1.7}$$

$$\frac{dq_G}{dT} \mid_{T_C} = \frac{dq_1}{dT} \mid_{T_C} \tag{1.8}$$

将 q_G 和 q_1 的关系式代入式（1.7）、式（1.8），则有

$$Qw_s = \frac{hS}{V}(T_C - T_\infty) \tag{1.9}$$

$$\frac{E}{RT_C^2}Qw_s = \frac{hS}{V} \tag{1.10}$$

式（1.9）和式（1.10）相除得

$$T_C - T_\infty = \frac{RT_C^2}{E} \tag{1.11}$$

求得

$$T_C = \frac{E}{2R}\left(1 \pm \sqrt{1 - \frac{4RT_\infty}{E}}\right) \tag{1.12}$$

式（1.12）中，T_C 有两个根，根号前取负号的根有意义。若取正号，则 $T_C > \dfrac{E}{2R}$（约 10 000 K），可燃混气的火焰温度一般低于 3 500 K，不可能有这么高的着火温度。

通常情况下,加力燃烧室的进口温度 T_∞ 为 500~1000 K,$E = (1 \sim 4) \times 10^5$ J/mol,因此 $\dfrac{RT_\infty}{E}$ 很小,一般不超过 0.05。因此,可将其按二项式定理展开,略去高次项,则有

$$\left(1 - \frac{4RT_\infty}{E}\right)^{\frac{1}{2}} \approx 1 - \frac{2RT_\infty}{E} - 2\left(\frac{RT_\infty}{E}\right)^2 \quad (1.13)$$

代入式(1.12)可得

$$T_C = T_\infty + \frac{RT_\infty^2}{E}$$

$$\Delta T_C = T - T_\infty = \frac{RT_\infty^2}{E} \quad (1.14)$$

ΔT_C 的物理意义是:可燃混合气的温度若比器壁温度高,即 $\Delta T_C > \dfrac{RT_\infty^2}{E}$,则会发生热自燃;反之,当 $\Delta T_C < \dfrac{RT_\infty^2}{E}$ 时,不会引起热自燃。

(2) 谢苗诺夫方程和着火界限。

对于二级反应,依据质量作用定律,化学反应速率可用式(1.15)表示:

$$w_s = k_{0s} x_A x_B \left(\frac{P}{RT}\right)^2 \exp\left(-\frac{E}{RT}\right) \quad (1.15)$$

式中,x_A、x_B 分别为燃料与氧化剂的摩尔分数。则相应的着火条件可表示为

$$\frac{EVp_c^2}{R^3 T_c^4 hS} Q k_{0s} x_A x_B \exp\left(-\frac{E}{RT_c}\right) = 1 \quad (1.16)$$

式中,p_c 为相应的临界压力。

若组分保持不变,则着火温度 T_c 与临界压力 p_c 的关系如图 1.9 所示。其中,曲线右上方为自发着火区,曲线左下方为非自发着火区,该曲线也称为着火界限曲线。

对式(1.16)取对数,则有

$$\ln \frac{p_c}{T_c^2} = \ln\left(\frac{hSR^3}{EQVk_{0s}x_A x_B}\right)^{1/2} + \frac{E}{2R}\frac{1}{T_c} \quad (1.17)$$

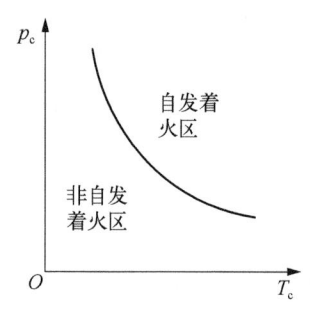

图 1.9 着火界限

该方程称为谢苗诺夫方程。以纵轴表示 $\ln(p_c/T_c^2)$,横轴表示 $1/T_c$,则得到一条直线,斜率为 $E/(2R)$,如

图 1.10 所示，该直线示出了特定混合气的着火条件。同时，关系式(1.17)也为测定简单放热反应活化能提供了计算方法。

在推导谢苗诺夫方程时，忽略了容器中燃气成分与温度分布的不均匀性，以及着火前燃气成分的变化，并将导热系数作为常数。由于这些假设的存在，方程也必然存在一定误差。但对于高温着火，热自燃理论还是合理的，定量估算也有一定的参考价值。对于低温着火和冷焰现象，热着火理论就不能圆满解释了，这些现象与链锁反应机理相关。

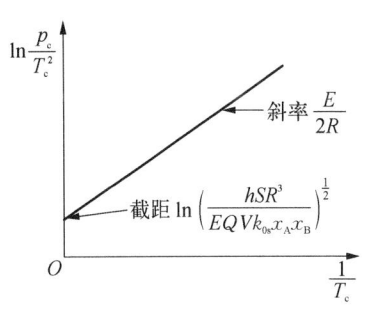

图 1.10 临界压力 p_c 与着火温度 T_c 的关系

关于着火的浓度界限，根据关系式(1.16)，首先假定 p_c 为常数，则可得出着火温度与混气组分的关系曲线；另外还可假定温度 T_∞ 为常数，同样建立临界压力 p_c 与燃气组分 X_M 的关系，曲线变化分别如图 1.11 与图 1.12 所示。两个图中的曲线均呈 U 字形状，在 U 字形内的条件能够着火成功，在 U 字形外的条件则不能着火。

图 1.11 着火温度与混气成分的关系

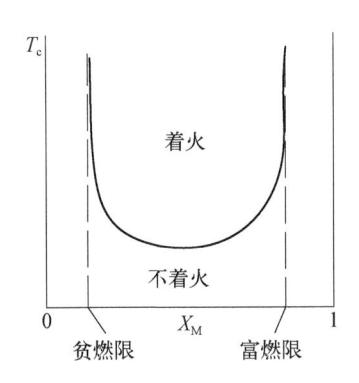

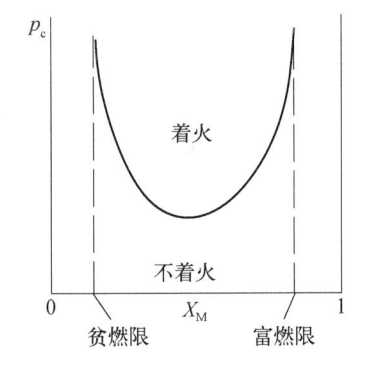

图 1.12 临界压力与混气成分的关系

2）点火理论

目前，加力燃烧室的点火方法主要包括电火花点火、热射流点火、预燃室和催化点火等多种方式，最常见的是电火花点火和热射流点火。

(1) 电火花点火。

电火花点火的基本过程是：首先，电火花加热电嘴附近的油气混合气，同时电火花温度可达到 3 500 K 以上，使附近的混合气分子电离，产生大量的活性中间产物，对混合气的点燃极为有利，在二者的共同作用下，局部混合气着火，形成火焰核心区；然后，火焰核心区的能量向未燃混合气传播，点燃值班火焰稳定器后的其余区域；最后，值班火焰稳定器后的火焰传向整个加力燃烧室，形成稳定的燃烧。

假设初始火核(火焰核心区)为球形，如图 1.13 所示，初始温度是混合气的理

论燃烧温度 T_m,从球心到球壁温度为均匀分布,并认为火花点燃混合气完全是热的作用,混合气燃烧为二级反应。

点火能否成功,取决于火焰核心区中化学反应放出的热量是否可以使外围的混合气燃烧,如果外围混合气的温度达到理论燃烧温度,就表明点火成功,反之为失败。

基于上述观点,显然点火成功时,在外围会形成火焰锋面,厚度为 δ,温度分布从 T_m 变至环境温度 T_0,热量从火核传向外界的新鲜混合气。

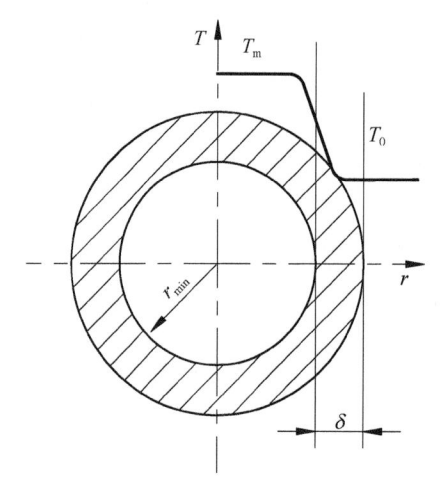

图 1.13 电火花模型

在火焰稳定传播时,火核内混合气化学反应放出的热量等于火球表面向外导走的热量,即

$$\frac{4}{3}\pi r_{\min}^3 k_{0s} Q(\rho y)^2 \exp\left(-\frac{E}{PT_m}\right) = 4\pi r_{\min}^2 \lambda \frac{dT}{dr} \quad (1.18)$$

式(1.18)中的温度梯度可近似写为

$$\frac{dT}{dr} = \frac{T_m - T_0}{\delta} \quad (1.19)$$

式中,δ 为火焰前锋宽度。进一步假设火焰前锋宽度与最小火球半径呈正比关系:

$$\delta = K r_{\min} \quad (1.20)$$

式中,K 为比例系数。

将式(1.19)和式(1.20)代入式(1.18)可得

$$r_{\min} = \left[\frac{3\lambda(T_m - T_0)}{K k_{0s} Q \rho^2 y^2 \exp\left(-\dfrac{E}{RT_m}\right)}\right]^{\frac{1}{2}} \quad (1.21)$$

进一步假设电火花点燃混合气时,火花附近的混合气成分接近化学恰当比,则有

$$T_m - T_0 = Q/C_p \quad (1.22)$$

将式(1.22)代入式(1.21)则有

$$r_{\min} = \{3\lambda/[K k_{0s} C_p \rho^2 y^2 \exp(-E/RT_m)]\}^{1/2} \quad (1.23)$$

由式(1.23)可以得出点火成功时最小的火焰核心区半径。明显地,当混合气的压力增加,理论燃烧温度增高,热传导系数减小时,最小火核尺寸减小。

对应这一最小半径的火花能量为最小点火能量,具体的计算公式为

$$E_{\min} = k_1 \frac{4}{3}\pi r_{\min}^3 C_p \rho (T_m - T_0) \qquad (1.24)$$

式中，k_1 为修正系数。实际上，电火花的最高温度达 3 500 K 以上，除了电火花的电离能，还有一部分能量以辐射、声波等形式消耗。为了修正电火花能量与点火热量的差别，引入了修正系数 k_1。

将式(1.23)代入点燃最小火球的电火花能量 $E_{\min}$ 的计算公式中，得出：

$$E_{\min} = \text{const} \cdot \rho^{-2}(T_m - T_0)\exp\left(\frac{3E}{2RT_m}\right) \qquad (1.25)$$

或者可写为

$$\ln\frac{E_{\min}}{T_m - T_0} = \text{const} + 2\ln T_0 - 2\ln p_0 + \frac{3}{2}\frac{E}{RT_m} \qquad (1.26)$$

式(1.26)建立了最小点火能量与环境压力、温度、物性参数及化学动力参数之间的关系。

由式(1.26)可看出，混合气的压力和反应温度增高、活化能减小或理论燃烧温度增高时，最小点火能量减小。

（2）热射流点火。

加力燃烧室中，还常使用热射流点火，当前也有不少发动机采用类似点火方式。

热射流点火的基本过程是通过管路从主燃烧室引入高温燃气，同时在管道中供入燃油，与高温燃气混合燃烧，加强热射流的能量，并形成火炬后进入加力燃烧室，点燃其中的油气混合气。

热射流点火的理论模型如图 1.14 所示，热射流的结构主要包括核心区和剪切层两个区域，核心区内参数保持原参数不变，剪切层是热射流和燃烧室的内混合气相互卷吸形成的，图中 x_i 为核心区的最大长度处。若在 x_i 处仍没有把新鲜混合气点燃，则可判断点火不成功。这主要是由于长度超过 x_i 后，射流温度下降，更不可能点燃新鲜混合气，因此往往把 $x_p \leqslant x_i$ 作为火炬点火能否成功的判断条件，等号为临界条件。显然，热射流的温度、混合气性质和成分、混合气流速以及燃烧室内的混合气特性等都会影响点火的距离。

图中 T_∞、u_∞、$Y_{F\infty}$ 分别为燃烧室温度、速度和浓度。T 和 u_0 分别为火炬温度和速度。

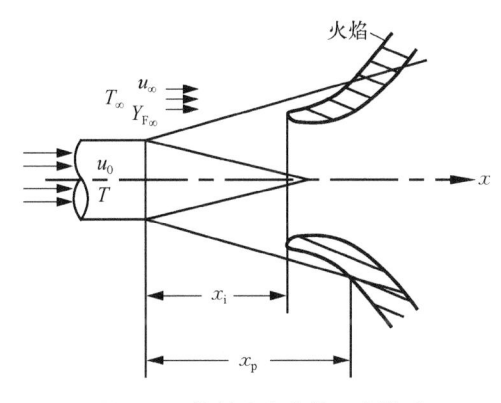

图 1.14　热射流点火的理论模型

3. 火焰稳定

对于加力燃烧室,保证燃烧过程中火焰的稳定性及燃烧的高效性极为重要。火焰的稳定性是指一旦成功着火后,能使燃烧稳定地持续下去而不会熄灭。

在介绍具体的火焰稳定理论之前,先简要回顾火焰传播速度的基本内涵。

在一个充满均匀的可燃混合气容器中心用电火花点燃后,就可以观察到火焰从容器中心往四周传播,如图 1.15 所示,向未燃混合气传播的火焰前沿称为火焰锋面,也称为火焰面,图中显示了 t_1、t_2、t_3 三个不同时刻的火焰锋面位置。这种火焰的传播也称为火焰波或燃烧波。火焰锋面将新鲜未燃气与已燃气分开,外面为未燃混合气,里面为已燃气。

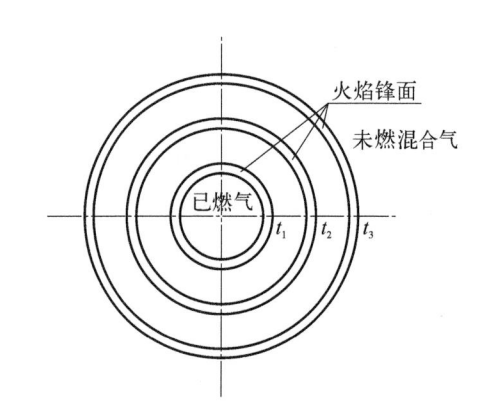

图 1.15 火焰传播示意图

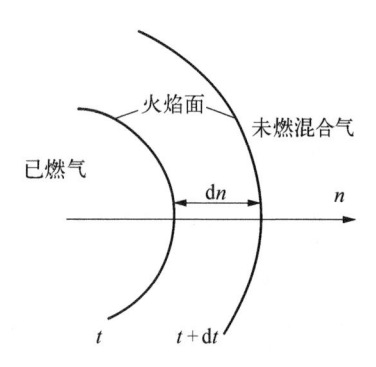

图 1.16 火焰传播速度的定义

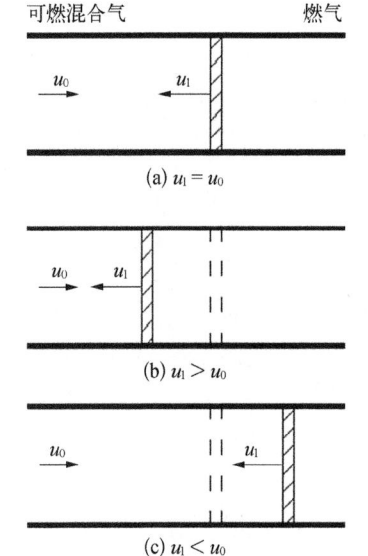

图 1.17 一维火焰示意图

火焰传播速度定义为火焰前锋沿其法线方向向新鲜混合气传播的速度,如图 1.16 所示,用 u_1 表示,则有

$$u_1 = \frac{dn}{dt} \quad (1.27)$$

1) 一维火焰稳定的基本理论

对于一维层流稳定流动,若混合气的来流速度与火焰传播速度相等,即 $u_1 = u_0$,则火焰面运动的绝对速度 $u_p = 0$,火焰驻定在管内的某一位置,如图 1.17(a) 所示。若 $u_1 > u_0$,则火焰前锋将会向可燃混合气一侧的方向运动,这种现象称为回火,如图 1.17(b) 所示。反之,若 $u_1 < u_0$,则火焰前锋会向已燃气一侧的方向运动,直至火焰被吹出管口,这种情况称为吹熄或脱火,如图 1.17(c) 所示。

因此，为保证一维火焰的稳定，既不回火，又不吹熄，就必须使火焰传播速度与可燃混合气的流动速度相等，即

$$u_1 = u_0 \tag{1.28}$$

该关系为一维火焰的稳定条件。

2）锥形火焰的稳定

大多数情况下，火焰锋面的法向与气流速度方向不在同一条直线上，如图1.18所示，气流与火焰锋面的法线方向成一夹角 ϕ。将气流速度 u 分解成两个分速度，一个是与火焰锋面垂直的法向分速 u_n，另一个是与火焰锋面平行的切向分速 u_t。前者产生的牵连运动将使火焰锋面沿 n—n 方向运动，后者产生的牵连运动将使火焰锋面沿 a—b 方向运动。

当火焰稳定时，这两个分速引起的火焰锋面运动必须得到平衡和补偿，这样火焰锋面才能相对于本生灯出口的位置不变。在火焰锋面的法线方向上，与气流的法向分速 u_n 相平衡的就是当地的火焰传播速度 u_1，它们大小相等而方向相反，从数值上看 $u_n = u_1$。由于，

$$u_n = u\cos\phi \tag{1.29}$$

则有

$$u_1 = u\cos\phi \tag{1.30}$$

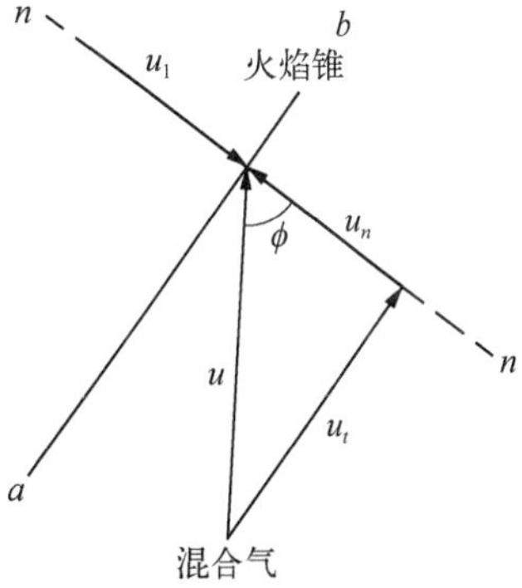

图 1.18　火焰锥与气流的关系

式(1.30)也称为米海尔松余弦定律，简称余弦定律。对于成分、温度等参数一定的可燃预混气，可以认为火焰传播速度为定值，但气流速度可能会在一定范围内发生变化。当气流速度增大时，根据余弦定律，ϕ 增大，法向分速 u_n 减小；反之，当气流速度减小时，ϕ 减小，法向分速 u_n 增大。也就是说，火焰前锋会在气流速度发生变化时，通过改变火焰锋面的法向与气流速度的夹角，以满足余弦定律，达到新的稳定。

图1.18的火焰锥微段中，气流除了在火焰锋面的法向有分速度，在火焰锋面的切向还有一个分速度 u_t。分速度 u_t 会使火焰锋面上的质点沿 a—b 方向运动。因此，为了保证火焰在某一点继续存在，必须有另一个相应的质点从前面补充到这一点，这对于火焰锋面中间的位置是可以实现的，但对于火焰前锋的根部是无法自行实现的，这就需要在根部有一个固定的点火源，通过不断点燃预混气，来完成向下游补充质点的需求，从而保证火焰不会被气流吹走。因此，对于锥形火焰，在火焰根部具有一个固定的点火源是火焰稳定的另一个必要条件。

综上所述，锥形火焰面的稳定条件有两个：① 满足余弦定律，即可燃混气的法向分速度等于火焰传播速度；② 有固定的点火源。

3) 高速混气流中的火焰稳定

碳氢燃料与空气预混气的层流火焰传播速度很少超过 1 m/s,湍流火焰传播速度也仅有 10 m/s 左右,但在加力燃烧室内气流速度可以高达 150~180 m/s。在这样的高气流速度下,管壁边界层非常薄,比熄火距离小得多,以至于在边界层内气流速度始终大于火焰传播速度,因此若不采取特殊的措施,则火焰是无法稳定燃烧的。

常用的方法是在高速气流中产生回流区,利用回流区使火焰稳定。下面详细介绍回流区稳定火焰的机理。

(1) 回流区的流场结构。

加力燃烧室中常采用钝体类火焰稳定器产生回流区,图 1.19 示出了试验得出的 V 形稳定器下游的回流流场。

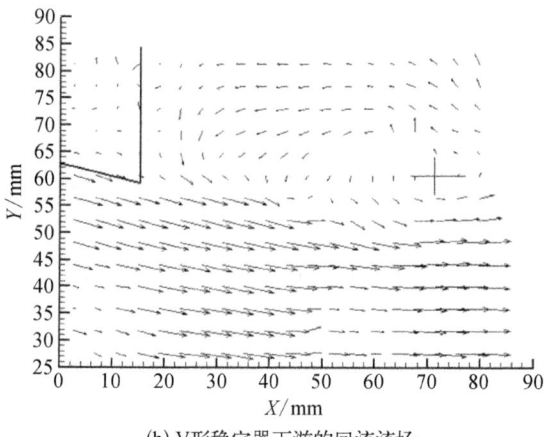

(a) V形稳定器的试验件　　(b) V形稳定器下游的回流流场

图 1.19　V 形稳定器的试验件及其下游的回流流场图

气流以一定的速度流过 V 形稳定器时,由于黏性力的作用,V 形锥后遮蔽区内的气体被卷吸,形成局部的低压区。当气流流到这个区域的尾部时,气体速度减小,静压增大,从而与前面的负压区形成压力差,在这个压力差的作用下,一部分气体以与主流相反的流动方向流向稳定器后区域,整个过程是连续的,即 V 形稳定器后的空气不断被带走,又不断被后面的气体逆流而补充,因此在这个空间形成两个大致对称的旋涡,并不停地旋转,进一步可以把上述图抽象成如图 1.20 和图 1.21 所示的回流流场。

图 1.21 给出了回流区内的气流结构,并给出了三个不同截面上的轴向速度分布。气流流过稳定器后,形成两个大致对称的椭圆形旋涡,每个旋涡中间均有一个核心,核心处的速度为零,称为涡心,定义 O_1 为上涡心,O_2 为下涡心。在紧靠 V 形稳定器背后的凹形区内,存在一个气流滞止的点 d_1,称这个滞止点为前死心。在回流区的尾部,同样由气流结构形成一个菱形区,它的核心点 d_2 处的气流也是滞止的,称为后死心。

由过涡心截面上的轴向速度分布可知,在 O_1 点以上及 O_2 点以下,其轴向气流

图 1.20　回流区的形成

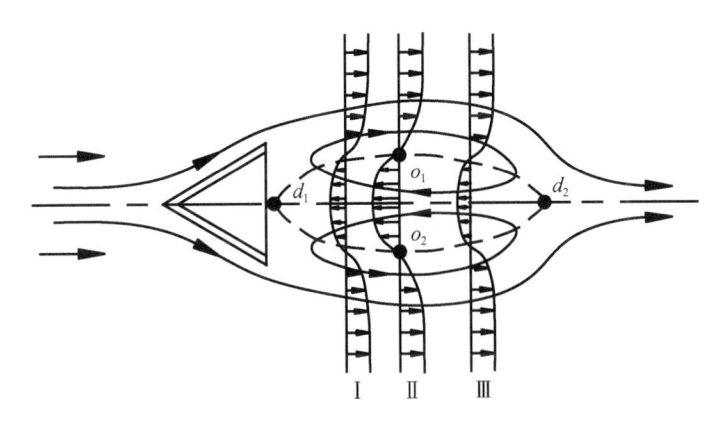

图 1.21　回流区内的气流结构

速度方向和主流速度方向相同,在涡心处轴向速度为零,离开涡心后轴向速度逐渐增大,直至等于主流速度。在 O_1 和 O_2 两点之间,气流的轴向速度方向与主流速度方向相反,随着与 O_1 和 O_2 的距离增大,回流速度增大,直到二旋涡交界处,即 V 形稳定器的中线处达到最大。

在其他截面上的轴向速度分布,其形状与过涡心的截面相似,如图 1.21 中的 Ⅰ、Ⅱ、Ⅲ 截面,每个截面都有一个逆流部分,因此都存在上下两个零轴向速度点,把这些点用虚线连接起来,该线称为零轴向速度线(简称零速线),在这条线以内,包括上下两个旋涡的轴向逆流速度部分,称为逆流区。在零速线以外,轴向速度方向与主流速度方向相同,称为顺流区。顺流区有一个外边界,对于上旋涡,从零速线向上,速度逐渐增大,直至等于主流速度,并定义当 $dv/dy \to 0$ 时,为顺流区的边界。

在 d_1 所在的紧靠 V 形稳定器后的区域称为前死区。前死区内主要是已燃气,温度较高,对预混气起加热作用。d_2 所在的回流区尾部的菱形区称为后死区(图 1.22)。后

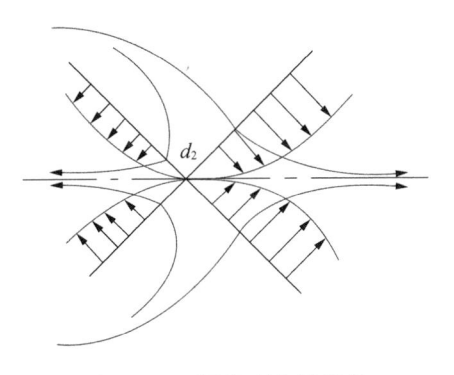

图 1.22　后死区的气流结构

死区是残余火焰留存地。试验中可观察到,主流区火焰熄灭后,后死区有断续的火焰存在,虽然处于不稳定状态,但当前面燃烧条件转好时,其又能点燃整个回流区。

总之,整个回流区包括四个区,即顺流区、逆流区、前死区以及后死区,回流区有时也称为环流区。

(2) 回流区稳定火焰的机理。

如图 1.23 所示,在回流区选取任一横截面,本节选取穿过 O_1—O_2 的截面 O—O 来分析。该截面上的轴向速度分布如曲线 a—a 所示,若可燃混合气的火焰传播速度为 u,则 $0 < u \leqslant v_主$($v_主$ 为当地的主流速度)。在 O—O 截面,若顺流区内气流的轴向速度 $v = 0 \sim v_主$ 分布,则总可以在这个分布中找到一点(如图中的 b 点),该点的气流速度恰好和火焰传播速度相等,且方向相反,即 $v_b = u$,这就满足了火焰稳定的基本条件,火焰在此固定不动,成为一个固定的点火源。

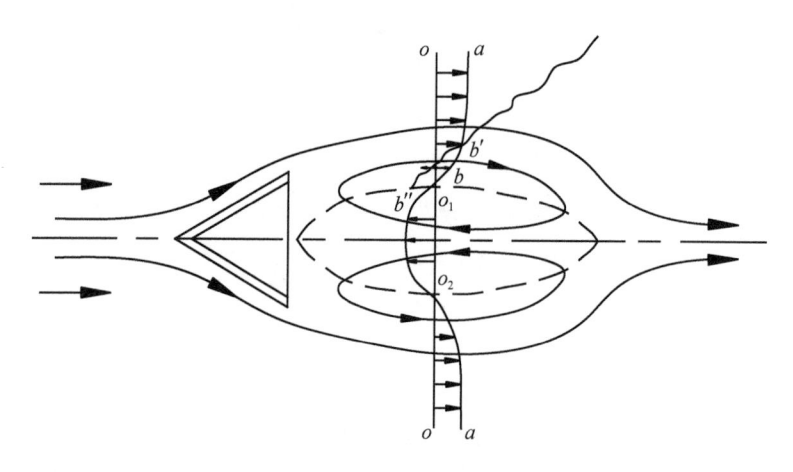

图 1.23　回流区火焰稳定示意图

点火源并不一定在 O—O 截面上,可能在前面,也可能在后面,要视气流及混合气的参数而定,但点火源一定在顺流区内。

火焰的传播是在法线方向上以球面向外传播,以 b 点为点火源的火焰将会向上、向下传播,向上把 b 点上方相邻的 b' 层点燃,但此处的气流速度 $v' > u$,因此会发生吹脱现象,即火焰将以 $v' - u$ 的速度向后推移,直至找到一个合适的位置,此时气流速度又重新和火焰传播速度相等,火焰就在该位置驻定。同样,b' 又会将更上层的 b'' 点燃,这样一层层地把火焰向上传播。各位置仍是连续的,而且火焰刚脱离 b' 点,紧接着流来的混合气又会被 b 点点燃,因此整个火焰仍是连续的,只是火焰面有一个向后倾斜的角度。

在 b 点的下方,火焰将传播至邻层 b^0,但此处的气流速度 $v^0 < u$,火焰将向前

传播,即回火现象,但考虑到上游混合气形成尚不充分,此时的火焰传播速度比 b 点处的气流速度小,往前可以找到火焰传播速度与该地气流速度相等的位置,并驻定于此。

上面分析的是一个剖面,实际上回流区沿展向或周向成一个二维或三维分布,相应地火焰面也是沿展向或周向的一个面或环面。

进一步,若气流速度突然增大,则点火源将内缩,在 $u = v_{当地}$ 处稳定;若气流速度突然减小,则点火源外伸,仍然会在气流速度和火焰传播速度相等的地方稳定,混合气形成的结果较好、较早,点火源将前移,混合气形成结果较差、较迟,点火源将后撤,一般点火源总是在顺流区内某个不太大的范围内移动,当条件非常恶劣时,点火源移至顺流区后部,甚至后死区。

在一般情况下进入逆流区的是已燃气,其温度接近于该混合气相应的理论燃烧温度,由于离解的作用,存在大量的活性粒子,这对顺流区的点燃、燃烧都有很大的促进作用,因此逆流区高温燃气对顺流区的点燃、液态油珠的蒸发裂解、混合气加温并提高到着火点起到了至关重要的作用。

在加力燃烧室中,除了有钝体类稳定器,还有凹腔稳定器、台阶稳定器和旋流稳定器,如图 1.24 所示。尽管各类稳定器的形式和设计方法不同,但火焰稳定的基本原理是相同的,都是通过创建回流区实现火焰稳定。

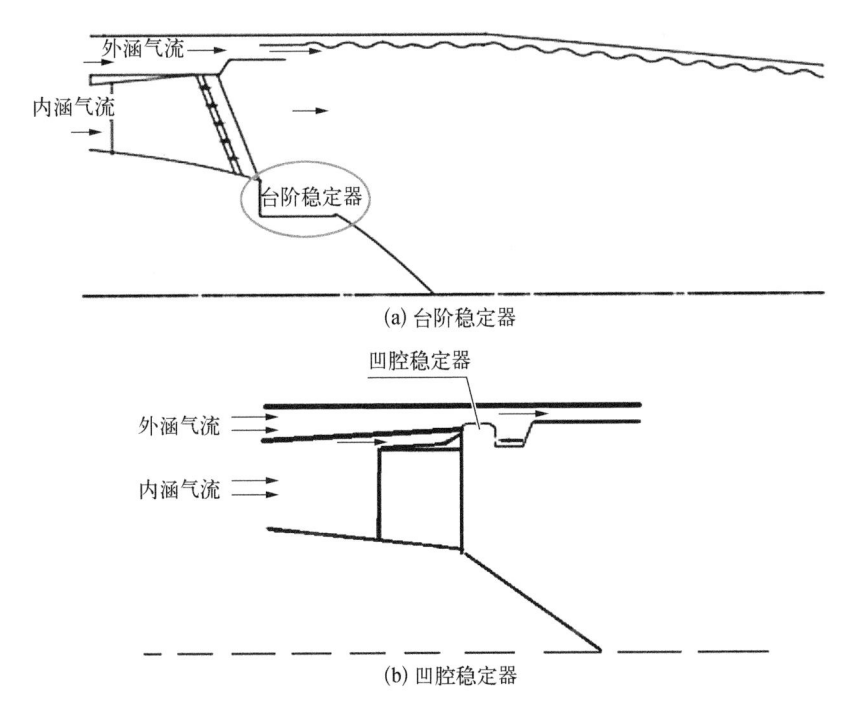

(a) 台阶稳定器

(b) 凹腔稳定器

图 1.24　台阶稳定器和凹腔稳定器

1.2.2 加力燃烧室性能参数

表征加力燃烧室性能的参数主要包括两大类,一类是进口气动热力参数和油气参数,另一类是加力燃烧室的性能参数,包括流动损失、点火、熄火、燃烧效率和壁温等。

1. 进口气动热力参数和油气参数

加力燃烧室包括内外两个涵道,相应地进口气动热力参数包括三个方面:内外涵道进口参数、内外涵道参数比、内外涵混合后的参数。

内外涵道进口气动热力参数包括总静温(T_t、T_s)、总静压(P_t、P_s)、马赫数(Ma)、速度系数(λ)、含氧量等,其中内涵道进口气动热力参数以下标 61 表示、外涵道进口气动热力参数以下标 161 表示,如 T_{t161}/T_{t61}、P_{t161}/P_{t61}、$\lambda_{161}/\lambda_{61}$、$w_{a161}/w_{g61}$。

内外涵道进口气动热力参数比主要对比内外涵气流混合前的温度比、压力比、速度比和流量比等,此时内外涵道下标分别为 64 和 164,如 T_{t164}/T_{t64}、P_{t164}/P_{t64}、$\lambda_{164}/\lambda_{64}$、$w_{a164}/w_{g64}$。

内外涵气流混合后,在稳定器前的气动热力参数以下标 65 表示,包括总静温(T_t、T_s)、总静压(P_t、P_s)、速度系数(λ)、含氧量等。

油气参数主要表征加力燃烧室内总的油气比,可以用余气系数、油气比和油气当量比等表示,各参数的定义分别如下。

(1) 油气比 FAR_{ab}(或 f_{ab}):是指燃烧室燃油质量流量 W_{fab} 与空气质量流量 W_{ah} 的比值,即

$$FAR_{ab} = \frac{W_{fab}}{W_{ah}} \tag{1.31}$$

式中,W_{fab} 为供入加力燃烧室的燃油流量;W_{ah} 为根据含氧量换算的空气流量。

进入加力燃烧室的是经主燃烧室燃烧过的燃气和外涵空气的混合气,其含氧量低于纯空气,因此在计算油气情况时需要考虑实际用于燃烧的氧气含量。但有时为了方便讨论,或和主燃烧室综合分析发动机供入的总燃油量,也会基于所有的燃油流量和空气流量考察油气比。

$$FAR_{ab} = \frac{W_f}{W_a}$$

对于航空煤油,当 $FAR_{ab} = 0.068$ 时,氧气和煤油正好处于化学恰当比,可以反应完全;当 $FAR_{ab} < 0.068$ 时,燃烧室内实际供入的燃油比理论所需的燃油要少,此时常称为贫油混合气;反之,当 $FAR_{ab} > 0.068$ 时,称为富油混合气。

(2) 余气系数 α_{ab}:定义为实际供给的空气量和燃料完全燃烧所需的理论空

气量之间的比值,即

$$\alpha_{ab} = \frac{W_{ah}}{W_f L_0} \quad (1.32)$$

式中,W_{ah}、W_f 分别为加力燃烧室中的换算空气流量和供入的燃料流量;L_0 为每千克燃料完全燃烧时所需要的理论空气量。

当 $\alpha_{ab} = 1$ 时,混合气中燃油流量与空气流量恰好与化学反应方程比例一致,称为化学恰当比混合气;当 $\alpha_{ab} > 1$ 时,加力燃烧室内实际供入的空气量比理论所需的空气量多,与空气量相比,燃油少了,此时常称为贫油混合气;当 $\alpha_{ab} < 1$ 时,正好与上述情况相反,燃油多了,空气不足,此时称为富油混合气。

(3) 油气当量比 Φ_{ab}:是指加力燃烧室中的实际油气比与化学恰当油气比的比值。化学恰当油气比是指按照化学反应式反应时所需要的燃料和空气量之间的比值,用 $(\mathrm{FAR}_{ab})_{\mathrm{ST}}$ 表示。

$$\Phi_{ab} = \frac{\mathrm{FAR}_{ab}}{(\mathrm{FAR}_{ab})_{\mathrm{ST}}} \quad (1.33)$$

与余气系数类似,$\Phi_{ab} = 1$ 时的混合气称为化学恰当比混合气;$\Phi_{ab} < 1$ 时的混合气称为贫油混合气;$\Phi_{ab} > 1$ 时的混合气称为富油混合气。

除了上述单一参数,加力燃烧室中还会引用一些无量纲参数,用来考察加力燃烧室的性能,主要包括以下两个。

(1) 燃烧效率相似参数 θ_{ab}:

$$\theta_{ab} = C_1 \frac{p_{66}^{1.4} A_{65} e^{T_{66}/1\,000}}{w_{g65} \bar{L}} \quad (1.34)$$

式中,下标 66 表示稳定器后缘截面处的参数;下标 65 表示稳定器前的参数;C_1 表示常数,当压力以 kPa 为单位时,$C_1 = 0.030\,4$;$\bar{L}$ 为加力燃烧室的结构综合参数,反映了火焰稳定器至火焰前锋交汇点的距离与加力燃烧室长度之间的关系,即

$$\bar{L} = \frac{(1-\varepsilon) A_{65}/L_{\mathrm{FH}}}{L_{AB}} \quad (1.35)$$

式中,L_{FH} 为火焰稳定器周长;L_{AB} 为加力燃烧段长度。

(2) 稳定性参数 K_{st}:

$$K_{\mathrm{st}} = \frac{P_{\mathrm{sFH}} T_1 W}{V_{\mathrm{FH}}} \quad (1.36)$$

式中,P_{sFH} 为稳定器后缘处的静压;T_1 为稳定器前的总温;W 为稳定器的槽宽;V_{FH}

为稳定器后缘处的流速。

2. 加力燃烧室的性能参数

加力燃烧室的性能参数主要包括流动损失、燃烧效率、点熄火极限等。

1) 流动损失

表征加力燃烧室流动损失的参数主要包括总压恢复系数 σ_{ab}、总压损失系数 ζ_{ab} 和流阻系数 ξ_{ab} 三个性能参数。

(1) 总压恢复系数 σ_{ab}。

总压恢复系数定义为加力燃烧室出口总压和稳定器前进口总压的比值，即

$$\sigma_{ab} = P_{t7}/P_{t6} \tag{1.37}$$

(2) 总压损失系数 ζ_{ab}。

总压损失系数表示加力燃烧室进出口总压差与进口总压之比：

$$\zeta_{ab} = \frac{P_{t6} - P_{t7}}{P_{t6}} = 1 - \sigma_{ab} \tag{1.38}$$

(3) 流阻系数 ξ_{ab}。

流阻系数指加力燃烧室进出口总压差与稳定器前截面动压头的比值，即

$$\xi_{ab} = \frac{P_{t6} - P_{t7}}{q_6} = \frac{P_{t6} - P_{t7}}{\frac{1}{2}\rho_6 U_6^2} \tag{1.39}$$

当气流雷诺数足够大时，如高于 10^5，加力燃烧室内的流动处于充分发展状态，整个流场的流动形态基本保持不变，总压损失基本与动压头同步变化，从而使流阻系数保持为常值，不再随流速的变化而变化。目前，大部分工作状态加力燃烧室内的流动都处于充分发展流动状态，对同一个加力燃烧室而言，流阻系数在不同工作状态下基本相同，但不同加力燃烧室由于结构存在差异，流阻系数会有较大的差异，因此流阻系数的大小可以反映不同结构加力燃烧室的流动阻力情况。

总压恢复系数直接影响发动机的推力性能，σ_{ab} 提高 1%，发动机的推力可以增加 1% 左右。但从燃烧组织方面考虑，较大的压差有助于提高湍流强度、促进油气混合、提高燃烧效率、改善冷却情况。因此，加力燃烧室的总压损失需要保持在一个合适的数值，目前航空发动机加力燃烧室的冷态总压损失不大于 5%，热态总压损失一般在 6%~8%。

2) 燃烧效率

燃烧效率是指工质实际获得的能量与燃料化学能的比值。

在计算燃烧效率时，目前主要有两种方法：热焓法和燃气分析法。

(1) 热焓法效率。

热焓法定义为燃烧过程中工质的进出口焓增量与燃油能够提供的总能量的比值。

$$\eta_{ab} = \frac{f_6(iT_7 - iT_6) + C_pT_7 - C_pT_6 + f_{ab}(iT_7 - iT_0)}{f_{ab}H_f} \quad (1.40)$$

式中，f_6 为燃烧室进口截面的平均油气比；f_{ab} 为加力燃烧室的供油油气比；C_pT_6 为加力燃烧室进、出口截面平均温度为 T_6 的空气焓；C_pT_7 为加力燃烧室进、出口截面平均温度为 T_7 的空气焓；iT_7 表示温度为 T_7 的等温燃烧焓差；iT_6 表示温度为 T_6 的等温燃烧焓差；iT_0 表示温度为 288.16 K 的等温燃烧焓差；H_f 为燃料燃烧的低热值。

(2) 燃气分析法。

碳氢燃料理想化学反应的产物应该只有 CO_2 和 H_2O，如果产物中还含有别的可燃物质，如氢气、CH 燃料、没有烧完的燃料等，就可以表明燃烧没有充分进行。燃气分析法就是依据此原理，根据加力燃烧室出口的燃气成分评估燃烧的完全程度。

计算时，首先算出燃料完全燃烧时的理论放热量与实际燃烧产物中残存的可燃成分所包含的化学能差值，该差值与理论放热量的比即燃烧效率。

对于航空煤油，可以用式(1.41)计算燃烧效率：

$$\eta_{ab} = \frac{[CO_2] + 0.531[CO] - 0.319[CH_4] - 0.397[H_2]}{[CO_2] + [CO] + [UHC]} \quad (1.41)$$

式中，UHC 是产物中除了 CH_4 的未燃碳氢化合物；[ ]代表各组分的容积浓度。

根据不同的工作状态，加力燃烧室的燃烧效率会有所差异，一般在全加力状态，要求燃烧效率不低于 90%，除此之外，还可以根据进口压力的状态来设计效率，当进口压力为常压以上状态时，希望燃烧效率不低于 90%；而在负压进口(低于标准大气压)时，也希望燃烧效率不低于 85%。

3) 点/熄火极限

加力燃烧室的点/熄火主要和火焰稳定器的点/熄火相关，因此稳定器的点/熄火性能表征了加力燃烧室的相关性能。

对于涡扇发动机的加力燃烧室，往往采用软点火的方式，即先点燃值班稳定器后的油气混合物，再引燃主稳定器后的油气混合物，以避免压力脉动过大，影响风扇的正常运行。

熄火包括贫油熄火和富油熄火两种情况。贫油熄火是指供入燃料过少导致的熄火，而富油熄火正好相反。在实际燃烧过程中，更多的是贫油熄火。

考察点/熄火性能均通过计算处于点/熄火极限时的油气比来表征,即

$$\mathrm{FAR}_{\mathrm{Ig}} = \frac{W_\mathrm{f}}{W_\mathrm{a}}(点火油气比) \qquad (1.42)$$

$$\mathrm{FAR}_{\mathrm{LBO}} = \frac{W_\mathrm{f}}{W_\mathrm{a}}(贫油熄火油气比) \qquad (1.43)$$

综合来看,目前典型加力燃烧室的气动参数和性能为:进口马赫数为0.4~0.6,火焰稳定器前的马赫数为0.1~0.35(对应的速度为60~150 m/s),进口温度为500~1 200 K,进口压力为0.04~0.5 MPa。另外,由于内涵道进入的是燃气,与外涵道进口的空气掺混后氧气的质量分数在10%~20%。性能上一般要求在典型工况下,其热态总压损失不大于8%、燃烧效率不低于90%、熄火油气比不高于0.003,同时要求点火脉动压力不高于5%。

1.3 加力燃烧室的设计要求

在军用航空发动机的设计初期,发动机总体设计部门需要根据飞机方提出的动力装置技术要求,整理出发动机的设计要求(也称需求),在分解转化后分配至包括加力燃烧室的发动机主要部件、系统。

加力燃烧室的设计要求通常分为安装与工作环境、功能要求、性能要求、接口要求、通用特性要求等几部分。设计人员需要针对设计要求进行完整性、可行性分析,保证需求完整、全面,并且合理可行。

1.3.1 安装与工作环境

安装与工作环境主要包括发动机的装机对象及其工作环境、发动机的结构类型与系统结构情况,还包括加力燃烧室的工作负载与力矩等。

1.3.2 功能要求

加力燃烧室的功能要求通常包括加力接通与切断、加力稳定工作的工作包线要求,以及燃气包容、外部承力安装、废油排放、隐身、测试等要求。

1.3.3 性能要求

性能要求主要包括在设计点及全包线下的加力稳态性能参数,如流阻损失、加力燃烧效率、加力出口温度等。对于涡扇发动机,内外涵混合器的气动面积也需要给出。

1.3.4 接口要求

发动机总体设计部门需要提供与加力燃烧室相关的飞发接口图册及协调文件、发动机总体结构协调图或电子样机、发动机参数测试协调图等接口文件,通常包括:

(1)加力燃烧室与飞机的机械接口,通常包括加力燃烧室上的发动机辅助安装结构及漏油、放油管路等接口;

(2)加力燃烧室与涡轮及喷管等相邻部件的机械接口;

(3)发动机外部管路、加力燃油管路、发动机附件等在加力燃烧室机匣上的安装接口形式和管路排布、附件放置情况;

(4)加力燃烧室机匣上的发动机参数测试受感部安装座分布及尺寸;

(5)加力燃烧室的外部轮廓限制图;

(6)各状态下加力燃烧室内外涵进口的温度、压力、油气比、流量等详细流场参数及分布情况;

(7)加力燃烧室出口为喷管部件提供的冷却空气流量;

(8)流经加力燃烧室机匣的发动机舱冷却空气流量、温度和压力等参数。

1.3.5 通用特性要求

加力燃烧室研发过程中需要满足强度与寿命要求,以及环境适应性、可靠性、安全性、维修性、综合保障性、测试性、互换性、经济性等要求。

1.4 设 计 流 程

传统的航空发动机加力燃烧室设计流程中,通常分为方案设计、技术设计、详细设计三个阶段。设计阶段中包含特征尺寸和流路设计、热力计算等设计活动以及混合器设计、扩压器设计、燃油总管设计等设计子流程。但是,纯粹的设计流程往往限于加力燃烧室设计团队的各种技术活动,与生产加工、试验试车、维修保障等关联不够紧密,缺少与发动机总体、发动机控制、发动机强度等专业的协同合作。目前,一种以系统工程思想为指导的技术流程越来越受重视。

加力燃烧室设计的技术流程涵盖发动机产品研发的全层级(覆盖发动机整机、部件、零组件三个层级)、全过程(包含需求分析、技术要求分析、体系结构设计、单元实施、产品集成、验证、移交、确认等共8个步骤)、全技术领域(涉及发动机产品研发的设计、材料、制造等)、试验、服务与保障等全领域,将需求管理、安全性分析、技术状态管理、技术评审等技术管理手段融入技术流程;体现设计、制造、验证等过程,并分解到具体技术活动中;体现相关活动之间的层级关系、接口关系,是一种以研发对象为主体的、综合各相关专业的跨专业协同流程。

加力燃烧室设计的技术流程划分为可行性分析、方案设计、技术设计、详细设计、生产与装配、试验与验证等 6 个技术过程,如图 1.25 所示。

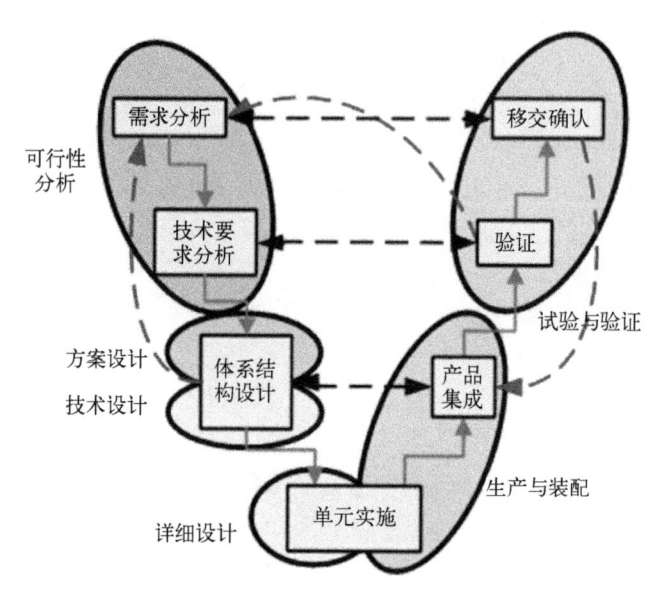

图 1.25 加力燃烧室设计的技术过程关系

1.4.1 可行性分析

可行性分析过程的主要内容包括获取发动机总体部门对加力燃烧室的设计需求,检查其完整性和分析所有需求,并制定需求验证矩阵。对于不可实现的需求应向上反馈,双方达成一致后方可继续进行工作。通过需求分析,利用已有的工程经验或数据库,初步分析需求的可行性,并结合分析结果进行工作策划。

加力燃烧室可行性的工作流程示意图如图 1.26 所示。

需求分析、技术要求分析活动中,首先将加力燃烧室的所有设计需求通过列表等形式进行收集、分类、编号、记录;然后从设计、生产、试验等角度出发,分析上述需求的合理性,将设计需求转化为可以考核、评估的技术要求,并制订相应的需求验证计划。转化后的技术要求需要与发动机总体部门进行需求确认。

在加力燃烧室的基本架构搭建活动中,根据发动机的特点,搭建加力燃烧室的项目分解结构(project breakdown structure, PBS),将部分技术要求分解到加力燃烧室功能单元。

在可行性分析活动中,确定加力燃烧室设计的关键技术和难点,初步评估技术成熟度,并列出解决途径和方案。

随后初步制定加力燃烧室的研发计划及设计需求验证规划。

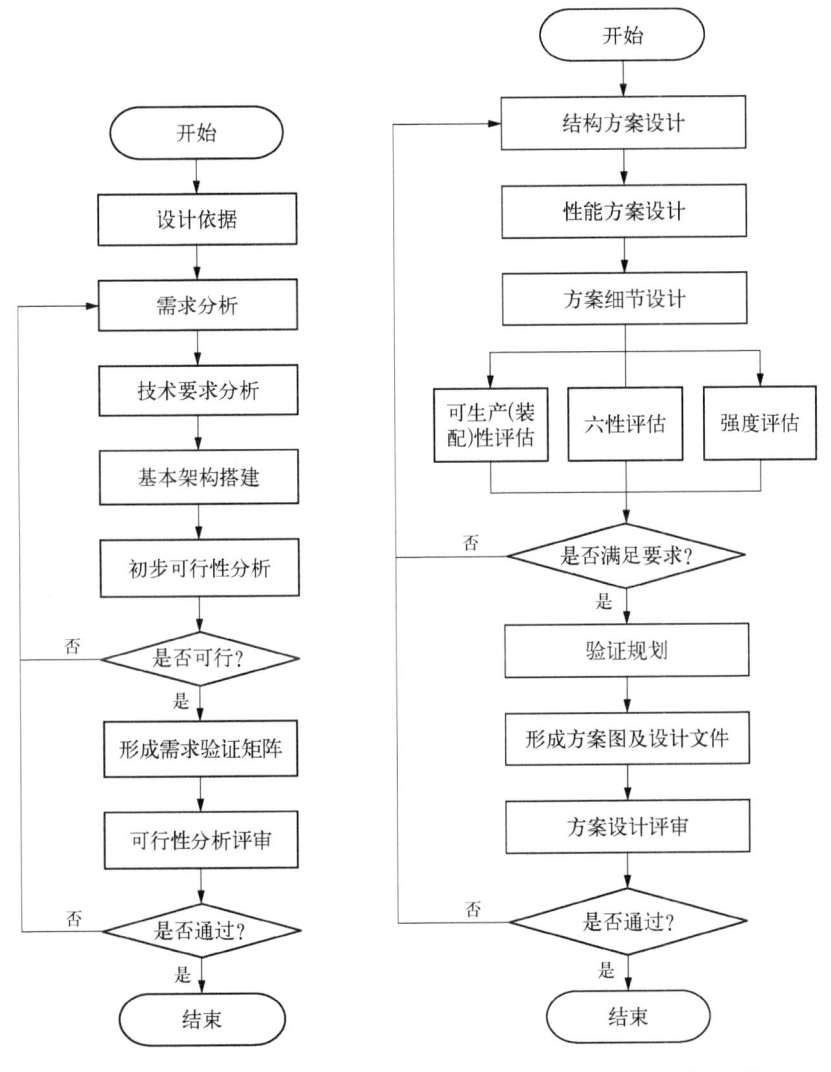

图 1.26　加力燃烧室可行性分析的
工作流程示意图

图 1.27　加力燃烧室方案设计的
工作流程示意图

1.4.2　方案设计

方案设计是根据可行性分析的结果,开展加力燃烧室的架构设计,经过必要的多方案设计,权衡择优确定设计方案。方案设计过程中通常需要确定加力燃烧室的主要组成单元的技术方案,其他组成单元和其他定义工作可在技术设计时完成。

加力燃烧室方案设计的工作流程示意图如图 1.27 所示。

在零组件多方案设计过程中,可以针对加力燃烧室的功能单元体进行多方案设计,也可以针对不同单元体进行多方案组合。在制订多方案后,结合后续活动逐步进行对比筛选择优,最终选取最佳的主方案与备份方案。

从六性、可生产性、材料选取、方便工艺等角度进行方案完善与筛选,从而进行方案的遴选和评估。

方案验证和规划活动中,根据前期梳理的关键技术和难点,选取典型单元或典型件进行试验验证规划。经过试验设计、试验件加工、试验验证等环节后,对各方案进行进一步对比筛选。

在方案设计完成后,可以向生产厂提供主要部件的毛料图,便于承制厂进行生产准备。

1.4.3 技术设计

技术设计根据方案设计中选定的加力燃烧室方案进一步分解、分配技术要求,形成最终方案,并明确各组成单元的技术状态。

加力燃烧室技术设计的工作流程示意图如图 1.28 所示。

在技术设计活动中,进一步完善了加力燃烧室各组成单元的结构细节,并进行组成单元之间的匹配及接口结构的检查。

单元体结构明确后的加力燃烧室需要进行性能计算、隐身计算、强度计算等工作。

在此过程中可以初步制订生产计划、试验计划,对加力燃烧室部件的生产、试验的各项工作以及周期安排进行策划,还可以根据打样图等资料,向承制厂提供生产与装配所需的工装夹具设计、工艺设计等素材。

1.4.4 详细设计

详细设计是加力燃烧室最终的设计工作。在完成故障模式、影响和危害性分析(FMECA)等相关分析工作后,提供能够用于生产、装配、使用、维护的工程图及

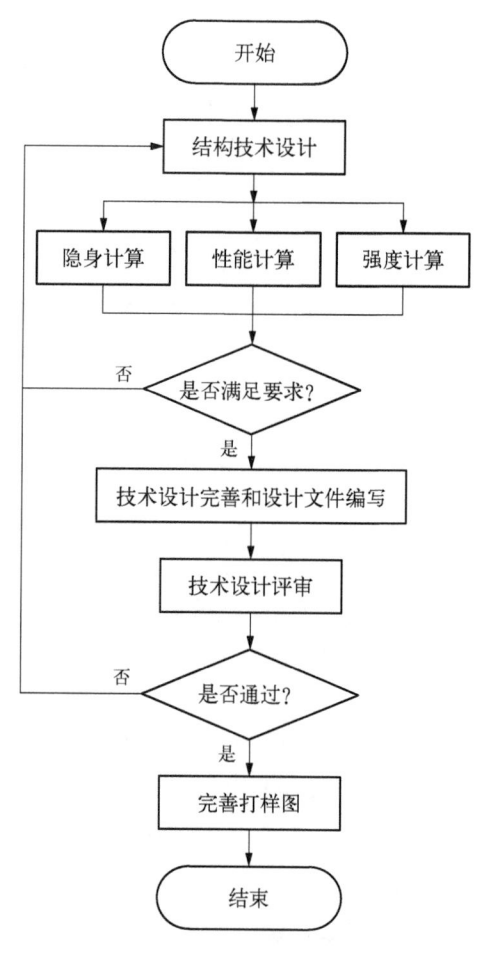

图 1.28 加力燃烧室技术设计的工作流程示意图

技术文件、指导书、使用说明书、维修手册等图纸与文件。

加力燃烧室详细设计的工作流程示意图如图 1.29 所示。

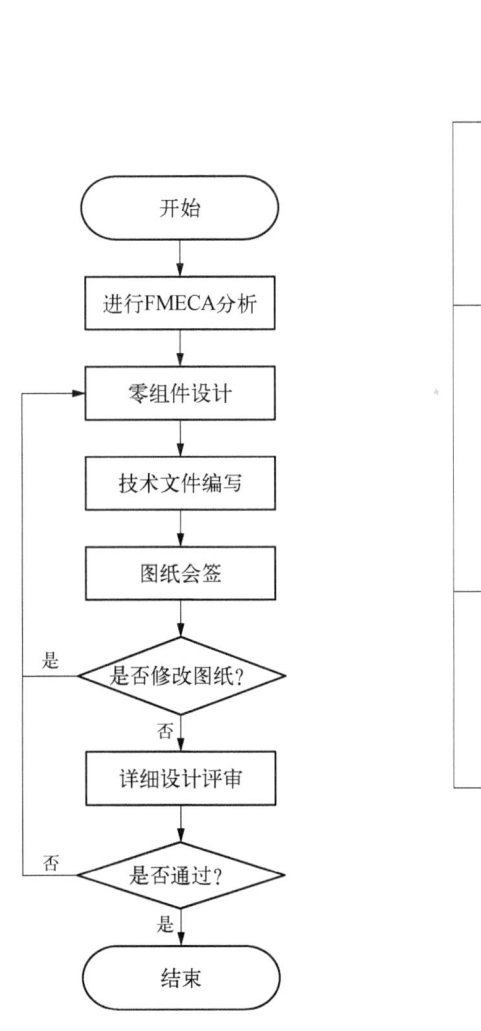

图 1.29　加力燃烧室详细设计的工作流程示意图

图 1.30　加力燃烧室生产与装配的工作流程示意图

1.4.5　生产与装配

生产与装配过程依据详细设计输出的图纸文件完成加力燃烧室的生产或装配，具备部件试验、发动机试验试车的前提条件。

加力燃烧室生产与装配的工作流程示意图如图 1.30 所示。

在生产与装配过程中，加力燃烧室设计人员主要参与设计制造协同、生产工艺评审以及工艺文件会签等工作，主要工作由加力燃烧室生产厂完成。

1.4.6 试验与验证

试验与验证过程包括加力燃烧室的部件试验与发动机整机试验。加力燃烧室的部件试验主要是对加力燃烧室的流路参数及设计指标参数进行测量和检查。发动机整机试验包含发动机台架试车、高空模拟试验、高原试验、试飞等多项内容，检查加力燃烧室与发动机部件、控制系统、飞机等的匹配性与加力燃烧室设计指标。在此过程中根据试验结果进行设计评估。

加力燃烧室试验与验证的工作流程示意图如图1.31所示。

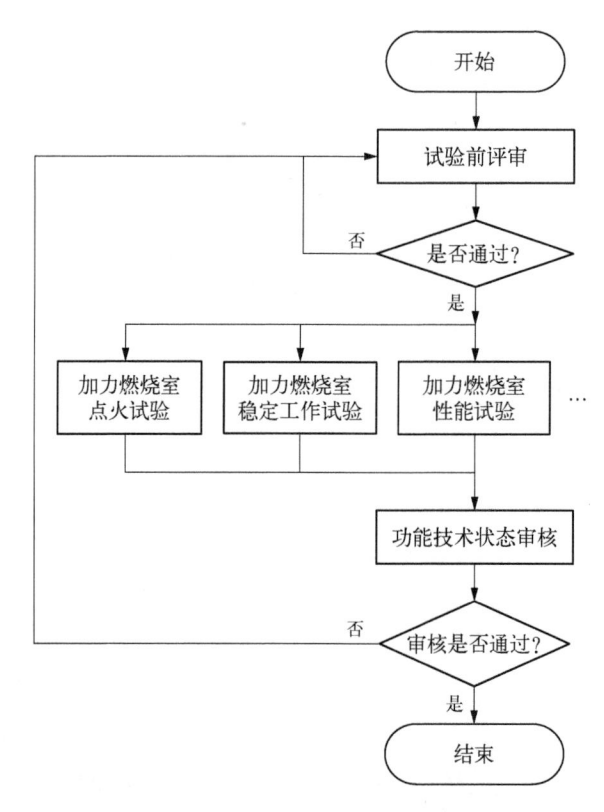

图1.31 加力燃烧室试验与验证的工作流程示意图

第 2 章
加力燃烧室总体设计

2.1 加力燃烧室总体方案设计

2.1.1 需求分析和方案类型选择

1. 需求分析

在加力燃烧室总体方案设计中,需要先对混合器、扩压器、燃油总管、火焰稳定器、防振隔热屏、冷却方案、加力筒体等逐一进行初步设计,然后完成加力燃烧室方案的基本流路设计,最后进行加力燃烧室的性能评估,针对不达标项开展完善设计。由于上述各部件的设计方法均与第 3~第 8 章相同,为避免重复,本节主要介绍加力燃烧室的总体方案、基本流路尺寸设计中需要考虑的几个关键问题以及加力燃烧室的性能计算方法,并简要介绍混合器、扩压器、火焰稳定器、供油系统、点火装置、传焰方式和冷却系统设计。

在加力燃烧室总体方案设计阶段,建议设计者搜集国内外各类典型加力燃烧室方案,并逐个分析其特点及适用条件,结合方案设计需求,开展设计工作。

在开展加力燃烧室总体方案设计时,应首先针对其配装发动机的工作条件和加力燃烧室的总体设计要求,开展需求分析,包括确认进口面积、出口面积、总余气系数、冷却空气比例等设计接口是否合理,流阻、温升、效率、接通边界、稳定边界等设计指标是否具备实现的可能性。对于初步判断无法实现或难以实现的接口要求或指标要求,需要开展一定的计算分析,必要时和需求提出方协商修改。此外,对于四代机和五代机的加力燃烧室,应重点就内外涵气动面积的匹配和外涵面积可调等方面开展需求的可行性分析。

2. 方案类型选择

完成需求分析后,再根据发动机总体对加力燃烧室的设计需求,初步选择加力燃烧室方案类型。加力燃烧室按照先进性可分为三代机、四代机、五代机等,按照大的类别可分为涡喷发动机加力燃烧室、涡扇发动机加力燃烧室。涡扇发动机加力燃烧室又可划分为常规的混合扩压组织燃烧分步进行、混合扩压组织燃烧一体化设计、与涡轮后机匣一体化设计、多涵道可变循环设计等多种形式。方案设计时,应根据发动机对加力燃烧室的需求特点选择加力燃烧室方案和特征参数。以下是几种经典类型加力燃烧室方案的简要介绍。

1) 涡喷发动机加力燃烧室

涡喷发动机加力燃烧室(图2.1)进口仅有涡轮后一股燃气流,不需要进行混合器设计。该类型发动机的加力燃烧室设计,在确认了接口和指标要求后,依次按扩压流路、稳定器布局、燃油分布、点火和冷却等设计。由于没有低温外涵空气进行冷却,需要重点考虑隔热屏冷却设计。

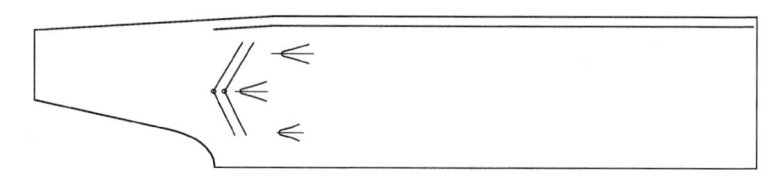

图2.1 典型的涡喷发动机加力燃烧室

2) 涡扇发动机加力燃烧室

涡扇发动机加力燃烧室进口包括内涵燃气进口和外涵空气进口,需要根据外涵燃烧条件、燃烧效率、加力温升等需求,确定选用何种外内涵混合方式。混合器方案的设计又和稳定器布局、燃油分布、点火和冷却等设计存在相关性。图2.2和图2.3是两种典型的涡扇发动机加力燃烧室,按照外内涵气流掺混形式,可划分为平行进气式和混合进气式加力燃烧室。两种混合方式各有利弊,可根据混合器进口截面的气动参数、涵道比和组织燃烧的需求等来考虑选取混合器的类型。

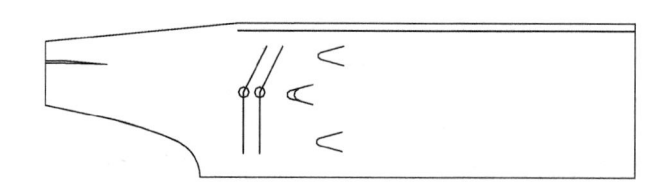

图2.2 典型的涡扇发动机加力燃烧室(平行进气)

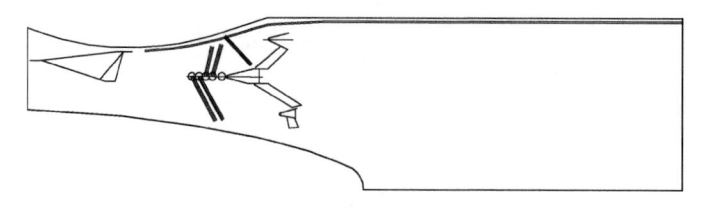

图2.3 典型的涡扇发动机加力燃烧室(混合进气)

平行进气式加力燃烧室中,进口设置环形混合器(通常称为合流环),内外涵两股气流在两股射流边界层内进行有限的混合。由于省去了结构复杂的混合器,加力燃烧室的长度可大大缩短,结构简单,重量轻。平行进气方案主要的技术难点是:由于内外涵气流未能有效地混合,外涵气流温度较低,组织燃烧相对困难。

混合进气式加力燃烧室中,在进口设置专门的波瓣混合器(或其他方式的混合器),属于强迫掺混式的加力燃烧室。内外涵两股气流借助波瓣混合器将外涵道出口和涡轮出口的气流进行强迫掺混,可提高外侧气流温度,改善外侧组织燃烧条件,同时可提高内外涵气流的混合度,有利于加力燃烧室性能的提升。但由于增加了结构复杂的混合器,加力燃烧室长度延长,重量增加。强迫掺混式加力燃烧室主要的技术难点是:混合器设计制造难度大,混合器、稳定器、燃油系统的设计必须统筹考虑,保证流动和燃烧性能的优化。

第四代发动机一般都具备超声速巡航、推力矢量、隐身等功能。这些功能特点使得第四代发动机加力燃烧室与第三代发动机加力燃烧室相比,设计难度更大、内涵进口气流温度更高、加力总油气比更高,且具有更高的性能要求和更小的流阻损失要求,同时具有外侧组织燃烧空间不足的特点。

第四代发动机加力燃烧室的内涵进口气流温度高,极大地增加了加力内部件的热负荷和长期可靠工作的难度,且加力总油气比相比于三代发动机加力燃烧室提高4%~5%;总压恢复系数指标与三代发动机加力燃烧室相比提高3%~4%。综上所述,第四代发动机加力燃烧室的设计,需要考虑大幅度降低流阻的一体化设计(如将外内涵掺混过程和扩压进行一体化设计、将喷油杆与稳定器进行一体化设计、将加力燃烧室与涡轮后框架一体化设计等)、开展防烧蚀的气冷设计、精细化燃油分布设计等。经过对比几款典型加力燃烧室方案简图(图2.4~图2.8),可见都

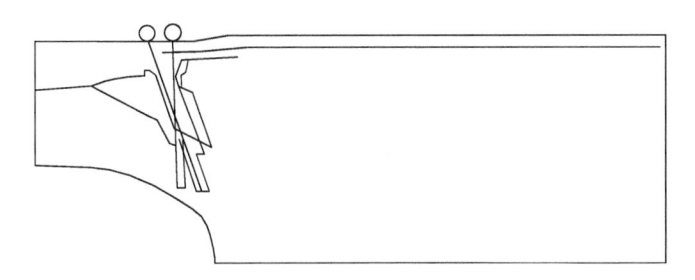

图 2.4　F110-GE-132 发动机径向加力燃烧室流路简图

图 2.5　EJ200 发动机加力燃烧室流路简图

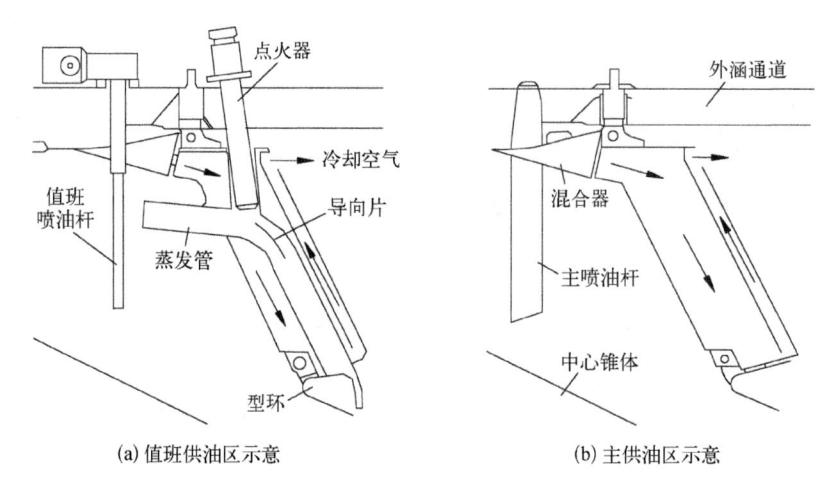

(a) 值班供油区示意　　　　　　　　(b) 主供油区示意

图 2.6　F404 发动机加力燃烧室局部特征简图

图 2.7　M88-2 发动机加力燃烧室流路简图

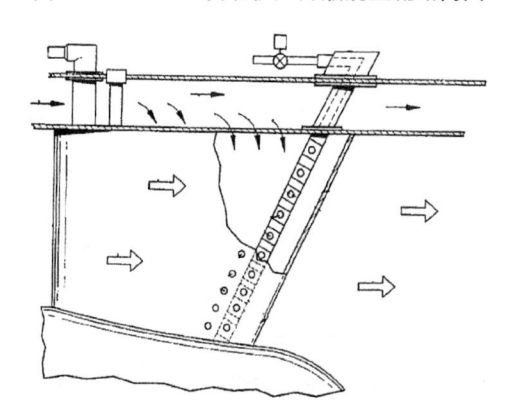

图 2.8　典型发动机与涡轮一体化加力燃烧室简图

采用了不同程度的一体化设计、内部件气冷设计、高效冷却隔热屏等技术。

　　第五代发动机具有自适应变循环的特征,与四代发动机相比,其加力燃烧室设计难度更大,需要设计后涵道引射器来实现外涵气动面积可调。方案设计时,应根据可调面积范围、加力燃烧室的气动参数以及几何空间尺寸等合理选择面积调节装置的形式、放置位置和机构的结构等。

2.1.2 基本流路的关键尺寸设计

不论是涡喷发动机还是涡扇发动机,在加力燃烧室基本流路设计中,筒体直径(D)、加力燃烧室总长度($L_{AB总}$)、冷却空气量等几个关键尺寸和参数均需要着重考虑。加力燃烧室的重量正比于筒体直径的平方与加力燃烧室总长度之积,即

$$M \propto D^2 L_{AB总} \tag{2.1}$$

因此,单从重量考虑,应尽可能减小 D、$L_{AB总}$,适当地保证包含在加力燃烧室总长度中的燃烧段长度,有利于确保燃烧性能,但通常受到飞机机体几何条件的限制。关键参数的确定原则如下。

1. 加力燃烧室筒体直径

在加力燃烧室气动参数确定的条件下,加力燃烧室筒体直径直接影响火焰稳定器前后的速度系数大小。该速度系数对流体损失、燃烧效率、火焰稳定器吹熄边界、加力点火边界、振荡燃烧边界等都有较大的影响,因此需要综合考虑多方面因素,确定加力燃烧室筒体的直径。当加力燃烧室直径超过主机最大直径,成为整个发动机的最大直径时,还会影响发动机的迎风流阻。一般情况下,这些影响中,以总压损失的影响最为突出。在确定加力燃烧室直径时,首先要满足的条件是燃烧后核心流的马赫数不大于0.6,以避免热阻损失急剧增加,影响推力增益(图2.9);其次是加力燃烧室的直径尽量不要超过主机最大直径。

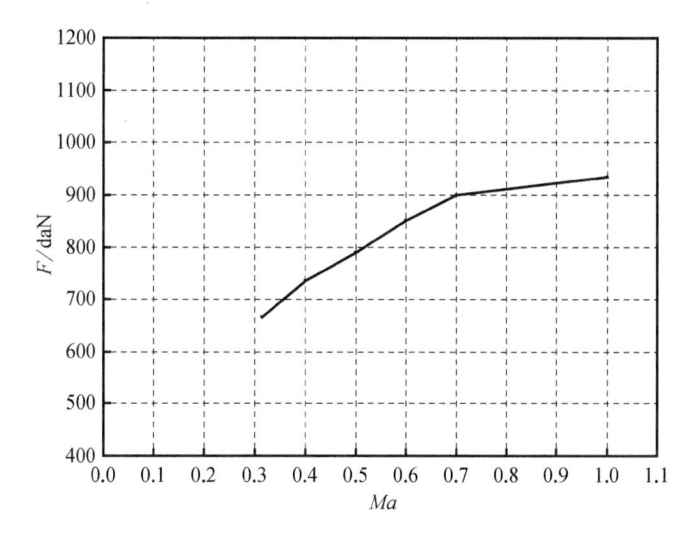

图 2.9 加力推力和燃烧后核心流马赫数的关系

2. 燃烧段长度

随着加力燃烧室燃烧段长度的增加,加力燃烧室的燃烧效率、壁温和结构重量都将增加。某发动机燃烧段长度对燃烧效率的影响如图2.10所示,图中展示了试

验条件下不同来流压力时,燃烧效率随燃烧段长度的变化关系。当燃烧段长度小于某一确定值时,燃烧效率随燃烧段长度的增加上升较快。燃烧段长度超过这个数值后,燃烧效率几乎不再随燃烧段长度的增加而上升。同时,燃烧段长度的增加会带来筒体和隔热屏重量增加。因此,在确定燃烧段长度时,应选取能满足燃烧效率指标的最小长度作为燃烧段长度,这样既满足了燃烧效率的要求,又可减少结构的重量。

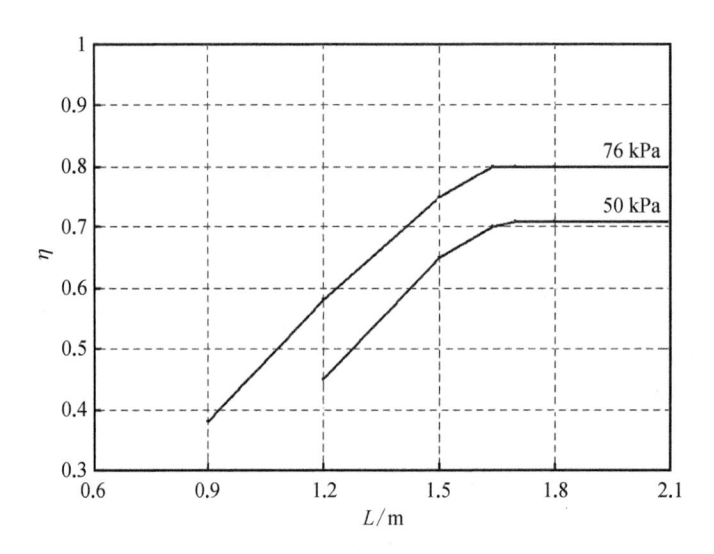

图 2.10 燃烧段长度与燃烧效率的对应关系

3. 冷却空气量

冷却空气是指被引入隔热屏冷却通道,用于冷却加力燃烧室隔热屏、喷管的气流。冷却空气的存在会使加力温度下降。该加力温度是指加力燃烧室出口气流的平均温度。冷却空气的存在会使加力温度(加力燃烧室出口气流的平均温度)下降,因此在加力燃烧室方案设计阶段,应根据加力温度、燃烧效率指标的要求,结合加力隔热屏冷却设计以及喷管专业迭代确定冷却空气量的限制值或要求值,必要时需要和总体性能协调修改加力温度、燃烧效率等指标。

2.1.3 加力燃烧室总体方案设计

1. 加力燃烧室总体方案设计流程

在确认了接口要求、指标要求和基本流路关键尺寸后,即可开展加力燃烧室总体方案设计,应按混合扩压流路、稳定器布局、燃油分区、点火和冷却等设计依次进行。图 2.11 为加力燃烧室设计的通用流程图,开展不同加力方案设计时,可结合实际情况对设计流程进行细化或增删。例如,设计没有混合器的加力燃烧室时,可

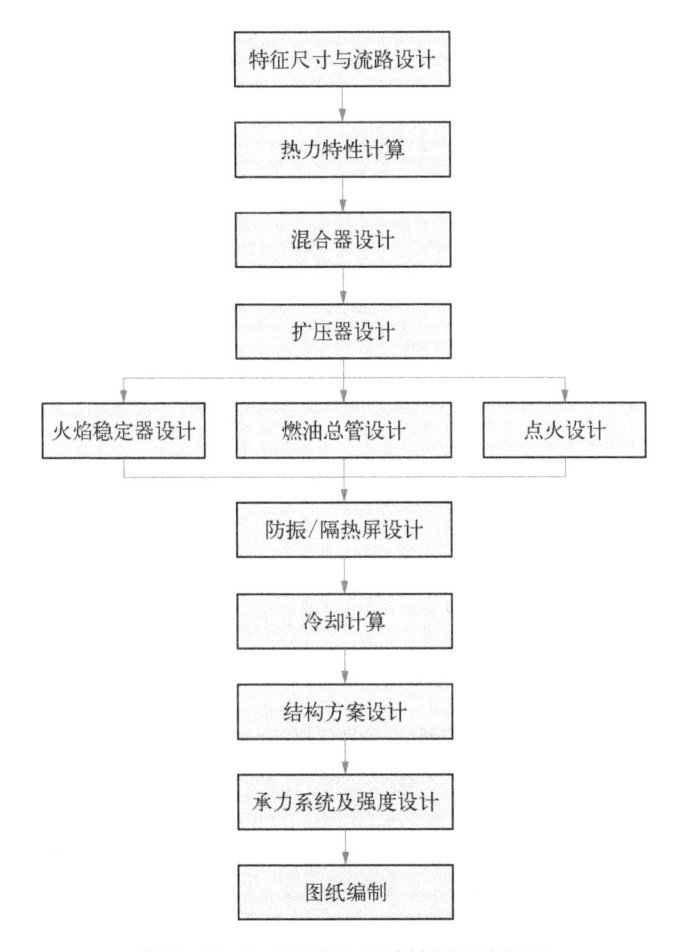

```
┌─────────────────────┐
│  特征尺寸与流路设计  │
└──────────┬──────────┘
           ↓
┌─────────────────────┐
│     热力特性计算     │
└──────────┬──────────┘
           ↓
┌─────────────────────┐
│      混合器设计      │
└──────────┬──────────┘
           ↓
┌─────────────────────┐
│      扩压器设计      │
└──────────┬──────────┘
           ↓
┌──────────┬──────────┬──────────┐
│火焰稳定器设计│燃油总管设计│  点火设计  │
└──────────┴─────┬────┴──────────┘
                 ↓
      ┌─────────────────────┐
      │   防振/隔热屏设计   │
      └──────────┬──────────┘
                 ↓
      ┌─────────────────────┐
      │      冷却计算       │
      └──────────┬──────────┘
                 ↓
      ┌─────────────────────┐
      │     结构方案设计     │
      └──────────┬──────────┘
                 ↓
      ┌─────────────────────┐
      │  承力系统及强度设计  │
      └──────────┬──────────┘
                 ↓
      ┌─────────────────────┐
      │      图纸编制       │
      └─────────────────────┘
```

图 2.11　加力燃烧室设计的通用流程图

删除"混合器设计"这一环节。

2. 混合扩压流路设计

混合扩压流路的设计，既包含了混合器设计，又包含了扩压器设计。对于涡喷发动机加力燃烧室进口只有一股气流，不需要开展混合器设计，该设计仅指扩压器设计，加力燃烧室进口即扩压器进口。对于涡扇发动机加力燃烧室，加力进口截面分为内涵进口和外涵进口。

在进口速度系数一定的情况下，若缩短扩压器长度，则可减轻加力燃烧室的结构重量，但同时会增大当量扩张角。随着当量扩张角的增大，扩压流路损失增加。因此，必然存在一个能满足气动性能和结构重量两方面要求的最佳当量扩张角范围。在加力燃烧室总体方案设计阶段，可以和总体性能、低压涡轮以及后机匣等专业，协调增大加力燃烧室的进口截面尺寸，降低进口速度系数。但过低的速度系数又会给涡轮设计带来不利影响。初判方法可选择对比扩压器进口截面、外内涵出口截面的速度系数(或马赫数),对比扩压流路当量扩张角等参数。跨专业协调确定各截面尺寸、面积,混合扩压流路设计结果,特别是混合截面的外内涵面积要符合设计要求。典型发动机加力燃烧室扩压器进口马赫数如表2.1所示。

表2.1 典型发动机加力燃烧室扩压器进口马赫数

发 动 机	进 口 马 赫 数
BK-1	0.670
Р11Ф-300	0.507
РД-9Б	0.560
J57	0.620
J79	0.450

3. 稳定器设计

加力燃烧室总体方案设计阶段,应确定点火区或值班区火焰稳定器类型、传焰联焰稳定器类型和稳定器主要特征参数。稳定器类型包括普通V形、蒸发式、吸入式、沙丘式、气冷式、喷油稳定一体化式等。各类型火焰稳定器的特点与适用条件,详见第4章。火焰稳定器主要特征参数包括总堵塞比、槽宽、数量(圈数或根数)等。

火焰稳定器的总堵塞比是影响加力燃烧室总压恢复系数的关键参数。尽管加力燃烧室的总压恢复系数受混合扩压流路、稳定器堵塞比、燃油管路堵塞比、拉杆和支架堵塞情况等因素的影响,但是在加力燃烧室的总体方案设计阶段,上述因素大多未确定。初步估算时,可认为总压恢复系数只与火焰稳定器的堵塞比有关。加力燃烧室总压损失的一种经验公式如下:

$$\Delta P_{混合} / D_{混合} = 2C_D \frac{\varepsilon}{(1-\varepsilon)^2} \qquad (2.2)$$

式中,$\Delta P_{混合}$为冷态压力损失绝对值;$D_{混合}$为加力燃烧室全截面的动压头;C_D为稳定器的阻力系数,取常数1.0;ε为火焰稳定器的总堵塞比。

发动机总体对加力燃烧室的流阻要求确定后,由式(2.2)可将火焰稳定器的总堵塞比确定在一定范围内,即稳定器槽宽和圈数(或根数)的设计,应保证总堵塞比不超过相应的范围。表2.2为几种典型加力燃烧室总堵塞比和非加力总压恢复系数的对比。

表 2.2　几种典型加力燃烧室总堵塞比和非加力总压恢复系数的对比

发动机	总堵塞比	非加力总压恢复系数
某 A 型涡喷发动机	0.33	0.95
某 B 型涡扇发动机	0.38	0.93
某 C 型涡扇发动机	0.3	0.97

用火焰稳定器所在截面的气动参数和拟确定的稳定器槽宽,计算稳定性综合参数。可以通过与各种稳定器的稳定性试验数据进行对比,选取合适槽宽,还可以通过调整稳定器所在截面的面积,调整该截面速度大小,来改善稳定性综合参数。

对于 V 形、缝隙 V 形以及各种梯形或接近 U 形的值班火焰类型稳定器,包括吸入式和蒸发式稳定器,其槽宽按式(2.3)计算:

$$K_{st} = \frac{P_{sFH} T_t W}{V_{FH}} \tag{2.3}$$

式中,K_{st} 为稳定性参数;P_{sFH} 为气体静压;T_t 为气体总温;W 为稳定器槽宽;V_{FH} 为气体速度。

在低压下达到相当宽的稳定燃烧范围,计算所需槽宽 W 时,可将压力 P_{sFH} 降低 10% 进行。

4. 燃油分区设计

在加力燃烧室总体方案设计阶段,确定了基本流路、完成了混合扩压流路设计及稳定器布局方案后,就基本具备了开展燃油分区设计的条件。加力燃烧室总体方案设计阶段的燃油分区设计,主要包括以下工作:点火区或值班区的供油方案确定,按环形或扇形初步规划分区。燃油分区的详细设计方法可见第 5 章。

5. 点火设计

加力燃烧室的点火方式有电火花点火、热射流点火、预燃室点火、催化点火等多种方式。各种点火方式特点的对比详见第 6 章。在确定加力燃烧室设计方案时,一般对两种以上的点火方式进行比较,既要考虑先进性,又要考虑技术继承性,其选择基本原则为:

(1)满足性能要求,接通加力快捷,加力燃烧室的点火方式应使接通加力的边界尽可能扩大到加力燃烧室稳定工作边界;

(2)加力燃烧室的点火系统重量轻,可靠耐用,维护方便。

6. 冷却设计

为了保证加力燃烧室的可靠性和工作寿命,必须对加力燃烧室的机匣进行冷却设计。目前普遍采用的是在机匣内侧布置隔热屏,留出一个冷却气通道。涡喷发动机的冷却气为火焰稳定器前的涡轮后燃气，涡扇发动机的冷却气为来自外涵的未燃空气。隔热屏上开有密布的小孔，冷却气可由小孔流出，在隔热屏内表面形成气膜，一方面将高温燃气与隔热屏壁面隔开，避免高温燃气直接与壁面进行对流换热；另一方面通过换热带走隔热屏壁面的部分热量，对其进行冷却。

在加力燃烧室总体方案设计阶段，需要初步确定隔热屏类型、冷却通道进口截面位置、进出口高度等，预估出冷却通道进口、出口的冷却空气流量。应确保隔热屏出口冷却空气流量，满足喷管部件冷却需要。

7. 防振抑振设计

加力燃烧室振荡燃烧的产生机理非常复杂。一般来说，稳定器等钝体尾缘的旋涡脱落会引起周期性脉动；高速气流下火焰速度改变会引起火焰前锋的抖动，从而构成扰动源；两相流中燃油在高温下自燃，会引起周期性压力脉动；甚至加力燃烧室进口（涡轮出口）的不稳定流场、宽频带噪声等，都可能成为声热耦合的扰动源。

加力燃烧室振荡燃烧的抑制，主要有主动控制和被动控制两类措施。

（1）主动控制是从"源头"进行控制，一般需要将扰动源的频率尽量远离加力燃烧室的固有声腔模态，一般可通过修改扩压流路、改善流场分布、调整燃油和稳定器布局等进行控制，必要时，可以对加力燃烧室进口气动参数或结构参数进行优化调整。

（2）被动控制是从"吸收"的角度进行控制，振荡燃烧的被动控制在工程上有广泛的应用。加力燃烧室中主要是采取带有小孔分布的防振屏、防振锥等结构，来改变加力燃烧室的声学特性和阻尼特性，以吸收振荡能量。

2.2 加力燃烧室热力特性计算

2.2.1 概述

按 2.1 节描述完成加力燃烧室总体方案设计后，需要进行加力燃烧室的热力特性计算，也称为加力燃烧室的性能计算。该计算主要包含加力燃烧室典型工作状态下的流阻损失、核心流燃烧完全系数、核心流温升及出口截面温度、燃烧效率计算和加力燃烧稳定性评估等。

加力燃烧室热力特性计算的目的包括以下几方面：

（1）检查方案是否可行，检查发动机总体专业对加力燃烧室所提出各项设计指标能否达到；

（2）检查所给的设计依据和设计指标中，是否存在不合理的参数，若发现不合理的参数，则应通过技术协调改变或调整不合理参数；

（3）通过对方案的初步计算，确定对混合器、扩压器、火焰稳定器、燃油分布、点火、传焰和冷却的设计要求，其中包括界面尺寸、轮廓尺寸限制和性能要求。

2.2.2 流阻损失计算

分析混合器(仅限于涡扇发动机)、扩压器、火焰稳定器、加力筒体等加力燃烧室主要组件的流阻损失,综合得出加力燃烧室总的流阻损失。混合器流阻损失的影响因素包括混合器的结构特征参数、进口气流参数等。扩压器的流阻损失和特征参数与进口气流马赫数相关。火焰稳定器的流阻损失,一般采用V形槽火焰稳定器的流阻损失经验公式,与来流马赫数、火焰稳定器的阻塞比相关。混合器、扩压器、火焰稳定器等各分系统的流阻损失。

加力状态的加力燃烧室流阻损失计算,一般是根据加力燃烧室热核流燃烧起始截面(火焰稳定器后缘截面)的参数、加力燃油流量、热核流的加力温度、热阻损失曲线或迭代计算获取的。

为减少热阻损失,一般情况下常规加力燃烧室的出口马赫数不应大于0.6,同时在设计方案时,通常对涡轮出口余旋角也会有限制要求,但不同发动机的限制要求不尽相同。

2.2.3 热核心流完全燃烧系数计算

一般根据加力燃烧室的结构参数及特定工作状态下加力燃烧室进口气流参数,采用经验公式计算获得与燃烧室进口气动参数和燃烧室结构参数关联的无量纲特征参数,用 θ 表示,再根据特定工作状态下的热核心流加力油气比 f,通过经验关系曲线(图2.12)获得燃烧室热核心流完全燃烧系数。

$$\theta = C_1 \frac{P_{66}^{1.4} e^{\frac{T_{66}}{1\,000}}}{W_{g65} L} \qquad (2.4)$$

式中, P_{66} 为加力燃烧室火焰稳定器后缘截面气流总压(也可近似采用 P_{65}), kPa;

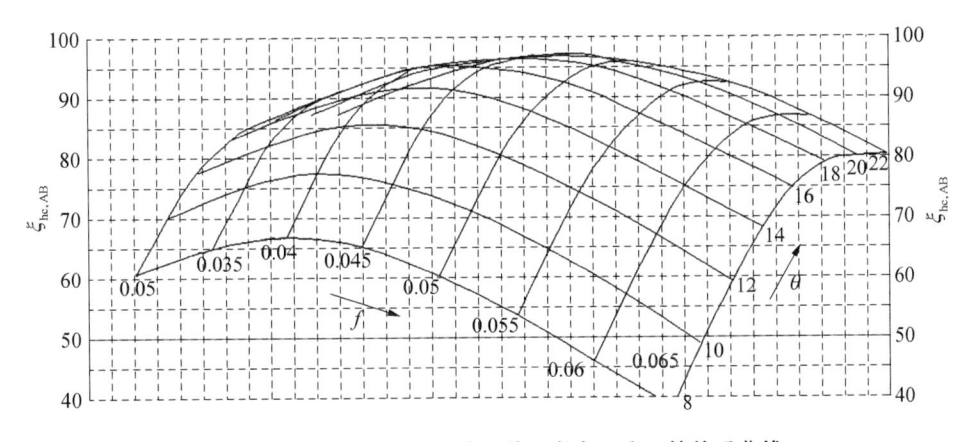

图 2.12 加力热核心流完全燃烧系数与 θ 和 f 的关系曲线

T_{66} 为加力燃烧室进口平均气流温度(内外涵气流质量流量平均温度),K;W_{g65} 为加力燃烧室进口气流流量(内外涵总和),kg/s;C_1 为常数 0.030 4;L 为加力燃烧室结构综合参数,反映了火焰稳定器至火焰前锋交汇点距离与燃烧段长度之比。

加力燃烧室结构综合参数 L 为

$$L = \frac{(1-\varepsilon)\dfrac{A_{65}}{L_{FH}}}{L_{AB}} \tag{2.5}$$

式中,ε 为火焰稳定器堵塞比;A_{65} 为加力燃烧室火焰稳定器总截面面积,m²;L_{AB} 为加力燃烧段长度,m;L_{FH} 为火焰稳定器周长,m。

加力油气比 f 为

$$f = \frac{W_{f,AB}}{(1-\gamma)W_{g65} - W_{f,B}} \tag{2.6}$$

式中,$W_{f,AB}$ 为加力燃烧室供油量,kg/s;$W_{f,B}$ 为主燃烧室供油量,kg/s;γ 为加力燃烧室隔热屏冷却气流占内外涵进口总流量的比值,即 $\gamma = \dfrac{W_{cool}}{W_{a16}+W_{g6}} = \dfrac{W_{cool}}{W_{g65}}$。

将加力燃烧室隔热屏冷却气流占内外涵进口总流量的比值 γ 代入加力油气比公式为

$$f = \frac{W_{f,AB}}{\left(1 - \dfrac{W_{cool}}{W_{g65}}\right)W_{g65} - W_{f,B}} \tag{2.7}$$

$$= \frac{W_{f,AB}}{W_{g65} - W_{cool} - W_{f,B}} = \frac{W_{f,AB}}{W_{a6} + W_{a16} - W_{cool}}$$

某型典型发动机加力燃烧室热核心流完全燃烧系数查询表如表 2.3 所示。

表 2.3 某型典型发动机加力燃烧室热核心流完全燃烧系数查询表

θ\f	0.02	0.025	0.03	0.035	0.04	0.045	0.05	0.055	0.06	0.065
8	0.424	0.488	0.545	0.590	0.610	0.595	0.545	0.490	0.405	0.315
9	0.469	0.535	0.595	0.643	0.667	0.650	0.600	0.543	0.463	0.376
10	0.523	0.579	0.640	0.690	0.718	0.701	0.654	0.594	0.517	0.434
11	0.556	0.621	0.680	0.730	0.761	0.749	0.702	0.641	0.567	0.486

续　表

θ＼f	0.02	0.025	0.03	0.035	0.04	0.045	0.05	0.055	0.06	0.065
12	0.594	0.657	0.715	0.765	0.798	0.790	0.748	0.686	0.615	0.538
13	0.625	0.687	0.745	0.795	0.829	0.828	0.786	0.727	0.659	0.585
14	0.632	0.701	0.765	0.819	0.853	0.860	0.819	0.761	0.697	0.627
15	0.650	0.719	0.783	0.837	0.871	0.881	0.847	0.792	0.730	0.664
16	0.660	0.730	0.795	0.850	0.885	0.895	0.870	0.817	0.760	0.695
18	0.679	0.749	0.813	0.867	0.900	0.910	0.897	0.855	0.800	0.737
20	0.701	0.763	0.820	0.870	0.905	0.915	0.905	0.870	0.815	0.750
22	0.701	0.763	0.820	0.870	0.905	0.915	0.905	0.870	0.815	0.750
24	0.701	0.763	0.820	0.870	0.905	0.915	0.905	0.870	0.815	0.750
30	0.701	0.763	0.820	0.870	0.905	0.915	0.905	0.870	0.815	0.750
35	0.701	0.763	0.820	0.870	0.905	0.915	0.905	0.870	0.815	0.750
40	0.701	0.763	0.820	0.870	0.905	0.915	0.905	0.870	0.815	0.750
50	0.701	0.763	0.820	0.870	0.905	0.915	0.905	0.870	0.815	0.750
60	0.701	0.763	0.820	0.870	0.905	0.915	0.905	0.870	0.815	0.750
70	0.701	0.763	0.820	0.870	0.905	0.915	0.905	0.870	0.815	0.750
80	0.701	0.763	0.820	0.870	0.905	0.915	0.905	0.870	0.815	0.750
90	0.701	0.763	0.820	0.870	0.905	0.915	0.905	0.870	0.815	0.750
100	0.701	0.763	0.820	0.870	0.905	0.915	0.905	0.870	0.815	0.750
110	0.701	0.763	0.820	0.870	0.905	0.915	0.905	0.870	0.815	0.750
120	0.701	0.763	0.820	0.870	0.905	0.915	0.905	0.870	0.815	0.750

2.2.4　热核心流温升及出口热核心流温度计算

热核心流的燃烧温升计算,需考虑理论温升和实际温升修正两方面。理论温升是在标准大气压力和使用特定标准燃料的情况下,通过发动机空气流量、主燃油流量、加力燃烧室燃油流量、发动机进口总温、加力燃烧室进口平均总温等参数计算获得。然后通过计算稳定器后缘截面总压、发动机进口截面总温和理论油气比,修正后确定加力燃烧室核心流实际温升。加力燃烧室出口截面热核心流温度由发动机进口截面空气总温和出口截面的热核心流温升直接计算获得。

2.2.5 加力燃烧室燃烧效率计算

一般利用输入的加力燃烧室进口平均气动热力参数、加力燃烧室的燃油流量和出口平均温度,计算得到加力燃烧室进口、出口截面总的热焓值增加和实际放热量,并按式(2.8)计算加力燃烧室的燃烧效率:

$$\eta_{AB} = \frac{f_{65}(iT_8 - iT_{65}) + C_P T_8 - C_P T_{65} + f_{AB}(iT_8 - iT_0)}{f_{AB} H_f} \quad (2.8)$$

2.2.6 加力燃烧室燃烧稳定性评估

一般是基于以往的试验数据库和经验关系式进行分析,燃烧稳定性评估的主要状态为高空低速飞行状态和中高空大马赫数飞行状态。燃烧稳定性评估的主要方法为利用稳定燃烧的油气比边界(贫、富油稳定燃烧油气比边界)与加力燃烧室气动参数和火焰稳定器特征参数(主要是稳定器槽宽)关联的经验关系曲线计算评估。该方法的计算精度对试验和经验的依赖性较强。

2.3 加力燃烧室的结构设计

2.3.1 加力燃烧室的一般结构形式和组成

涡喷和涡扇发动机均可以带有加力燃烧室。典型涡喷和涡扇发动机加力燃烧室的结构和构成分别如图 2.13 和图 2.14 所示。

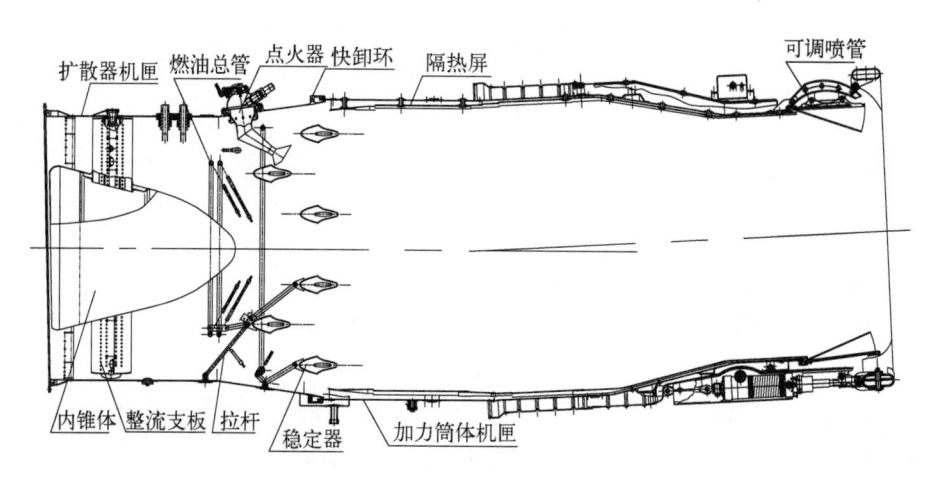

图 2.13 典型涡喷发动机加力燃烧室的结构和构成

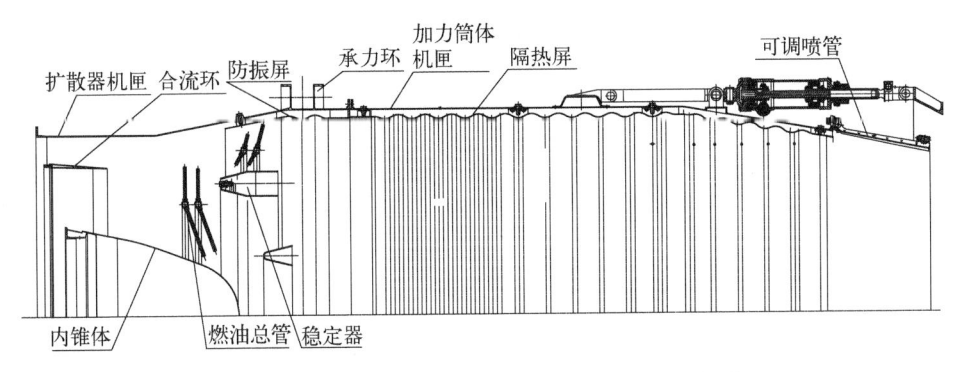

第 2 章　加力燃烧室总体设计　045

图 2.14　典型涡扇发动机加力燃烧室的结构和构成

涡喷发动机的加力燃烧室在结构上一般由前后两段组成。前段为扩散器，包含由内锥体和扩散器机匣组成的加力扩压器、稳定器、燃油总管、点火器（根据点火方案不同或为点火电嘴、接力离心喷嘴等）以及拉杆等连接固定系统。前段是加力燃烧室的核心部分，进行扩压、供油、点火、组织燃烧等。后段为带隔热屏的加力筒体，加力筒体作为加力燃烧室的燃烧段，同时其加力筒体机匣也是发动机传力承力系统的一部分，在其壁面上设有辅助吊挂或承力环作为发动机整机的辅助安装节，根据可调喷管方案的需求，加力筒体也作为喷管的支撑机匣，在其上设计作动筒安装座等。另外根据需要，在前段或后段机匣上还设有漏油座、应急放油座、测试座、火探器安装座、自身单元体的吊挂或支撑座以及外部附件或管路的安装固定座等。加力燃烧室的前后段基本采用安装边连接形式，也有少数发动机采用快卸环连接方案。

涡扇发动机一般带有双涵道，即内涵的涡轮出口热燃气流涵道和外涵的风扇出口空气流涵道。通常涡扇发动机的加力燃烧室为混合式加力燃烧室，即内外涵两股气流首先通过混合器进行扩压掺混，经过混合器出口后先混合成一股气流，再进行进一步的扩压、供油、组织燃烧等。混合器可以采用单独的单元体设计，也可以与稳定器、燃油总管等部件共用一个前段机匣。在混合器之后的基本组成与涡喷发动机的加力燃烧室相似，但具体的组织燃烧方案等有很大不同，供油系统更复杂，将常规V形稳定器一般更换为点火和稳定燃烧边界更宽的带局部供油的值班稳定器。

随着发动机整体的技术需求和加力燃烧室设计技术的发展，涡扇发动机加力燃烧室的紧凑化、集成化设计成为趋势，具体表现为混合扩压组织燃烧的一体化设计，即在结构上将混合器、扩压器、稳定器高度集成；燃油总管与稳定器也采用近配合方案，甚至与稳定器设计成一体结构；进一步将加力燃烧室前段与涡轮后机匣进行一体化设计，即在涡轮后机匣的原有功能之外，根据加力燃烧室组织燃烧的气动和结构需求，以及隐身需求等，对后机匣增加必要的整流、扩压、遮挡等功能，并在涡轮后机匣支板的后段,集成加力燃烧室的供油系统、稳定器、点火等功能组件。这样的设计使加力燃烧室前段与涡轮后机匣集成为一体结构,并具备加力燃烧室的混合、扩压、供油、点火、组织燃烧等功能。高度集成的设计使零组件数量大大减少,长度缩短,重量减轻,对提高发动机推重比的贡献较大。集成化方案需要视加力燃烧室的气动工作条件、性能要求、结构设计条件和要求等综合论证确定。

2.3.2　加力燃烧室结构设计的依据以及与发动机/飞机的协调

加力燃烧室结构设计的主要依据:
(1) 发动机的设计任务书、型号规范;
(2) 发动机的总体方案;
(3) 发动机的结构设计要求(包含对部件的结构设计要求)、六性设计要求、发动机总体结构协调图等;
(4) 加力燃烧室的气动性能方案设计结果,包括流路尺寸、稳定器布局、燃油总管布局及燃油分布图、冷却方式和冷却流路尺寸、点火方案等;
(5) 加力燃烧室相应的设计规范和准则。

对于上述文件涉及的结构设计要求,在方案设计阶段,需要与发动机总体以及飞机进行协调,对于相关要求,尤其是约束条件,应结合加力燃烧室方案设计的需求综合分析,进行迭代调整,确保结构方案可实现,并且合理可靠。

与飞机协调确定的主要内容有发动机的安装形式、辅助安装节形式及位置、维护口盖位置(如电嘴、火探器检查维护口盖,漏油点检查维护口盖、发动机定检孔探口盖等)、发动机长度、最大外廓等。若发动机在飞机上采用分段安装,则加力燃烧室的前后段一般采用快卸环连接方式,便于发动机的安装和拆卸;若发动机在飞机上采用整体安装,则加力燃烧室的前后段采用安装边螺栓连接。

与发动机总体结构协调的内容有:加力燃烧室长度及各段最大直径限制;与前部涡轮后机匣的各安装接口、与后部可调喷口的安装接口,以及与发动机外部管路、附件等的安装位置及接口,加力点火电嘴、漏油接头、火探器、燃油总管进油嘴,各测试受感部等,需明确详细的位置及接口尺寸;其他结构限制尺寸;加力燃烧室重量等。

2.3.3　结构设计的主要工作内容

加力燃烧室的结构设计按设计流程一般分为方案设计、技术设计、详细设计三个阶段。

结构方案设计的主要任务是根据发动机总体设计要求和加力燃烧室自身设计需求,确定加力燃烧室的总体结构形式、布局、传力承力方案等,包括稳定器、加力燃油总管、混合扩压器、防振隔热屏等主要组件的结构方案以及与飞机安装、部件上下游接口、喷管安装(根据需要)相关的结构方案。结构方案设计应与气动性能方案设计协调进行,综合考虑气动性能需求和结构的可实现性。

结构方案设计还需要同时考虑可靠性、维修性、测试性、安全性、环境适应性等。结构方案设计完成后要进行初步的强度估算和重量估算,并绘制结构方案图,编写结构方案设计说明。

技术设计阶段是结构设计的主体环节,主要任务是根据结构方案设计结果以及相关设计规范和准则,进行结构打样图设计和相关计算分析等工作。

技术设计阶段需要完成的主要工作如下:

(1) 确定机匣和内部件的布局及连接固定结构,加力燃烧室前后段机匣的分界面及连接结构;

(2) 确定加力燃烧室与涡轮后机匣的连接结构(一般包含机匣、混合器、内锥体的连接);

(3) 确定加力燃烧室与喷管的连接结构。当喷管为单独的单元体结构时,一般为安装边连接;当喷管与加力燃烧室后段(加力筒体)为一个单元体设计时,需要确定加力筒体上具体的喷管安装及承力结构;

(4) 确定加力燃烧室与主机及飞机的传力承力结构;

(5) 确定加力燃烧室与发动机外部设计的相关固定及连接接口的结构;

(6) 确定所有零组件的基本结构形式、尺寸、材料和毛坯形式(包括新材料);给出重要尺寸公差、重要的间隙、全部的配合尺寸及公差、重要的形位公差等;

(7) 确定所有零组件的装配关系,进行冷热态尺寸链计算,确保装配尺寸正确,并尽可能保证构件冷热态自由膨胀,减小热应力;

(8) 确定总体要求的监测受感部安装位置与相关结构设计;

(9) 进行零组件特性分析,确定关键件及关键特性、重要件及重要特性;

(10) 估算重量;

(11) 估算强度;

(12) 规定技术条件,如热处理类别、焊接质量与检查标准、锻铸件类别、喷涂材料与规范、密封性检查、活动部分的转动灵活性检查、间隙与伸出量的检查、流量试验要求等;

(13) 确定所有零组件的编号;

(14) 审查工艺性、装配性、维修性等是否合理,进行必要的修改;

(15) 完成结构打样图,编制必要的计算书、说明书等;

(16) 在该阶段,可根据选用的新材料、新工艺的技术成熟度,提出相应的材料和工艺配套攻关需求。

详细设计阶段的主要工作是依据打样图和相关设计标准,完成全部零组件工程图纸的绘制,编制相关技术要求文件,并完成与生产工艺的协调和会签,最终形成一套完整的可用于加力燃烧室试制的图纸和技术文件。进行必要的详细强度计算；编写质量质心转动惯量计算报告、特性分析报告、结构设计说明书等各设计文件。

2.3.4 结构设计原则

加力燃烧室的结构设计目标简单描述为：实现加力燃烧室的气动方案设计结果，满足结构限制和接口要求，结构可靠持久，方便生产和使用维护。

1. 结构可靠性、耐久性设计

加力燃烧室内的部件基本都处于高温、高速燃气的冲刷环境中，尤其是稳定器和隔热屏承受的温度负荷相当高，为了尽量满足发动机性能高要求，应减小冷却气量，使零件局部壁温基本接近于材料长期许用温度。内部零组件各部位经常存在较大的温度梯度，零组件承受着较大的热应力；在发动机整个寿命期内存在温差较大的冷热循环，容易产生热疲劳。

加力筒体及其上的辅助安装节是发动机的重要传力承力部件，其承受的载荷较大，结构可靠性设计非常关键。

为了实现在要求的工作包线内持久稳定运行，结构完整可靠，加力燃烧室的结构设计应遵循下述主要设计准则：防止高循环疲劳；足够的低循环疲劳寿命；足够的低循环和蠕变交互作用的寿命；防止蠕变屈曲；防止局部屈曲。

1) 防止高循环疲劳

由于气流流动和燃烧，加力燃烧室存在一个宽范围的声激振带。受这种声激振的影响，加力燃烧室的结构将在其任一自振频率下激振。若激振及其造成的振动应力足够大，则会产生高频疲劳破坏。当发生高频振荡燃烧时，发动机的结构破坏极其迅速。因此，必须保证加力燃烧室的部件振动特性在给定的限制值范围之内。

原始的激振源是叶片旋转、转子不平衡和燃烧过程引起的随机和整阶的燃烧激振。通常情况下机匣易发生高频疲劳，因此应进行机匣的振动试验，以验证危险的固有频率和振型的分析计算结果。设计时应使机匣和加力燃烧室部件的共振频率与发动机工作范围内这些强激振不重合。改变零件的厚度等调整结构设计来改变加力燃烧室部件的固有频率，避开振动应力过大的频率；采用减小零组件间的配合间隙、增大阻尼等办法减小振幅，改善燃烧稳定性，避免发生振荡燃烧产生的破坏。

2) 足够的低循环疲劳寿命

低循环疲劳寿命是由引起裂纹的热循环数确定的。由于加力燃烧室进口流场的不均匀及加力燃烧室燃烧和冷却的不均匀，加力燃烧室各零组件存在温度梯度带来的热应力和应变。这些温度梯度在每个功率循环中反复出现，热应力和应变随之循环变化,由此产生热疲劳。由于发动机的功率变化而作用在机匣上较大的循环应力和过大的温度梯度,以及飞机机动飞行时可能在机匣上施加的循环载荷,也应进行计算分析。

提高疲劳强度的结构设计要点主要包括以下几方面。

(1) 合理选择材料。

选用线膨胀系数小而导热系数大的材料有利于降低热应力;高温持久极限高、韧性好的材料可以提高热疲劳强度;不同材料焊接时,尽可能选择线膨胀系数差别小的材料。

(2) 合理的结构设计。

结构设计时,应尽量避免采用应力集中的结构。例如,避免横截面有急剧突变,尽可能用较大的圆角平滑过渡;不同厚度的板材对接焊时,应采用渐变壁厚实现等厚度焊接。

加力燃烧室的各零组件尽可能在冷热膨胀收缩时不受约束自由变形(不应引起干涉碰磨),避免膨胀不协调。

合理排列铆钉孔和螺栓孔,减小峰值应力,孔的边缘进行倒角。零组件上尽可能少开缺口,注意缺口的形状,减小应力集中系数;开方孔时,四角必须有过渡圆角,且圆角半径不能太小。

设计焊接件时,要合理布置焊缝,避免焊缝交汇和密集;应使焊缝避开应力集中的部位、加工面和表面热处理面;应打光焊缝表面,使焊缝平滑,减小焊缝处的应力集中。焊后进行去应力热处理。零件标印应选在低应力部位,尽量采用无损伤标印。还应改进结构,降低振幅。

(3) 表面强化。

在循环载荷作用下,最大拉应力总是出现在零件表层某一范围内。对零件采用表层强化工艺可以改善表层的应力状况和化学成分,还可以提高零件的疲劳强度。表层强化的常用工艺有表面喷丸强化、表面辊压强化、表面化学热处理、表面淬火、表面激光强化等。

3) 足够的低循环和蠕变交互作用的寿命

蠕变现象是一种与时间有关的,在每个功率循环中增加永久变形而使应力松弛的现象。在加力燃烧室的工作温度和应力环境下,所使用的大部分金属材料都处于蠕变状态。蠕变变形量取决于工作时间和温度。蠕变变形将加速低循环疲劳裂纹的产生。对于工作温度超过蠕变温度且工作时间较长的材料,应考虑蠕变极限和持久强度等长时机械性能。

影响零组件及其材料蠕变和持久强度的主要因素有以下几方面:

(1) 工作条件的影响。蠕变和持久强度对温度十分敏感,设计时必须根据零组件最高工作温度的蠕变极限和持久强度数据进行强度估算,同时对局部高温和瞬时超温留有裕度。加力燃烧室构件实际工作时是在高温下承受交变载荷的作用,这样在蠕变和疲劳交互作用下,持久强度显著下降。加力燃烧室的构件处在高温燃气中,其材料常受腐蚀和氧化作用,形成粗糙表面而使应力集中,导致蠕变速度增加,因此要考虑材料的高温抗腐蚀性和抗氧化性,必要时涂抗氧化涂层。

(2)零件缺口的影响。实际零组件的槽、孔、截面突变等各种缺口,易形成应力集中,使蠕变承载能力下降。

(3)工艺因素的影响。材料的冶炼工艺、材料的晶粒度、材料和零组件的热处理工艺、材料和零组件的预变形工艺等都对蠕变性能有影响。

4)防止蠕变屈曲

蠕变屈曲是指金属材料在恒定温度、恒定应力的长时间作用下,随时间的延长材料会缓慢地发生塑性变形的现象。加力燃烧室的构件随着时间的推移,变形逐渐累积,直到使构件失稳并发生屈曲变形。

5)防止局部屈曲

在机匣的结构设计中,必须满足在极限载荷作用下不产生屈曲。此外,加力燃烧室构件的局部过热造成局部较大的热应力、刚性不均匀等,可能产生局部屈曲。尤其是筒体、隔热屏、混合器、内锥体等大型薄壁件,应重视刚性和稳定性设计,将集中负荷散开,避免局部过热,加强冷却设计。

2. 装配性、维修性的设计要求

结构设计结果应具有良好的装配性、维修性,尽可能实现下述原则。

(1)贯彻单元体设计原则,即单元体界面清晰、单元体间的定位和连接简单可靠。

(2)结构设计应考虑装配分解的可行性和工艺性,保证各零组件能装得上、拆得下,设计合理,避免过定位。

(3)固定和连接结构可靠,确保零组件之间有正确的相对位置。

(4)零组件之间有正确的配合类型和配合精度。

(5)应贯彻"防错"设计的原则。对位置接近、接口相同的结构应特别注意防错设计。为了保证机匣正确的安装位置,安装边均应设置偏置孔,并采用一个非均布安装孔;对有方向性要求的如测试受感部等可采用偏心孔安装、非对称安装螺钉孔、不同规格螺钉等"防错"方法避免误装配,实现非正确位置无法装配的效果。

(6)螺纹连接件必须采用防松和防黏设计,可采用锁片、扩口螺钉、高温自锁螺母、自锁型钢丝螺套等结构,尽可能避免使用保险丝锁紧;重视热流道中的锁紧结构可靠性;防黏结结构可采用螺钉螺母镀铜、镀银等措施,最好选用不同材料,并根据配合类型需求选用合理的配合公差,高温部位的螺纹连接在装配时应涂高温润滑脂。

(7)连接件、管接头、销钉、卡箍等小零件应优先选择航标、国军标、国标件以及型号小零件优选目录中的标准件,自行设计时必须按标准设计;应尽可能减少品种、规格。

(8) 应考虑结构的可达性要求,对于需要保养、维修、检查、更换的部位,结构布局应留有维护空间。

(9) 单元体上应设计有吊挂或托点等,以便于吊装或停放。

(10) 为保证各零组件的正确装配关系,应进行冷热态尺寸链计算。冷态尺寸链计算也可以采用全三维仿真装配干涉性检查代替。

3. 重量的控制措施

加力燃烧室的重量是一个重要的结构设计指标。加力燃烧室的长度、最大直径、气动方案、结构形式、零件选材以及强度寿命要求等都是影响加力燃烧室重量的重要因素。其中,上层设计要求是结构设计需要满足的设计目标、前提和依据。在加力燃烧室的结构设计中,可通过一些减重措施尽可能地减轻重量,具体措施如下:

(1) 选择高比强度和高比刚度的材料;
(2) 尽可能集成化、紧凑化设计,减少零组件数量;
(3) 加力燃烧室的机匣占总重量的比例较大,采用网状加强肋结构,并进行详细的强度计算优化分布,可在保证强度、刚度的要求下有效减轻重量;
(4) 采用薄壁盒型结构可有效减轻重量,如双层薄壁的合流环结构、带内部加强肋的空心薄壁支板结构等;
(5) 采用高温陶瓷基复合材料等新材料代替传统的高温合金可有效减轻重量。

4. 材料的选择

加力燃烧室内的部件基本都处于高温高速燃气的冲刷环境中,零组件各部位经常存在较大的温度梯度,因此加力燃烧室的内部零组件承受着较大的热应力,且在发动机整个寿命期内存在温差较大的冷热循环,容易产生热疲劳。同时,由于气流流动和燃烧,加力燃烧室存在一个宽范围的声激振带,其造成的振动应力较大。长期工作的零组件面临高温氧化、变形、裂纹、甚至过热烧蚀的风险,因此加力燃烧室对材料性能的要求主要有以下几方面:

(1) 具有良好的高温抗氧化性和抗燃气腐蚀的能力;
(2) 具有足够的瞬时和持久强度,良好的冷热疲劳性能;
(3) 具有高的抗蠕变和抗低循环疲劳性能;
(4) 具有良好的工艺塑性和焊接性能;
(5) 在工作温度下持久工作金属组织稳定;
(6) 具有高的热导率和小的线膨胀系数。

在具体的结构设计材料选择时,对材料性能的要求往往是矛盾的,难以找到各项性能均优的材料。

结构设计选择材料时主要从以下几个方面来考虑。

(1) 零件所处的工作环境,根据不同的温度需求采用不同的材料。

(2) 应尽可能选用机械性能好、密度小的材料,以实现高可靠、低重量的结构设计需求。

(3) 考虑到具体的零组件结构形式具有不同的制造工艺,需要选用不同性能侧重的材料。例如,加力燃烧室大量存在钣金焊接结构零组件,需要采用成型性好、焊接性能好的材料。对于某些构型复杂的零件,可采用适宜于铸造或增材制造工艺的材料。

(4) 对于互相配合接触的零件,应考虑它们的不相容性,如与钛合金件接触的零件材料不能含有铅、锌、镉、锡、银、铋等。

总的来说,要综合考虑零件的工作环境、结构形式、强度和重量需求等,在材料的各项机械性能、物理性能、工艺性、经济性等之间进行平衡,实现结构设计要求。

常见的加力燃烧室材料有:应用于稳定器、燃油总管、隔热屏等内部件的如 GH3128、GH3230、GH3536、GH3625、GH3044、GH5188 等高温合金;在机匣外部采用的 Cr18Ni9 等不锈钢材料;涡喷发动机的加力燃烧室机匣也采用如 GH3128 等高温合金;在涡扇发动机的加力燃烧室设计中,由于有外涵气流,加力燃烧室机匣的工作条件优于涡喷发动机加力燃烧室的机匣,可以采用钛合金材料,如长期使用温度为 500℃ 的 TA15 和 550℃ 的 TA12。

2.3.5 强度计算和试验

加力燃烧室结构的详细设计完成后应进行相关强度计算和试验。各零部件在各自的工作条件和环境下,应具有足够的动强度、静强度储备和一定的技术指标裕度,满足强度和寿命设计要求。

加力燃烧室部件的主要强度计算项目包括以下内容:

(1) 扩散器和加力筒体机匣(含辅助安装节)的静强度计算,计算变形、应力、屈服以及极限强度储备;

(2) 扩散器和加力筒体机匣(含辅助安装节)的低循环疲劳寿命计算;

(3) 拉杆、各承力固定座等主要承力构件的强度计算;

(4) 隔热屏、混合器、内锥体等在工作中有可能发生整体屈曲或局部屈曲的零部件屈曲分析,隔热屏在加力燃烧室熄火情况下也不应失稳;

(5) 长喷油杆、长稳定器以及外部管路等的振型和频率等振动特性分析。

加力燃烧室部件的主要强度试验项目包括以下内容:

(1) 扩散器和加力筒体机匣(含辅助安装节)的静力试验;

(2) 扩散器和加力筒体机匣(含辅助安装节)的低循环疲劳试验;

(3) 喷油杆、稳定器、外部管路以及加力燃烧室部件的振动特性试验,该试验可结合发动机整机试车时进行。

2.3.6 加力燃烧室的主要结构故障

加力燃烧室故障可大致分为性能故障和结构故障两类。其中,有些故障的表现形式为结构故障,但其发生根源往往主要在于气动冷却设计不合理;有些故障则是气动和结构设计都有不合理之处。按故障表现形式,有变形、裂纹、过热、烧蚀、磨损、断裂、破损、掉块、涂层剥落、螺母松动等情况。下面仅就结构因素对各故障形式进行简要归纳分析。

1. 硬件裂纹

裂纹故障属于加力燃烧室的多发故障,多发生在下列部位。

(1) 火焰稳定器。火焰稳定器处于加力燃烧室热气流或冷热气流的交汇区域,其后方回流区有火焰驻留,因此突出特点是稳定器的温度高且温度梯度大,热应力较大。在结构上,火焰稳定器主要是高温合金薄壁板材冲压成型,在其上焊有拉杆座、传焰槽、加强筋等零件,值班稳定器带有燃油局部供油结构等使得结构更加复杂。火焰稳定器组件上焊缝较多。这些工作环境和结构特点增加了稳定器裂纹多发的风险。因此,在结构设计时应尽量使冷热状态各部位能够自由膨胀;进行稳定器的冷却设计时尽可能使各处的壁温均匀,降低温度梯度;在受力较大部位如拉杆座处可局部加强或增加焊缝周长等,避免应力集中;另外,稳定器热表面也可以涂隔热涂层来降低热负荷,涂抗氧化涂层来增加材料组织的稳定性。

(2) 隔热屏。隔热屏是另一个裂纹容易发生的组件。隔热屏也是高温合金薄壁板材冲压及焊接成型,但壁厚较小,通常仅有 0.8 mm,轴向和直径尺寸均较大;作为加力燃烧室燃烧段的主要组件,其内表面与燃烧后的高温燃气非常接近,热负荷很高,轴向和周向温度梯度较大,尤其是当加力燃烧室进口的温度场不均匀、加力燃油分布不均匀时,或前方流道局部遮挡等造成冷却气流进口流场不均匀时,会使隔热屏的工作条件恶化。但相比于稳定器,隔热屏承受的气动载荷较小,其上焊接的零组件也较少。隔热屏结构设计的要点同样是尽量使冷热状态各部位能够自由膨胀,如采用纵向波纹和径向浮动支架安装、采用周向波纹和轴向分段可前后滑动结构等。另外,必须做好隔热屏的气动冷却设计,避免局部温度过高。

(3) 扩散器外壁和加力筒体外壁。对于扩散器外壁和加力筒体外壁,作为承力传力机匣,其安装边与筒体的焊接部位、壁面上大量的安装座焊接部位、承受较大载荷部位如作动筒安装座等都是发生裂纹的高风险部位。作为传力承力机匣,结构设计必须进行强度和刚度计算,避免出现局部应力过大、变形过大,满足强度设计要求;其他结构设计要点有安装边处的最小转接半径作为重要特性尺寸要严格控制;外壁壁面的最小壁厚要满足规定;各安装座、安装边与筒体的焊接形式,尽可能不采用搭接焊结构,避免壁厚突变应力集中;在采用对接焊时,合理设计渐变壁厚,尽量增加焊接周长,封闭焊缝焊接的收缩应力不易释放,因此焊接时应采取预变形工艺降低焊接应力。各种开孔尽可能不与焊缝重合,避免焊缝交叉。

(4) 燃油总管。燃油总管上的三通、四通、耳座、喷杆马鞍座等焊接处,也是产生裂纹的高风险部位;其他部位如内锥体、混合器、整流支板等,也都存在与稳定器、隔热屏等类似的薄壁板材焊接结构,各焊接部位、拉伸成型转折处、壁厚减薄处、边缘处、开口处等,都应注意结构设计细节。总的来说,各处均应尽量降低热应力集中、降低结构应力集中,使冷热态能够自由膨胀不产生过约束,成型后、焊接后进行去应力热处理,降低制造后的残余应力。

2. 变形故障

加力燃烧室的变形故障主要表现为:扩散器和筒体的壁面局部凹陷或凸起变形,安装边平面变形、平面度超标;稳定器翘曲变形,圆度超标、槽宽变化超标;燃油总管尤其是长喷杆变形;混合器变形;防振屏、隔热屏翘曲变形失稳等。对于稳定器、隔热屏等内部件多为薄壁板材冲压焊接结构,变形的主要原因是温度场不均匀、温度梯度过大、局部温度过高等。结构设计要点是在局部易变形处设置加强筋或加强凹槽增加刚性,采用机械性能更好的高温合金,合理设计连接传力布局等;在气动设计上尽量使流场温度场均匀,冷却设计结果是壁温不超过材料推荐的使用温度,创造零组件良好的工作环境。结构设计上需要设置合理的空间间隙,保留变形协调的裕度;气动性能设计上也需要保留合理的变形影响裕度,如稳定器槽宽、隔热屏进出口及沿程高度、混合器出口型面等。

3. 过热和烧蚀故障

过热和烧蚀故障主要发生在稳定器、隔热屏等部位。喷杆、拉杆、筒体等也偶有发生。一般来说,烧蚀故障的主要原因为气动冷却设计不合理,如稳定器的回流区异常引起的局部贴壁燃烧、燃油分布不当形成火焰着壁燃烧造成的隔热屏烧蚀、隔热屏局部燃气倒流烧蚀、隔热屏烧蚀导致筒体烧蚀。

在加力燃烧室的进口温度较高时(平均温度达900℃以上,局部热点温度甚至超过1 000℃),也会产生喷油杆挂火、拉杆挂火,甚至在稳定器前方发生自燃;在气动方案设计时要考虑对喷油杆进行冷却设计、缩短稳定器前的喷油距离、调整喷油点分布等。在结构设计上要尽可能地将喷油杆(连同其隔热罩)和拉杆等构件截面设计成流线型,避免在其后方形成较大回流区。将喷油杆与稳定器一体化设计,光洁流路,可有效消除该类型的烧蚀故障。

4. 磨损故障

加力燃烧室内部件的固定连接大量采用铰接结构,铰接结构可以绕铰点自由旋转,从而避免构件膨胀时产生冷热结构不协调;当进油管穿过外壁、点火电嘴穿过外壁或稳定器时其他结构也需要设计球窝和球面的配合结构,或者相对简单的滑动配合结构。这样的配合结构既利于膨胀变形协调，也方便装配。但这些相配零件具有相对位移，就产生了长期工作后的磨损问题。还有一些零件虽然是相对固定的结构，但相邻零件设计的冷态间隙过小，在工作状态下膨胀或结构变形导致尺寸变化，从而发生干涉碰磨。

当磨损量达到一定程度时就会导致结构失效。例如，在外壁上的进油管铰接或滑动配合处，磨损会导致密封效果变差，出现燃气泄漏；拉杆等的铰接处磨损严重会导致销钉断裂，从而连接固定结构失效，引发连带故障。

相对移动产生磨损的部位，在零件设计时要满足硬度要求，必要时可进行镀铬等表面处理。形成配合的两个零件，若其中一个需要方便更换和维修，则其材料硬度可选为相对小一些的，如销钉相对于稳定器组件上的固定耳座。另外，对于这些配合副，要严格控制配合间隙，减轻振动磨损。对配合处相应的轴径和孔座壁厚要避免过小，避免很快磨损失效。加力燃烧室内部布置了大量的喷油杆、拉杆等结构件，结构设计时要确保留有足够的间隙，避免产生碰磨。

5. 断裂故障

加力燃烧室的断裂故障主要有稳定器固定耳座处断裂、燃油总管环管及喷杆断裂、径向稳定器或传焰槽根部断裂等。在发动机整个寿命期内，加力燃烧室内部件存在温差较大的冷热循环，容易产生热疲劳；同时由于气流流动和燃烧，存在一个宽范围的声激振带，其造成的振动应力较大。因此，上述断裂故障多属于疲劳裂纹扩展进而断裂。在结构设计时需要对重要部位进行加强，提高强度储备；进行强度计算，优化结构，改变构件固有频率，避免产生共振。

第3章
混合扩压器设计

3.1 概　述

混合扩压器是加力燃烧室最前端的一个组件,包含扩压器和混合器两个装置,如图3.1所示。扩压器的进口与涡轮出口相连,功能是降低进入加力燃烧室组织燃烧区域的气流速度,一般会将加力燃烧室速度系数从进口截面的0.4~0.5或更高,降到火焰稳定器前的0.2左右。混合器装在内外涵道气流的交汇处,主要功能是把内外涵道不同压力、温度、速度的气流进行混合,在一定程度上改善加力燃烧室进口流场。混合器只出现在涡扇发动机或存在多涵道的发动机加力燃烧室中,而扩压器无论是涡喷发动机还是涡扇发动机都需要。扩压器和混合器之间的流动联系紧密,设计时往往放在一起进行,因此常把二者统称为混合扩压器。

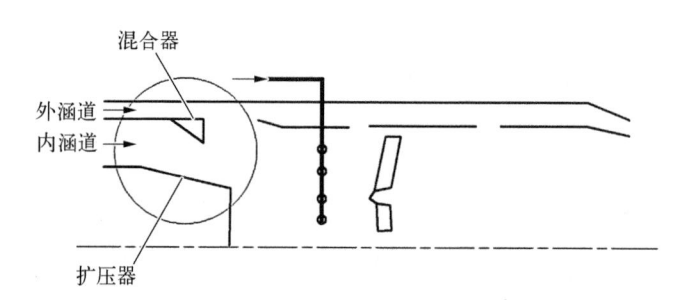

图3.1　混合扩压器示意图

混合器通常应用于传统的涡扇发动机加力燃烧室,五代机发动机加力燃烧室不再采用混合器构件,而是采用新型的一体化结构设计,将扩压器、混合器、稳定器及喷油杆的功能集成一体,如图3.2所示,在支板/稳定器附近的适当位置开孔或缝等缺口,引入外涵气流进入内涵。一体化支板可采用弯扭构型,以遮挡低压涡轮,稳定器尾缘采用后掠角设计,内锥体采用尖锥型面或喷涂隐身涂层,并引入外涵气进行冷却,有效提高加力燃烧室的结构可靠性和隐身性能。

另外,不同于常规气动扩压器的两边扩张比基本相同,加力燃烧室的扩压器往

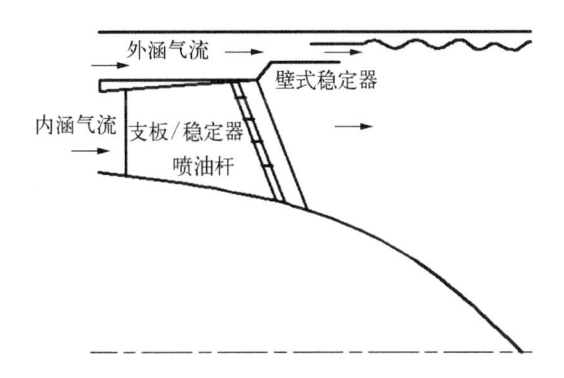

图 3.2 扩压、混合、稳定器与喷油杆一体化方案示意图

往是单边扩张,或两边扩张比差别很大,主要朝着中心线方向扩张,内外涵道之间的壁面往往是平直流道或小扩张比的通道,因此总体看加力燃烧室的扩压器是一个非对称的气动扩压器。

从 20 世纪 50 年代以来,混合器出现了多种形式,目前得到实际应用的混合器类型主要包括漏斗形混合器、环形混合器、波瓣形混合器和指形混合器。

(1) 漏斗形混合器。漏斗形混合器属于强迫式混合器,由许多插入内涵的漏斗组成(图 3.3),外涵气流通过漏斗以一定的角度进入内涵,使部分外涵气流和内涵燃气直接掺混。这种混合器使内外涵气流在较短的长度内得到充分混合,但其压力损失大,结构相对复杂。采用漏斗形混合器的有 MK202、WS6 等多型发动机。

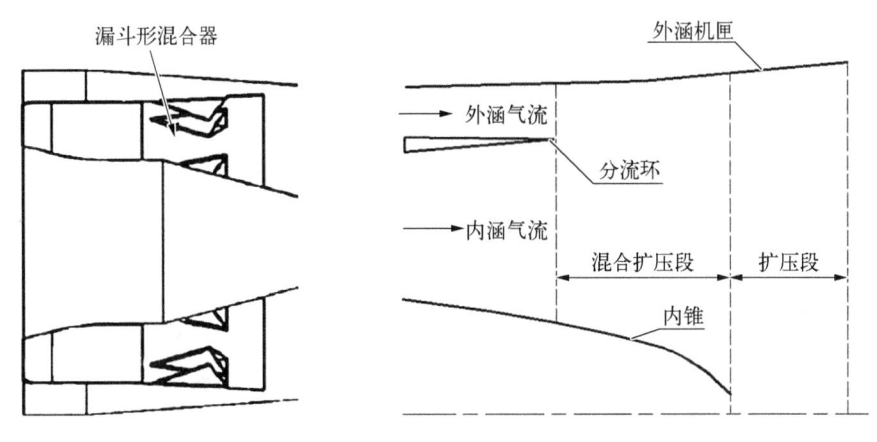

图 3.3 漏斗形混合器的示意图　　图 3.4 环形混合器示意图

(2) 环形混合器。环形混合器又称平行混合器,属于非强迫式混合器,它由一圈简单环面组成(见图 3.4 分流环),主要依靠内外涵两股同轴平行射流的湍流剪切来实现掺混,具有结构简单、重量轻和气动损失小等优点。但内外涵为平行进

气,两股气流之间的混合效果差,因此往往用于小涵道比,如涵道比小于0.3的涡扇发动机,同时还要与稳定器进行综合设计,以组织好内外涵相对独立的燃烧。采用环形混合器的有F100、F119、F414等多型发动机。

除此之外,在环形混合器的基础上,通过在出口处设置锯齿,构成锯齿冠状混合器,如图3.5所示,也是当前正在发展的一种新型环形混合器。相关研究表明,锯齿结构下游可以诱导产生流向涡,从而增强了内外涵道气流间的掺混效果。

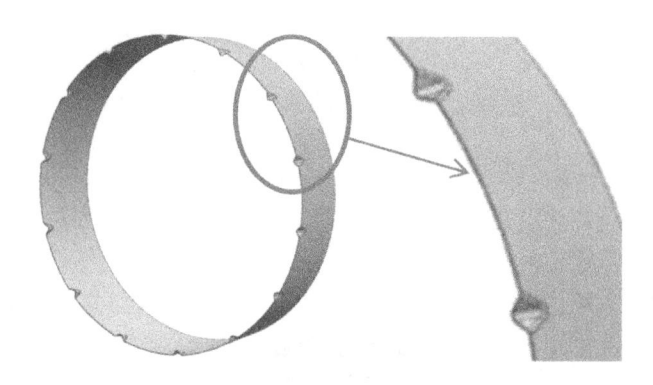

图 3.5　锯齿冠状混合器示意图

(3) 波瓣形混合器。波瓣形混合器又称菊花形混合器,属于强迫式混合器,是一种带波瓣尾缘的混合装置,具有明显的三维表面轮廓结构特征(图3.6)。波瓣形混合器通过上下交错排布的花瓣,产生大尺度的流向涡,促使高温高速的内涵燃气与低温低速的外涵空气在较短长度内实现高效掺混。但由于内外涵掺混强度大,波瓣混合器的流动损失增大、总压恢复系数降低,同时结构复杂,加工要求提高。波瓣形混合器广泛应用于涡扇发动机加力燃烧室,特别是涵道比大于0.6的

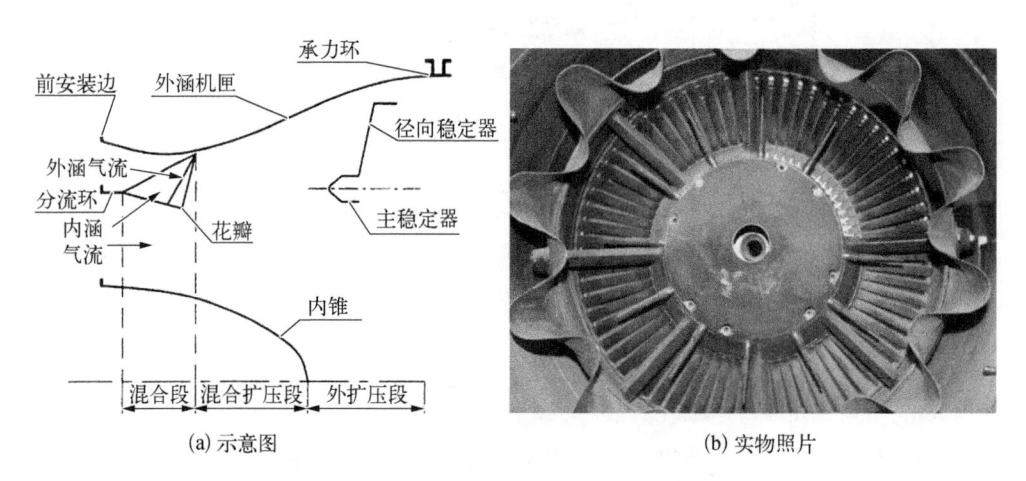

(a) 示意图　　(b) 实物照片

图 3.6　波瓣形混合器示意图和实物照片

发动机中,如 F110、АЛ31-Ф 等发动机。

（4）指形混合器。指形混合器也属于强迫式混合器,是小涵道涡扇发动机加力燃烧室混合器的一个重要的发展方向,基本特点是以近似垂直的角度分别在内外涵道布置指形槽道,如图 3.7 所示,这些指形槽道与径向稳定器功能组合,既可以把一部分内外涵气流往中间引导,又可以作为火焰稳定器承担火焰稳定和火焰传播的功能。这类混合器从气动角度来看,是波瓣形混合器的一种发展,而从燃烧组织来看,兼有漏斗形、环形和波瓣形三种混合器的特点。由图 3.7 可以看出,稳定器布置在内外涵进气合流处,缩短了燃烧室的轴向尺寸,且结构简单。从上面的讨论可以看出,指形混合器适用于小涵道比、分流环处已实行减速增压的发动机,目前先进的涡扇发动机大多能满足上述特点。指形混合器已在 RB119、EJ200 和 M88-2 等发动机上成功应用。

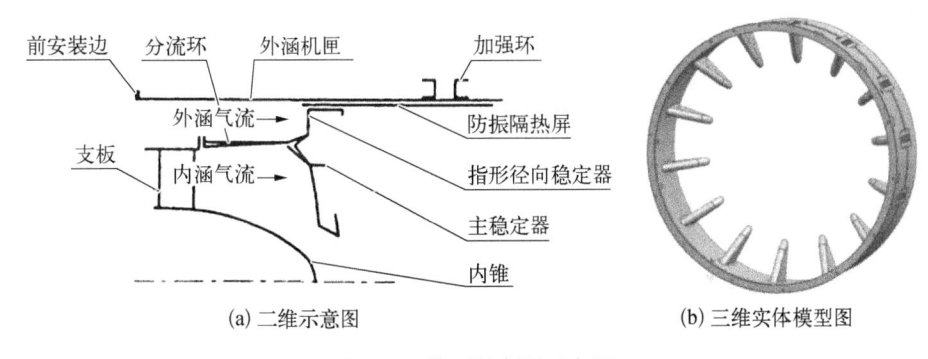

(a) 二维示意图　　(b) 三维实体模型图

图 3.7　指形混合器示意图

3.2　设　计　要　求

几类混合器的总体设计要求主要包括：
（1）混合扩压器出口速度降到能满足再次组织燃烧的需要；
（2）混合扩压过程的损失要符合总体性能的要求；
（3）径向和周向的出口流场要均匀,避免壁面过冷和过热,满足混合效率要求；
（4）结构长度要求尽可能短,达到气流稳定、重量轻、尺寸小的目标。

3.2.1　环形混合器

采用环形混合器的加力燃烧室内外涵分开供油,各自独立工作,并且组织燃烧方案与环形混合器相匹配,在内外涵的边层内涵一侧设置值班火焰稳定器,在值班火焰稳定器外侧分布一定数量的径向传焰稳定器,把内涵高温燃气引向外涵实现径向联焰。这在组织燃烧上必须包括:紧挨内外涵的边界层内涵一侧设置值班火焰稳定器;在值班火焰稳定器外侧分布许多径向传焰稳定器。由此要求环形混合器分流环的设计遵循如下原则。

(1) 分流环出口面积比按静压平衡原理设计。

分流环出口面积比表达式为

$$\frac{p_{bp}}{P_{bp}} = \pi(\lambda_{bp}), \quad \frac{p_{cp}}{P_{cp}} = \pi(\lambda_{cp})$$

式中,下标 bp 表示外涵流道;下标 cp 表示内涵流道。

按外内涵混合截面处静压相等可得 $p_{bp} = p_{cp}$,则有

$$\frac{P_{bp}}{P_{cp}} = \frac{\pi(\lambda_{cp})}{\pi(\lambda_{bp})} = K \tag{3.1}$$

这里的外内涵总压比 K 在飞行中是变值,兼顾到状态多变的特性,台架状态的 K 应取在 0.98~0.99,否则会严重影响推力性能的发挥。因此,气动参数的选择要受到限制。

(2) 分流环的轴向长度要合适。

环形混合器的扩压包括两部分:一部分是混合前内涵气流与外涵气流的分别扩压;另一部分是混合后气流的共同扩压。这两部分的扩压分配比例取决于分流环的结构悬臂许可程度与组织燃烧两者的权衡。这也包含互相制约的因素。

(3) 兼顾使用要求,修正分流环的面积比。

内涵和外涵气流经分流环的末端同时进入混合室,由于各自的阻力特性不同,飞行时流量比变化很大,其分流边界层的径向位移量可达 30 mm,给组织燃烧带来很大困难。为了满足组织燃烧的需要,需要修正分流环面积比,但分流环面积比直接影响发动机主机的工作点,因此设计时应权衡考虑,在保证总体要求的前提下适当调整面积比。

3.2.2 波瓣形混合器

波瓣形混合器组织燃烧方案与环形混合器基本相同:采用在紧挨内外涵混合边界层内涵一侧设置环形值班火焰稳定器,然后在外涵区域设置径向稳定器组织燃烧。在相互匹配方面其自身要求如下。

(1) 混合器的花瓣数与径向稳定器数量相等。

(2) 混合器的内涵花瓣数的周向分布与径向稳定器的周向布局完全对应。

（3）用于组织燃烧的全部稳定器（含环形和径向）都落在混合器内涵气流的轴向投影截面内。这样的安排使得燃烧稳定性大为提高，因为稳定器全部处于内涵高温燃气流的包围之中。

（4）外涵冷气流全部从相邻两个径向稳定器之间的扇形区冲入内涵完成混合。这样的安排使混合气流对燃烧稳定性的影响降到最小，同时也允许在供油方案上采用混合供油或内外涵分开供油方案。

3.2.3 漏斗形混合器

漏斗形混合器技术要求主要包括如下内容。

（1）出口温度场和速度场要尽可能均匀。目的是通过内涵和外涵两股气流的充分混合，提高外涵部分气流的温度，以避免在燃烧段遇到低温。采用漏斗形混合器的加力燃烧室需要先进行掺混再进行扩压，在充分混合好的气流中组织燃烧，因此其混合扩压器的轴向尺寸相对较长。

（2）混合器的出口温度场和速度场要很稳定。无论是高空低速，还是低空高速，混合扩压器的出口温度场和速度场都要基本相似。为达到此目的，要求采用尽可能多的漏斗，并且选择最佳的漏斗进气冲角和插入深度，将外涵气流逐股掺入内涵。同时，在外涵机匣上设置蜂腰段（在漏斗进口前），以获得需要的出口温度场和速度场。

（3）在内外涵气流进入漏斗混合器前，要求外涵总压略高于内涵总压。

3.2.4 指形混合器

新一代涡扇发动机由于各部件效率高，排气压力大，发动机的单位推力大，在台架状态下其内外涵的排气总压都达到4个大气压，甚至更高。这样发动机加力燃烧室的混合扩压要求就简单多了，只需要利用涡轮后的内锥空间就能够完成扩压减速，从而满足组织燃烧的要求，因此出现了指形混合器，它具有如下特点和要求：

（1）内涵和外涵气流在混合前均已分别完成扩压过程，混合截面即是开始燃烧截面。

（2）混合器的内涵波瓣与径向稳定器功能合一，结构上有的是二者紧靠设置（如RB199发动机），有的是把二者做成一体（如EJ200和M88-2发动机）。

（3）外涵直径在混合前和混合后基本不变，不再需要以往涡扇发动机混合器的蜂腰段。

（4）混合器花瓣的外倾角接近或以90°设置，径向稳定器按垂直外涵气流方向安放。

（5）径向稳定器的阻塞比与指形混合器的投影面积比按同一参数设计，这既是气动计算的结果,又兼顾了燃烧稳定性。指数就是径向稳定器数,指宽就是稳定器宽。

指形混合器与稳定器一体化的设计方案代表了新一代小涵道比涡扇发动机加力燃烧室的一个发展方向。这种方案兼有漏斗形、环形和波瓣形三种混合器的优点,如轴向尺寸很短、结构简单。因此,发动机的总长度缩短,重量减轻。指形混合器最早出现在 RB199 发动机上。从气动角度来说,指形混合器与波瓣形混合器无根本差异,可以认为它是波瓣形混合器的发展。

3.3 设 计 过 程

3.3.1 主要参数

1. 几何参数

(1)面积比 $\bar{A}_{mix}$。

面积比 $\bar{A}_{mix}$ 定义为混合扩压器的出口与进口流通面积之比:

$$\bar{A}_{mix} = \frac{A_{ex}}{A_{en}} > 1.0$$

式中,A_{en} 和 A_{ex} 分别表示混合扩压器进口、出口流通面积,包括多股分气流。气流边混合边扩压,因此 $A_{ex} > A_{en}$。

(2)当量直径。

当量半径表达式为

$$R_{eqen} = \sqrt{A_{en}/\pi}, \quad R_{eqex} = \sqrt{A_{ex}/\pi}$$

当量直径表达式为

$$D_{eqen} = 2R_{eqen}, \quad D_{eqex} = 2R_{eqex}$$

(3)长度 L。

长度 L 定义为混合器进出口两截面之间的间距。

(4)当量扩张角 α_{eq}。

当量扩张角 α_{eq} 表达式为

$$\tan\left(\frac{\alpha_{eq}}{2}\right) = \frac{R_{eqex} - R_{eqen}}{L} = \frac{\sqrt{\bar{A}_{mix}} - 1}{L/R_{eqen}} \tag{3.2}$$

以上这些几何参数之间是相互影响的。当面积比一定时,当量扩张角过大,气流会出现分离,总压损失也大;反之,当量扩张角一定时,若面积比过大,则混合扩压器的长度变大,这不仅会使重量增加,还会使总压损失变大。当然,α_{eq}还与气流的气动参数有关,一般在初始扩压段α_{eq}取12°不会发生气流分离。当流速较低时,α_{eq}还可加大。

2. 气动参数

(1) 涵道比 B。

涵道比 B 表达式为

$$B = \frac{外涵流量}{内涵流量} = \frac{W_{bp}}{W_{cp}}$$

军用涡扇加力式发动机的涵道比一般都比较小,台架点涵道比 $B = 0.2 \sim 1$,但在高空飞行时,涵道比 B 会因冲压作用而自动加大。

(2) 压力比 π。

压力比 π 表达式为

$$\pi = \frac{内涵进口总压}{外涵进口总压} = \frac{P_{cp}}{P_{bp}}$$

一般选择内外涵压力比 $\pi = 1 \sim 1.02$,因为在 $\pi = 1$ 时混合扩压的损失最小,且耗油率低。但考虑到空中飞行时冲压的影响,应把内涵总压取大一点,但压力比不应选取过大,否则将会影响到防振隔热屏的冷却性能。

(3) 温度比 θ。

温度比 θ 表达式为

$$\theta = \frac{外涵进口总温}{内涵进口总温} = \frac{T_{bp}}{T_{cp}}$$

目前,军用加力式涡扇发动机 $\theta = 0.35 \sim 0.50$。新一代发动机 θ 还会进一步变小。

(4) 气流速度系数 λ。

不同位置的气流速度系数为

$$\lambda_{cp} = V_{cp}/c_{cp}$$

$$\lambda_{bp} = V_{bp}/c_{bp}$$

$$\lambda_{mix} = V_{mix}/c_{mix}$$

式中,λ_{cp} 为混合器进口内涵的气流速度系数;λ_{bp} 为混合器进口外涵的气流速度系数;λ_{mix} 为混合器出口的气流速度系数;V_{cp}、V_{bp} 分别为内涵和外涵的气流速度。

通常 λ_{cp} 不宜过大,否则会增加压力损失和减小推力增益。λ_{cp} 的局部最大值通常不允许大于 0.6,若超过 0.6,则必须调整总体参数或修改扩压器。

3. 性能参数

(1) 混合后的总压 P_{mix}。

混合后的总压 P_{mix} 表达式为

$$P_{mix} = \frac{P_{cp} + BP_{bp}}{1 + B} \quad (3.3)$$

(2) 混合后的总温 T_{mix}。

混合后的总温 T_{mix} 表达式为

$$T_{mix} = T_{cp} \frac{1 + B\theta}{1 + B} \quad (3.4)$$

(3) 混合后的总压恢复系数 σ。

总压恢复系数 σ 的定义为截面 i(波瓣尾缘处)的测量总压与进口截面内外涵测量总压质量平均之比:

$$\sigma = \frac{P_{iav}}{p_{mix}} = \frac{\int \rho V_x P_i dA}{\int \rho V_x dA} \cdot \frac{W_{cp} + W_{bp}}{P_{cp}W_{cp} + P_{bp}W_{bp}} \quad (3.5)$$

(4) 混合度 K_m。

混合度 K_m 是衡量混合器混合完全程度的一种尺度,其定义如下:

$$K_m = \frac{(1 + B)\sqrt{T_e} - (\sqrt{T_{cp}} + B\sqrt{T_{bp}})}{(1 + B)\sqrt{T_{mix}} - (\sqrt{T_{cp}} + B\sqrt{T_{bp}})} \quad (3.6)$$

式中,B 为涵道比;T_{cp} 为内涵温度;T_{bp} 为外涵温度;T_e 为真实的混合温度;T_{mix} 为完全混合的理论温度。

式(3.6)是由两股气流混合后产生的推力公式推导出来的,既可用于计算,也可用于试验测量。

(5) 推力增益 $\delta_{\bar{F}}$。

当内外涵冷热两股气流混合排气时,所产生的推力比内外涵分开独自排气时所产生的推力之和要大。在这两种情况下产生的推力之比为

$$\bar{F} = \frac{F_i}{F_{cp} + F_{bp}} \quad (3.7)$$

式中,F_i 为内外涵混合排气时所产生的推力;F_{cp} 为内涵独自排气时产生的推力;

F_{bp} 为外涵独自排气时产生的推力。

推力增益为

$$\delta_{\bar{F}} = \bar{F} - 1 = \frac{F_i}{F_{\text{cp}} + F_{\text{bp}}} - 1 \quad (3.8)$$

混合度和推力增益在混合器的结构形式和主要尺寸已确定的条件下,均可用计算求得,但更多的情况是通过试验获得,当混合度 $K_{\text{m}} = 100\%$,且压力损失最小时,理论推力增益为 1.7%。不同结构形式的混合器有着不同的混合度,图 3.8 和图 3.9 分别为环形混合器、漏斗形混合器和波瓣形(菊花形)混合器的混合度和推力增益与混合器的长径比 l/D 的变化关系,图 3.10 为不同涵道比下指形混合器的混合度与 l/D 的变化关系。

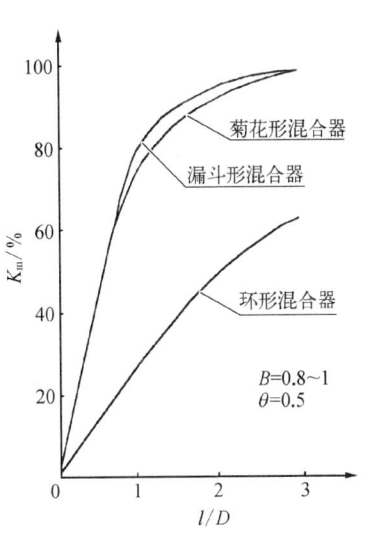

图 3.8 三种混合器的混合度与 l/D 的变化关系

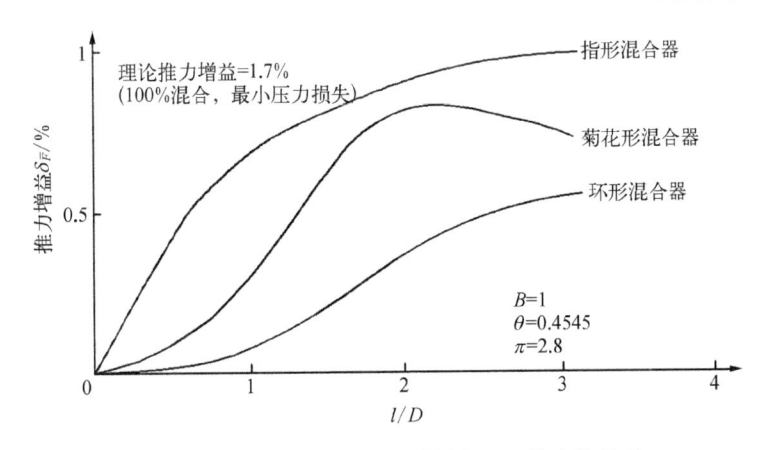

图 3.9 三种混合器的推力增益与 l/D 的变化关系

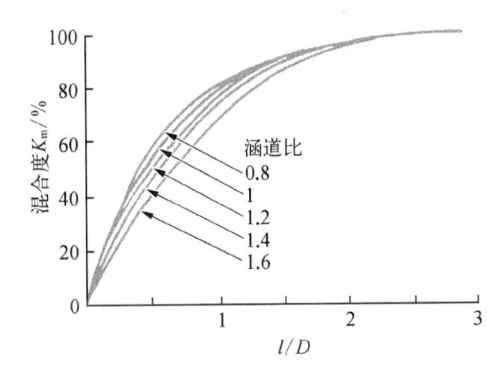

图 3.10 不同涵道比下指形混合器的混合度与 l/D 的变化关系

3.3.2 性能参数计算

混合扩压器一维气动计算的目的是求取混合器出口平均速度和总压恢复系数。图 3.11 为环形混合扩压器的计算原理图,计算前作如下假设。

(1) 混合器进口截面 1—1 处的内外涵气流静压相等,即 $P_{sbp} = P_{scp}$。

(2) 混合器进口处两股气流的参数(速度、压力和温度)都为均匀分布。

(3) 内涵气流作为自由湍流射流,当射流扩张与外壁面相交时,两股气流的混合过程基本结束(如在 m—m 截面)。再经过一段扩压混合,当到达出口截面 2—2 时,气流的参数完全拉平,即达到完全混合。

(4) 不计气流与壁面的摩擦损失,因为进口气流的速度较低,摩擦损失小,因此忽略。

(5) 比定压热容 c_p 不变,绝热指数 k 也不变。

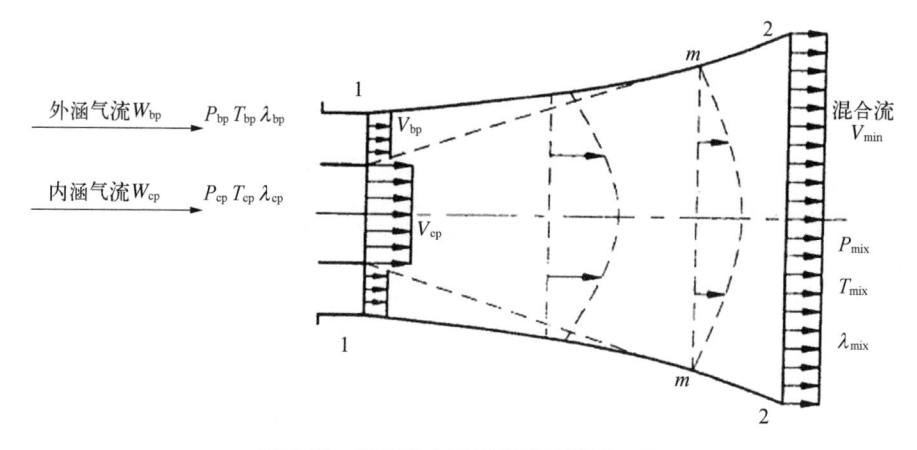

图 3.11 环形混合扩压器的计算原理图

1. 混合器出口平均速度

混合过程的基本方程包括以下几个。

连续方程:

$$W_{mix} = W_{cp}(1 + B) \tag{3.9}$$

能量方程:

$$W_{cp}I_{cp} + W_{bp}I_{bp} = W_{mix}I_{mix} \tag{3.10}$$

动量方程:

$$\left(\frac{W_{cp}}{g}V_{cp} + P_{cp}A_{cp}\right) + \left(\frac{W_{bp}}{g}V_{bp} + P_{bp}A_{bp}\right) + \int_{A_1}^{A_2} P_s dA = \frac{W_{mix}}{g}V_{smix} + P_{smix}A_2 \tag{3.11}$$

式中，P_s 为静压；A_{cp} 为内涵流通面积；A_{bp} 为外涵流通面积；P_{smix} 为混合后的静压；g 为重力加速度；A_1 为 1—1 截面面积；A_2 为 2—2 截面面积。

$$A_1 = A_{cp} + A_{bp}$$

采用气动函数表示的参数简化式为

$$\frac{W}{g}V + P_s A = \frac{W\sqrt{T_t}}{m}\left(b\lambda + \frac{1}{y(\lambda)}\right) \tag{3.12}$$

式中，A 为混合器中某一截面的面积；令 $m = \sqrt{\dfrac{gk}{R}\left(\dfrac{2}{k+1}\right)^{\frac{k+1}{k-1}}}$，$b = k\left(\dfrac{2}{k+1}\right)^{\frac{1}{k-1}}$；$y(\lambda)$ 为气动函数，其中，

$$y(\lambda) = \frac{W\sqrt{T}}{mAP_s}$$

将式(3.12)代入式(3.11)，可得

$$\begin{aligned}
\left[b\lambda_{cp} + \frac{1}{y(\lambda_{cp})}\right] &+ B\sqrt{\theta}\left[b\lambda_{bp} + \frac{1}{y(\lambda_{bp})}\right] + \frac{1}{P_{cp}A_{cp}y(\lambda_{cp})}\int_{A_1}^{A_2} P_s \mathrm{d}A \\
&= \left[b\lambda_{mix} + \frac{1}{y(\lambda_{mix})}\right]\sqrt{(1+B)(1+B\theta)}
\end{aligned} \tag{3.13}$$

式(3.13)是混合扩压器的基本气动方程，由此可以求出混合后的 λ_{mix} 和 P_{smix}。但这项计算中必须要知道混合扩压过程中静压 P_s 的变化规律，才能求出式(3.13)中的积分项。

采用等压力梯度或近似等压力梯度进行混合扩压器沿程流道型面造型，即自进口到出口气流静压的变化为直线型：

$$\frac{\mathrm{d}P_s}{\mathrm{d}x} = 常数$$

式中，x 为计算截面距混合扩压器进口的距离，随着 x 的增加，静压不断增加。压力积分项可用平均压力乘以面积 $(A_2 - A_1)$ 来表示，即

$$\int_{A_1}^{A_2} P_s \mathrm{d}A = P_{sav}(A_2 - A_1)$$

静压是按线性变化，因此有

$$P_{sav} = \frac{1}{2}(P_{scp} + P_{smix})$$

则

$$\int_{A_1}^{A_2} P_s dA = \frac{P_{scp} + P_{smix}}{2}(A_2 - A_1) \tag{3.14}$$

将式(3.14)代入式(3.13)并用气动函数表示,即得

$$b(\lambda_{cp} + B\sqrt{\theta}\lambda_{bp}) + \left[\frac{1}{y(\lambda_{cp})} + \frac{B\sqrt{\theta}}{y(\lambda_{bp})}\right]\frac{1+\bar{A}_{mix}}{2}$$

$$= \left[b\lambda_{mix} + \frac{1+\bar{A}_{mix}}{2\bar{A}_{mix}y(\lambda_{mix})}\right]\sqrt{(1+B)(1+B\theta)} \tag{3.15}$$

式(3.15)是等压力梯度型的混合扩压器的动量方程。若已给出 λ_{cp}、λ_{bp}、B、θ 和 $\bar{A}_{mix}$ 等参数值,则由式(3.15)可算出 λ_{mix}。

2. 混合器出口的总压恢复系数

进口处两股气流的平均总压为

$$P_{mix} = \frac{W_{cp}P_{cp} + W_{bp}P_{bp}}{W_{cp} + W_{bp}} = P_{cp}\frac{1+B/\pi}{1+B} \tag{3.16}$$

式(3.9)可变为

$$m\frac{P_{mix}q(\lambda_{mix})A_2}{\sqrt{T_{mix}}} = m(1+B)\frac{P_{cp}q(\lambda_{cp})A_{cp}}{\sqrt{T_{cp}}}$$

由于,

$$A_1 = A_{cp} + A_{bp} = A_{cp}(1 + A_{bp}/A_{cp}) = A_{cp}(1 + 1/\bar{A})$$

式中,$\bar{A}$ 为内涵流通面积与外涵流通面积之比。则有

$$\frac{P_{mix}}{P_{cp}} = \frac{q(\lambda_{cp})}{q(\lambda_{mix})}\frac{\sqrt{(1+B)(1+B\theta)}}{\bar{A}_{mix}}\frac{\bar{A}}{\bar{A}+1} \tag{3.17}$$

式(3.17)与式(3.16)相除,可得出混合扩压器的总压恢复系数为

$$\sigma_{mix} = \frac{P_{mix}}{P_{av}} = \frac{q(\lambda_{cp})}{q(\lambda_{mix})}\frac{\sqrt{(1+B)(1+B\theta)}}{\bar{A}_{mix}}\frac{\bar{A}}{\bar{A}+1}\frac{(1+B)\pi}{\pi+B} \tag{3.18}$$

由于,

$$\bar{A} = \frac{A_{cp}}{A_{bp}} = \frac{q(\lambda_{bp})}{q(\lambda_{cp})}\frac{1}{\pi B\sqrt{\theta}} \tag{3.19}$$

将式(3.19)代入式(3.18)中,得出 σ_{mix} 的计算公式:

$$\sigma_{\text{mix}} = \frac{1}{\bar{A}_{\text{mix}} q(\lambda_{\text{mix}})} \frac{\sqrt{(1+B)(1+B\theta)}}{\left[\dfrac{1}{q(\lambda_{\text{cp}})\pi} + \dfrac{B\theta}{q(\lambda_{\text{bp}})}\right]} \frac{1+B}{\pi+B} \quad (3.20)$$

式(3.20)是在理想条件下的总压恢复系数，因为没有考虑摩擦损失和进口流场不均匀引起的压力损失，实际的 σ_{mix} 应稍低于理想值。

当 $\pi = 1$ 时(通常 $\pi = 1.0 \sim 1.1$)，$\lambda_{\text{cp}} \approx \lambda_{\text{bp}}$，$q(\lambda_{\text{cp}}) \approx q(\lambda_{\text{bp}})$，则有

$$\sigma_{\text{mix}} \approx \frac{1}{\bar{A}_{\text{mix}}} \frac{\sqrt{(1+B)(1+B\theta)}}{\sqrt{1+B\theta}} \frac{q(\lambda_{\text{cp}})}{q(\lambda_{\text{mix}})} \quad (3.21)$$

加力筒体较长，是个变截面的圆筒，但是可以近似地作为等截面的圆筒体来处理。基于这种假设，则扩张比 $\bar{A}_{\text{mix}} = 1.0$，因此式(3.15)可变为

$$b_1 \lambda_{\text{cp}} + \frac{1}{y(\lambda_{\text{cp}})} + B\sqrt{\theta}\left[b_2 \lambda_{\text{bp}} + \frac{1}{y(\lambda_{\text{bp}})}\right] = \left[b_3 \lambda_{\text{mix}} + \frac{1}{y(\lambda_{\text{mix}})}\right] \sqrt{(1+B)(1+B\theta)}$$

根据气动函数关系：

$$b\lambda + \frac{1}{y(\lambda)} = \left(\frac{2}{k+1}\right)^{\frac{1}{k-1}} Z(\lambda)$$

令

$$a = \left(\frac{2}{k+1}\right)^{\frac{1}{k-1}}$$

则等截面圆筒内的混合公式为

$$a_1 Z(\lambda_{\text{cp}}) + a_2 Z(\lambda_{\text{bp}}) B\sqrt{\theta} = a_3 Z(\lambda_{\text{mix}}) \sqrt{(1+B)(1+B\theta)} \quad (3.22)$$

若混合器设计选择进口参数 $P_{\text{cp}} = P_{\text{bp}}$，又设同轴进气，则进口静压 $P_{\text{scp}} = P_{\text{sbp}}$，因此进口处 $\lambda_{\text{bp}} = \lambda_{\text{cp}}$，在这种场合下，式(3.22)变为

$$\frac{Z(\lambda_{\text{mix}})}{Z(\lambda_{\text{cp}})} = \frac{a_1 + a_2 B\sqrt{\theta}}{a_3 \sqrt{(1+B)(1+B\theta)}}$$

混合器总压恢复系数 σ_{mix} 在 $\bar{A}_{\text{mix}} = 1.0$ 时，可按式(3.23)计算：

$$\sigma_{\text{mix}} = \frac{q(\lambda_{\text{cp}})}{q(\lambda_{\text{mix}})} \frac{\sqrt{(1+B)(1+B\theta)}}{\sqrt{1+B\theta}} \quad (3.23)$$

λ_{mix} 为混合后的速度系数，这是同轴环形等截面筒形混合器的混合损失计算公式。若是漏斗形混合器，则需要考虑外涵气流垂直方向的动量分量引起的掺混损失及漏斗引起的流阻损失。

3.3.3 环形混合器设计

1. 流道参数确定

环形混合器的计算简图如图 3.12 所示。

已知结构参数:D_{1bp} 为 1—1 截面的外涵外径;D_{1H} 为 1—1 截面的分流环直径;D_{1cp} 为 1—1 截面的内涵内径;D_{AB} 为加力燃烧室的直径;D_{2H} 为 2—2 截面的分流环直径。

已知气动参数:W_{bp} 为外涵空气流量;W_{cp} 为内涵燃气流量,$W_{cp} = W_{fB} + W_E$;W_{fB} 为主燃烧室的供油量;W_E 为压气机出口的空气流量;P_{1cp} 为 1—1 截面的内涵总压;T_{1cp} 为 1—1 截面的内涵总温;P_{1bp} 为 1—1 截面的外涵总压;T_{1bp} 为 1—1 截面的外涵总温。

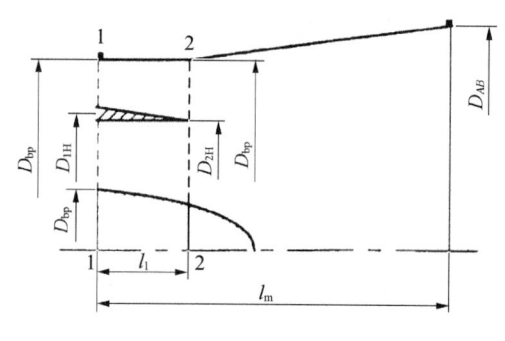

图 3.12 环形混合器的计算简图

求取出口截面的气动结构参数,过程如下。

在分流环长度范围内(自 1—1 到 2—2 截面)实际是一段扩压过程,因此内外涵通道均可按直壁扩压器进行设计,其当量扩张角在 6°~8°选取即可。通常,分流环长度 l_1 取为(30%~35%)L_m,即 $l_1 = (0.30 \sim 0.35)L_m$。若 1—1 截面的速度系数较大,则可把 l_1 取长些,大体上使得 2—2 截面的速度系数在 0.3~0.35。

混合器自进口到出口都是亚声速流动,必须遵守静压平衡,保持分流环末端的内涵和外涵混合截面(2—2 截面)的两股气流静压相等,即

$$P_{s2cp} = P_{s2bp}$$

因为 $P_s = P\pi(\lambda)$,$\pi(\lambda)$ 为总静压比,所以,

$$P_{2cp}\pi(\lambda_{2cp}) = P_{2bp}\pi(\lambda_{2bp}) \tag{3.24}$$

式中,λ_{2cp} 为内涵气流在 2—2 截面的速度系数;λ_{2bp} 为外涵气流在 2—2 截面的速度系数。

式(3.24)可改写为

$$\frac{P_{2bp}}{P_{2cp}} = \frac{\pi(\lambda_{2cp})}{\pi(\lambda_{2bp})} \tag{3.25}$$

实际计算时可先确定外涵(或内涵)的流道尺寸和速度系数 λ_{2bp},再按式(3.25)计算内涵速度系数 λ_{2cp},最后得到内涵流道尺寸。在计算 λ_{2cp} 时可假定内外涵流道的总压恢复系数相等,可得

$$\frac{P_{2bp}}{P_{2cp}} = \frac{P_{1bp}}{P_{1cp}}$$

当 $P_{2bp} = P_{2cp}$ 时，混合的压力损失最小。实际 P_{2bp}/P_{2cp} 是个变值，随飞行状态而变，飞行速度越快，P_{2bp}/P_{2cp} 越大。因此，为了兼顾高速飞行，台架点 P_{2bp}/P_{2cp} 选择范围为 0.96~0.98。这样，在高速飞行时 P_{2bp}/P_{2cp} 可能大于 1，达到 1.05~1.15。

分流环以下为混合室，物理过程包含混合和扩压两个部分。在气动计算时，将其作为扩压过程考虑，而把混合压力损失作为扩压损失的一部分来处理。通常，混合室（或扩压室）的长度均会受到发动机总长度或轮廓尺寸的限制，同时加力燃烧室前的速度系数均有要求，限制在 0.15~0.22。因此，当扩压混合段的当量扩张角 α_{eq} 选定时，混合扩压比 β 及出口参数也就确定了，表 3.1 的数据可供参考。

表 3.1 当量扩张角与扩压比的对应关系表

当量扩张角 α_{eq}	扩压比 β
≤12°	≤1.5
≤16°	≤2
≤20°	≤2

α_{eq} 过大，会引起气流分离，但气流处于湍流混合过程，因此扩张角可以适当选大些。

2. 混合参数计算

(1) 内外涵气流完全均匀混合后的平均总温 T_{mix}。

假设混合室内气流流动过程是绝热的，且遵守能量守恒，因此有

$$W_{cp} c_{p_{cp}} T_{1cp} + W_{bp} c_{p_{bp}} T_{1bp} = c_{p_m}(W_{cp} + W_{bp}) T_m$$

又假设 $c_{p_{cp}} = c_{p_{bp}} = c_{p_m}$，可得

$$T_m = \frac{T_{1cp} + \overline{W} T_{1bp}}{1 + \overline{W}} \tag{3.26}$$

式中，$\overline{W} = W_{bp}/W_{cp} = B$。

(2) 2—2 截面两股气流的平均总压 P_{2av}。

由于

$$W_{cp} P_{2cp} + W_{bp} P_{2bp} = (W_{cp} + W_{bp}) P_{2av}$$

则

$$P_{2av} = \frac{P_{2cp} + \overline{W}P_{2bp}}{1 + \overline{W}} \tag{3.27}$$

3. 混合压力损失计算

假设混合和扩压分为两个过程处理：首先是混合，从 2—2 截面到 m—m 截面为等截面混合且完全达到 100% 混合；然后由 m—m 截面到 3—3 截面完成扩压减速，其物理模型如图 3.13 所示。由此分别计算混合室的混合损失和扩压段的扩压损失，然后把两种损失合成，从而得到实际的混合扩压损失。

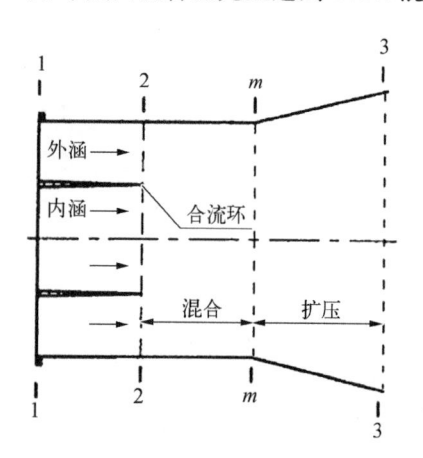

图 3.13 混合和扩压的物理模型

2—m 段混合损失的计算如下。

由连续方程 $W_{cp} + W_{bp} = W_m$ 可得

$$W_{cp}(1 + B) = W_m \tag{3.28}$$

以外内涵总温比表示式(3.26)，则由能量守恒方程可表示为

$$T_m = T_{cp} \frac{1 + B\theta}{1 + B} \tag{3.29}$$

若不计壁面摩擦，则 2—2 截面和 m—m 截面间的动量方程为

$$\left(\frac{W_{cp}}{g}V_{cp} + P_{cp}A_{cp}\right) + \left(\frac{W_{bp}}{g}V_{bp} + P_{bp}A_{bp}\right) = \frac{W_m}{g}V_m + P_m A_m \tag{3.30}$$

式中，V 为气流速度；A_{cp}、A_{bp} 分别为 2—2 截面内涵和外涵的流通面积；A_m 为 m—m 截面的流通面积，m—m 截面为完全混合截面。

由于 $A_m = A_{cp} + A_{bp}$，由静压平衡 $P_{scp} = P_{sbp}$，气动函数推导可得

$$PA + \frac{W}{g}V = \frac{W}{g}\sqrt{\frac{k+1}{2}\frac{gR}{k}}TZ(\lambda) \tag{3.31}$$

式中，$Z(\lambda)$ 为冲量函数，$Z(\lambda) = \lambda + \dfrac{1}{\lambda}$。

将式(3.30)代入式(3.29)，忽略气体绝热指数的差异，可得

$$W_{cp}\sqrt{T_{cp}}Z(\lambda_{cp}) + W_{bp}\sqrt{T_{bp}}Z(\lambda_{bp}) = W_m\sqrt{T_m}Z(\lambda_m)$$

各项除以 $W_{cp}\sqrt{T_{cp}}$，并代入式(3.28)和式(3.29)可得

$$Z(\lambda_{cp}) + B\sqrt{\theta}Z(\lambda_{bp}) = \sqrt{(1+B)(1+B\theta)}Z(\lambda_m)$$

则有

$$Z(\lambda_m) = \frac{Z(\lambda_{cp}) + B\sqrt{\theta}Z(\lambda_{bp})}{\sqrt{(1+B)(1+B\theta)}} \tag{3.32}$$

已知混合后的冲量函数 $Z(\lambda_m)$，可由式(3.32)求得两个速度系数 λ_m 为

$$\lambda_m = \frac{Z(\lambda_m) - \sqrt{[Z(\lambda_m)]^2 - 4}}{2} \tag{3.33}$$

实际运算中也可直接由式(3.33)求出冲量函数后查气动函数表，得出混合后的速度系数 λ_m，以上分析必须选取小于 1 的 λ_m。

混合后的总压可由连续方程求出，即

$$m_m \frac{P_m q(\lambda_m) A_m}{\sqrt{T_m}} = m_{cp}(1+B)\frac{P_{cp} q(\lambda_{cp}) A_{cp}}{\sqrt{T_{cp}}}$$

假设 $m_m = m_{cp}$，令 $\bar{\bar{A}} = \frac{A_{bp}}{A_{cp}}$，则有

$$P_m = P_{cp}\frac{\sqrt{(1+B)(1+B\theta)}}{1+\bar{\bar{A}}}\frac{q(\lambda_{cp})}{q(\lambda_m)} \tag{3.34}$$

因此，等截面混合室的总压恢复系数为

$$\sigma_m = \frac{P_m}{P_{2av}} \tag{3.35}$$

式中，P_{2av} 由公式(3.27)确定。

若扩压段的扩压总压恢复系数已由扩压器计算方法求得 σ_D，则混合扩压室总的总压恢复系数为

$$\sigma = \sigma_m \sigma_D \tag{3.36}$$

3.3.4 波瓣形混合器设计

根据混合器进口气动参数和初步选定的结构尺寸计算混合器的出口参数和性能参数，并对混合器的详细几何尺寸进行计算。波瓣形混合器的详细几何尺寸如图 3.14 所示。

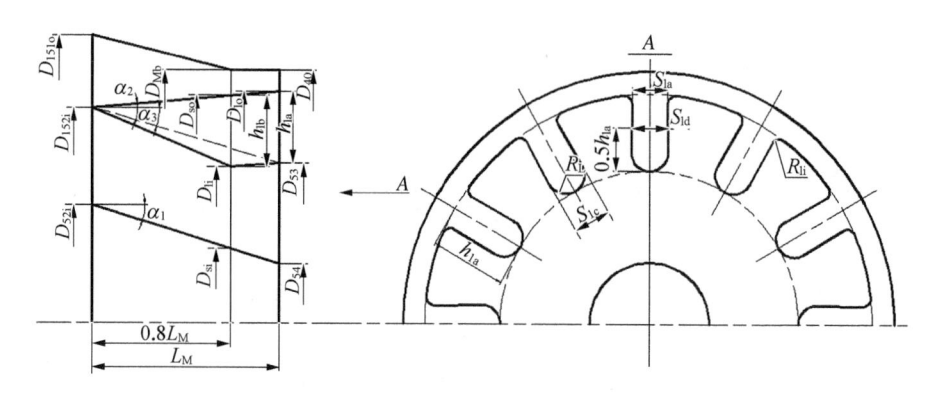

图 3.14　波瓣形混合器的几何尺寸

由给定的混合器初始结构参数可以分别求出混合器的内涵扩张比和外涵扩张比。

表 3.2　混合扩压器参数说明表

参数符号	参 数 名 称	单 位
D_{151o}	混合器进口截面外涵流道的外径	m
D_{152i}	混合器进口截面外涵流道的内径	m
D_{52i}	混合器进口截面内涵流道的内径	m
R_L	混合器花瓣冷槽半径	m
R_{li}	混合器花瓣热槽根部半径	m
S_{1c}	不同半径处花瓣的宽度	m
S_{la}	距起点距离为 $X=L_M$ 处混合器花瓣宽度	m
S_{ld}	不同半径处花瓣的宽度	m
α_1	混合器进口截面锥体母线的倾角	°
α_2	混合器花瓣的倾角 1	°
α_3	混合器花瓣的倾角 2	°
D_{Mb}	距起点距离为 $X=0.8L_M$ 处混合器外壁直径	m
D_{so}	距起点距离为 $X=0.8L_M$ 处混合器花瓣的外径	m
D_{li}	距起点距离为 $X=0.8L_M$ 处混合器花瓣的内径	m
D_{si}	距起点距离为 $X=0.8L_M$ 处混合器内锥体的直径	m

续 表

参数符号	参 数 名 称	单 位
L_M	混合器的长度	m
D_{lo}	距起点距离为 $X=L_M$ 处混合器花瓣的外径	m
h_{lb}	距起点距离为 $X=0.8L_M$ 处混合器花瓣的高度	m
D_{40}	出口截面混合器外壁直径	m
h_{la}	距起点距离为 $X=L_M$ 处混合器花瓣的高度	m
D_{53}	距起点距离为 $X=L_M$ 处混合器花瓣的内径	m
D_{54}	距起点距离为 $X=L_M$ 处混合器内锥体的直径	m

混合器的内涵扩张比：

$$\bar{A}_{cp} = \frac{A_{53}}{A_{52}} \tag{3.37}$$

式中，A_{52} 和 A_{53} 分别为内涵流道的进口和出口面积。

混合器的外涵扩张比：

$$\bar{A}_{bp} = \frac{A_{153}}{A_{152}} \tag{3.38}$$

式中，A_{152} 和 A_{153} 分别为外涵流道的进口和出口面积。

混合器长度 L_M

$$L_M = \frac{\sqrt{\dfrac{A_{52}}{PI}}(\sqrt{\bar{A}_{cp}} - 1)}{\tan\dfrac{\alpha_{id}}{2}} \tag{3.39}$$

式中，α_{id} 为给定的混合器内涵当量扩张角；$PI=3.1415927$。

流量表示的连续方程为

$$W = K\frac{P}{\sqrt{T}}Aq(\lambda) \tag{3.40}$$

其中，

$$K = \sqrt{\frac{k}{R}\left(\frac{2}{k+1}\right)^{\frac{k+1}{k-1}}} \tag{3.41}$$

$$q(\lambda) = \lambda \left(\frac{k+1}{2}\right)^{\frac{1}{k-1}} \left(1 - \frac{k-1}{k+1}\lambda^2\right)^{\frac{1}{k-1}} \quad (3.42)$$

由于混合器内外涵总温、总压、进口面积和流量等参数已给出,可由方程(3.40)求出内外涵进口的流量函数 $q(\lambda)$,并通过式(3.42)反算出内外涵进口的气流速度系数 λ_{cp} 和 λ_{bp}。

混合器出口的外涵环形流道面积为

$$A_{153K} = A_{153} \left[\frac{0.1(B_{min}+1)}{B_{min}} + \sqrt{\frac{0.04}{|\bar{A}_{bp}-1|}} \right] \quad (3.43)$$

式中,B_{min} 为加力燃烧室进口压力最低条件下的涵道比。

混合器出口外涵花瓣流道的横截面积为

$$A_{153I} = A_{153} - A_{153K} \quad (3.44)$$

混合器出口内涵花瓣流道的横截面积为

$$A_{53I} = A_{153I} \frac{q_{bp}(\lambda) P_{bp} \bar{A}_{bp} \sqrt{\frac{T_{cp}}{T_{bp}}}}{q_{cp}(\lambda) P_{cp} \bar{A}_{cp} B_{max}} \quad (3.45)$$

式中,B_{max} 为加力燃烧室的最大涵道比。

混合器出口的内涵环形流道面积为

$$A_{53K} = A_{53} - A_{53I} \quad (3.46)$$

混合器出口截面的内涵内径为

$$D_{54} = D_{52I} - 2L_M \tan \alpha_1 \quad (3.47)$$

混合器出口截面的外径为

$$D_{40} = \sqrt{D_{54}^2 + \frac{4(A_{53} + A_{153})}{PI}} \quad (3.48)$$

混合器出口截面的花瓣外径和内径分别为

$$D_{153} = \sqrt{D_{40}^2 - \frac{4A_{153K}}{PI}} \quad (3.49)$$

$$D_{53} = \sqrt{D_{54}^2 + \frac{4A_{53K}}{PI}} \quad (3.50)$$

花瓣的高度为

$$H = \frac{D_{153} - D_{53}}{2} \tag{3.51}$$

已知花瓣数 N,则混合器出口截面内、外涵流道的湿周长分别为

$$\text{PER}_{53} = \text{PI}(D_{54} + D_{153}) + 2N_{\text{Ia}} \tag{3.52}$$

$$\text{PER}_{153} = \text{PI}(D_{40} + D_{153}) + 2N_{\text{Ia}} \tag{3.53}$$

混合器内外涵的总压恢复系数根据经验公式求得。

混合器外涵流道的总压恢复系数为

$$\sigma_{\text{Mbp}} = 1 - \frac{\omega}{(1-\omega)^2} \tag{3.54}$$

$$\omega = \frac{0.014\varepsilon^2(\lambda_{\text{bp}})\lambda_{\text{bp}}^2 \text{PER}_{153}}{\varepsilon(\lambda_{\text{bp}}/\bar{A}_{\text{bp}})\bar{A}_{\text{bp}}^2 D_{40}} \tag{3.55}$$

其中,

$$\varepsilon(\lambda) = \left(1 - \frac{k-1}{k+1}\lambda^2\right)^{\frac{1}{k-1}} \tag{3.56}$$

混合器内涵流道的总压恢复系数为

$$\sigma_{\text{Mcp}} = 1 - \frac{0.0137\varepsilon^2(\lambda_{\text{cp}})\lambda_{\text{cp}}^2 \text{PER}_{53}}{D_{40}} \tag{3.57}$$

混合器出口截面的内、外涵流量函数 $q(\lambda)$ 分别为

$$q_{53}(\lambda) = \frac{q_{\text{cp}}(\lambda)}{\sigma_{\text{Mcp}}\bar{A}_{\text{cp}}} \tag{3.58}$$

$$q_{153}(\lambda) = \frac{q_{\text{bp}}(\lambda)}{\sigma_{\text{Mbp}}\bar{A}_{\text{bp}}} \tag{3.59}$$

通过流量函数 $q(\lambda)$ 可反算出混合器出口截面内外涵通道的气流速度系数 λ_{53} 和 λ_{153}。

混合器出口截面的内、外涵出口静压分别为

$$P_{\text{S53}} = \pi(\lambda_{53})\sigma_{\text{Mcp}}P_{52} \tag{3.60}$$

$$P_{\text{S153}} = \pi(\lambda_{153})\sigma_{\text{Mbp}}P_{152} \tag{3.61}$$

其中,

$$\pi(\lambda) = \left(1 - \frac{k-1}{k+1}\lambda^2\right)^{\frac{k}{k-1}} \tag{3.62}$$

理论上必须保证混合器出口截面的内外涵静压相等($P_{S53} = P_{S153}$),一般需要进行数次迭代计算以确定混合器出口截面的最佳面积尺寸。在确定最佳面积尺寸之后,可根据已求得的结构尺寸参数确定波瓣形混合器的详细尺寸参数。

3.3.5 漏斗形混合器设计

1. 假设

漏斗形混合器的简图如图 3.15 所示。

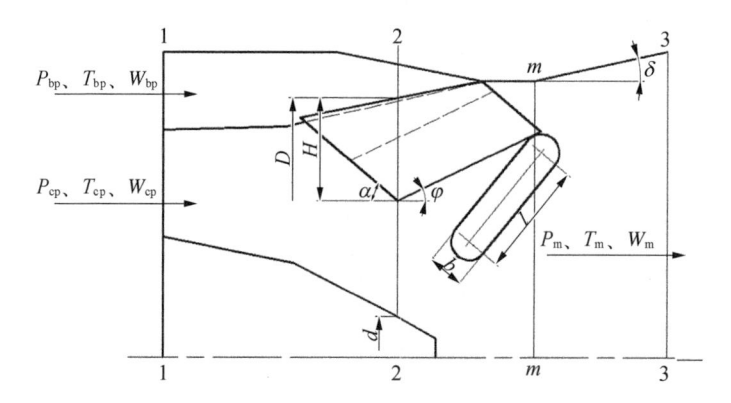

图 3.15 漏斗形混合器的简图

设计前作如下假设:

(1) 内外涵气流起始混合截面 A_{cp} 和 A_{bp} 上的气动参数是均匀的,m—m 和 3—3 截面均取平均值;

(2) 流动是绝热的,且是稳定的;

(3) 忽略气流与壁面间的摩擦(漏斗内的摩擦损失除外);

(4) 比热容比 k 不变。

2. 起始混合截面 2—2 到等截面混合段的气动计算

连续方程:

$$K \frac{A_{cp} P_{scp} Y(\lambda_{cp})}{\sqrt{T_{cp}}} + K \frac{A_{bp} P_{sbp} Y(\lambda_{bp})}{\sqrt{T_{bp}}} = K \frac{A_m P_{sm} Y(\lambda_m)}{\sqrt{T_m}} \tag{3.63}$$

式中,$A_m = A_{cp} + A_{CH} = \frac{\pi}{4}D^2$,$\pi$ 为圆周率;$A_{cp} = \frac{\pi}{4}D^2 - A_{CH}$;$P_{scp}$、$P_{sbp}$ 分别为起始混合截面上的内、外涵气流静压;A_{cp} 为内涵道面积;A_{CH} 为漏斗在垂直于发动机轴

线平面上的投影;A_{bp} 为垂直于漏斗中心线的通道面积。

在以上面积计算中漏斗的面积取决于 l 和 b(图 3.15),以及倾角,内涵通道面积中还应扣除内锥局部堵塞直径 d 的影响。

能量方程:

$$W_{cp}C_{Pcp}T_{cp} + W_{bp}C_{Pbp}T_{bp} = C_{Pm}(W_{cp} + W_{bp})T_m \quad (3.64)$$

取定 $C_{Pcp} = C_{Pbp} = C_{Pm}$,则得

$$T_m = T_{cp}\frac{1 + B\theta}{1 + B} \quad (3.65)$$

动量方程:

$$\left(P_{cp}A_{cp} + \frac{W_{cp}}{g}V_{cp}\right) + \left[(A_m - A_{cp})P_{bp} + \frac{W_{bp}}{g}V_{bp}\cos\alpha\right] = P_mA_m + \frac{W_{cp} + W_{bp}}{g}V_m \quad (3.66)$$

式中,V_{cp} 为内涵起始混合截面平均速度;V_{bp} 为外涵起始混合截面平均速度;V_m 为 m—m 截面的混合流平均速度。

利用气动函数可以推导得

$$\frac{f(\lambda_m)}{q(\lambda_m)} = \frac{\dfrac{f(\lambda_{cp})}{\pi(\lambda_{cp})} + (\bar{A}_m - 1)\Delta + \Delta\bar{A}_{bp}\dfrac{\varphi(\lambda_{bp})}{\pi(\lambda_{bp})}\cos\alpha}{\sqrt{\dfrac{1 + B\theta}{1 + B}}\left[Y(\lambda_{cp}) + \Delta\bar{A}_{bp}\dfrac{Y(\lambda_{bp})}{\sqrt{\theta}}\right]} \quad (3.67)$$

由于 $\dfrac{f(\lambda)}{q(\lambda)} = \left(\dfrac{2}{k+1}\right)^{\frac{1}{k-1}}Z(\lambda)$,则有

$$Z(\lambda_m) = \left(\frac{k+1}{2}\right)^{\frac{1}{k-1}}\frac{\dfrac{f(\lambda_{cp})}{\pi(\lambda_{cp})} + (\bar{A}_m - 1)\Delta + \Delta\bar{A}_{bp}\dfrac{\varphi(\lambda_{bp})}{\pi(\lambda_{bp})}\cos\alpha}{\sqrt{\dfrac{1 + B\theta}{1 + B}}\left[Y(\lambda_{cp}) + \Delta\bar{A}_{bp}\dfrac{Y(\lambda_{bp})}{\sqrt{\theta}}\right]} \quad (3.68)$$

由于 $Y(\lambda) = q(\lambda)/\pi(\lambda)$,根据式(3.68)计算出 $Z(\lambda_m)$ 后,可直接查气动函数表得出 λ_m,随后可由连续方程计算出 m—m 截面的总压 P_m 和混合损失。

3. 从 m—m 截面到 3—3 截面(扩压段)气动计算

由连续方程:

$$m\frac{A_mP_mq(\lambda_m)}{\sqrt{T_m}} = m\frac{A_3P_3q(\lambda_3)}{\sqrt{T_3}} \quad (3.69)$$

可得 $A_m P_m q(\lambda_m) = \eta_g A_3 P_3 q(\lambda_3)$，其中 $\eta_g = \sqrt{\dfrac{T_m}{T_3}}$。

动量方程：

$$P_m A_m + \frac{W_\Sigma}{g} V_m + \int_0^{A_n} P_D \sin\delta \mathrm{d}A_D = P_3 A_3 + \frac{W_\Sigma}{g} V_3 \tag{3.70}$$

或

$$P_m f(\lambda_m) A_m + \int_0^{A_n} P_D \sin\delta \mathrm{d}A_D = P_3 f(\lambda_3) A_3 \tag{3.71}$$

式中，混合器内、外流量之和 $W_\Sigma = W_{cp} + W_{bp}$；$P_D$ 为作用于扩压器壁面上的静压力；A_D 为扩压器外壁的表面积；δ 为扩压器外壁与轴线的夹角。

求解式(3.71)的主要困难在于积分项，因为扩压器壁面上的静压力 P_D 的分布规律不清楚，所以假设 P_D 与扩压器流通截面积 A 之间为线性关系，即

$$P_D = P_m + \frac{P_3 - P_m}{A_3 - A_m}(A - A_m) \tag{3.72}$$

则可得

$$\frac{f(\lambda_m)}{q(\lambda_m)} + \frac{1}{2}(\eta_g - 1)\frac{\pi(\lambda_m)}{q(\lambda_m)} = \frac{f(\lambda_3)}{q(\lambda_3)} - \frac{1}{2}\frac{\eta_g - 1}{\eta_g}\frac{\pi(\lambda_3)}{q(\lambda_3)} \tag{3.73}$$

将式(3.73)展开，整理后，令 $Q = \lambda_m\left[1 - \dfrac{1}{2}(\eta_g - 1)\dfrac{k-1}{k+1}\right] + \dfrac{1}{2}(1 + \eta_g)\dfrac{1}{\lambda_m}$；$A = 1 - \dfrac{1}{2}\left(1 - \dfrac{1}{\eta_g}\right)^{\frac{k-1}{k+1}}$；$B = \dfrac{1}{2}\left(1 + \dfrac{1}{\eta_g}\right)$，可得

$$A\lambda_3^2 - Q\lambda_3 + B = 0 \tag{3.74}$$

由求根公式可得

$$\lambda_3 = \frac{Q \pm \sqrt{Q^2 - 4AB}}{2A} \tag{3.75}$$

$\lambda_3 < 1$，因此式(3.75)根号前应取负号。

混合扩压器的出口 3—3 截面的总压为

$$P_3 = W_\Sigma \frac{\sqrt{\dfrac{1 + B\theta}{1 + B}} T_{cp}}{m A_3 q(\lambda_3)} \tag{3.76}$$

最后可求得漏斗混合器的总压恢复系数(考虑扩压损失)为

$$\sigma_3 = \frac{P_3}{P_2} \tag{3.77}$$

式中,P_2 为 2—2 截面的总压,$P_2 = \dfrac{W_{cp}P_{cp} + W_{bp}P_{bp}}{W_{cp} + W_{bp}}$。

3.3.6 扩压器设计

选择扩压器类型时,应充分考虑组织燃烧的特点和扩压器总压恢复系数的要求。加力燃烧室扩压器按内壁、外壁型面可分为直壁扩压器、折壁扩压器和曲壁扩压器,按内锥锥部形状可分为截锥式扩压器和全锥式扩压器。考虑到现代战机对隐身性能的要求,内锥多设计为全锥式,以减少后向雷达波散射。

当量扩张角是扩压器设计的一个重要参数,当量扩张角的选取将直接影响扩压器的长度,也是扩压器流场是否出现分离的先期判断参数之一。在加力燃烧室长度允许的条件下,扩压器当量扩张角的选取不仅要满足总压恢复系数的要求,还需要考虑加力燃烧室组织燃烧对扩压器内流场的要求。对于扩压器的最佳当量扩张角一般≤25°,当稳定器布置在扩压器通道出口时,在稳定器的堵塞作用下,扩压器当量扩张角可适当增大,但要兼顾低扩压损失及流场的合理性。

扩压器通道内的压力损失主要包括扩压损失和壁面摩擦损失。对于截锥式扩压器,还存在突然扩张损失或冲击损失。

加力燃烧室扩压器的阻力系数与总压恢复系数的关系为

$$\sigma_D = 1 - \frac{kMa_5^2}{2}\zeta_D \tag{3.78}$$

式中,k 为气体绝热指数;Ma_5 为扩压器进口马赫数。

进行压力损失计算时,可将扩压器分为两段:环形扩张段 5—A 和突然扩张段 A—6,如图 3.16 所示。

环形扩张段 5—A 的阻力系数包括扩压阻力系数和壁面摩擦阻力系数两部分,即

$$\zeta_{5-A} = \zeta_d + \zeta_{fr} \tag{3.79}$$

式中,ζ_d 为 5—A 段的扩压阻力系数;ζ_{fr} 为 5—A 段的壁面摩擦阻力系数。

环形扩张段 5—A 的扩压阻力系数 ζ_d 可由式(3.80)计算:

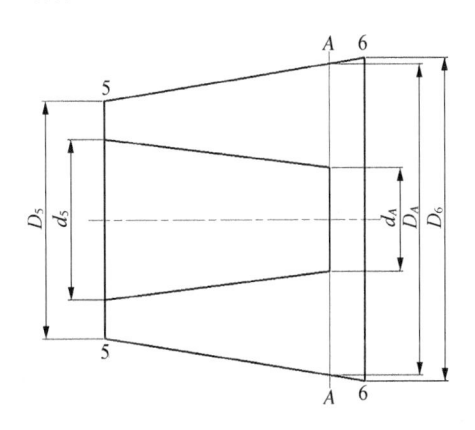

图 3.16 扩压器计算简图

$$\zeta_d = 3.2K_1\left(\tan\frac{\alpha_{eq}}{2}\right)^{1.25}\left(1 - \frac{1}{n}\right)^2 \tag{3.80}$$

式中，α_{eq} 为 5—A 段的当量扩张角；n 为 5—A 段的扩压比。

$$n = \frac{D_A^2 - d_A^2}{D_5^2 - d_5^2} \tag{3.81}$$

系数 K_1 表示环形扩压器与圆形扩压器的区别，它与进口速度场的不均匀系数、当量扩张角等因素有关。

环形扩压段 5—A 的壁面摩擦阻力系数可按式(3.82)计算：

$$\zeta_{fr} = \frac{\zeta_{fr1}}{8\sin\beta}\left(1 - \frac{1}{n^2}\right) \tag{3.82}$$

式中，ζ_{fr1} 为壁面摩擦阻力系数，与雷诺数 Re 和壁面粗糙度有关，初步计算可取 0.01~0.012；β 为中心锥半锥角和外壁半锥角的平均值。

将求得的环形扩张段 5—A 的阻力系数代入式(3.78)，得到该段总压恢复系数为

$$\sigma_{5-A} = 1 - \frac{kMa_5^2}{2}(\zeta_d + \zeta_{fr}) \tag{3.83}$$

突然扩张段 A—6 的压力损失称为突然扩张损失，用总压恢复系数 σ_{cs} 表示。由 A—A 截面到 6—6 截面流量方程可得

$$\sigma_{cs} = \frac{q(\lambda_A)}{q(\lambda_6)n_{cs}} \tag{3.84}$$

式中，$q(\lambda_A)$ 为 A—A 截面的流量函数；$q(\lambda_6)$ 为出口截面的流量函数；n_{cs} 为突然扩张比。

$$n_{cs} = \frac{A_6}{A_A} = \frac{D_6^2}{D_A^2 - d_A^2} \tag{3.85}$$

$q(\lambda_A)$ 可根据 5—5 截面和 A—A 截面的流量连续方程求得

$$q(\lambda_A) = \frac{q(\lambda_5)}{\sigma_{5-A}n_{5-A}} \tag{3.86}$$

λ_6 可由式(3.87)求出

$$Z(\lambda_6) = Z(\lambda_A) + (n_{cs} - 1)\frac{1}{y(\lambda_6)}\left(\frac{k+1}{2}\right)^{\frac{1}{k-1}} \tag{3.87}$$

式中，$Z(\lambda_6)$、$y(\lambda_6)$ 都是 λ 的函数，可由气动函数表查出。求出环形扩张段 5—A 的总压恢复系数 σ_{5-A} 和突然扩张段 A—6 的总压恢复系数 σ_{cs} 后，可得整个加力燃烧室扩压器的总压恢复系数 σ_D：

$$\sigma_D = \sigma_{5-A} \sigma_{cs} \tag{3.88}$$

3.3.7 测试与试验

目前，在发动机流场测试方面，主要有接触式和非接触式两种类型。接触式测量主要用多孔探针，探针需要与被测介质接触，探头会干扰流场，引起激波破坏流场，导致测量不精确。非接触式测量目前较为成熟的技术是基于示踪粒子的测量方法（particle-based velocity method）。典型的基于示踪粒子的测量工具有激光多普勒测速仪（lase Doppler velocimetry，LDV）、相位多普勒粒子分析仪（phase Doppler particle analyzer，PDPA）、粒子图像测速仪（particle image velocimeter，PIV）和平面多普勒测速仪（planar Doppler velocimeter，PDV）等。

非接触式测试方法试验时间短、成本低，但是这种测试方法需要在试验件上开有两个较大的观察窗，对流场的影响较大，会导致靠近观察窗的气流方向偏离真实情况，因此在试验时应尽量减小观察窗的大小，避免产生凹腔；另外，示踪粒子的分布不均会导致测量得到的速度场不如五孔探针测量得到的速度场光滑。接触法（多孔探针法）加工复杂、试验时测点多、时间长、数据处理量大、试验成本高，探头与流场接触也会破坏流场，影响测量结果的准确性，五孔探针测量得到的速度较 PIV 方法测量得到的速度要小。

1) 多孔探针试验

多孔探针试验中（以五孔探针为例），采用可移动的带单点温度感头的五孔探针测量混合器出口的三维流场（速度场、温度场和压力场），其测量截面如图 3.17 所示，

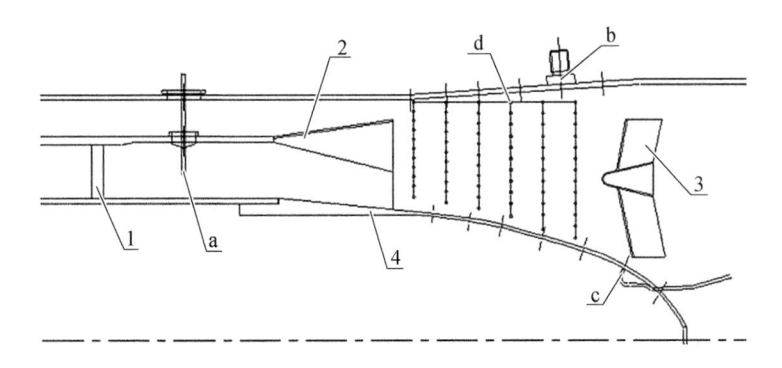

图 3.17 试验件结构及五孔探针测量截面示意图

1-畸变孔板；2-波瓣形混合器；3-稳定器；4-内锥；
a-进口五孔探针；b-壁面静压；c-内锥静压；d-三维测量区域

通过专门设计一段绕中心轴转动的外筒体及安装在上面的二维移位机构,驱动五孔探针做轴向和径向移动完成。采用多孔探针进行混合器出口参数测量的测点径向分布如图 3.18 所示。

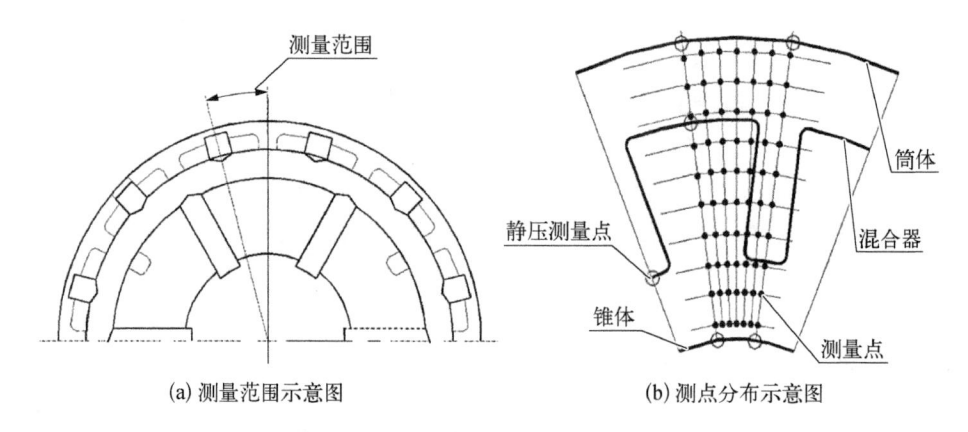

(a) 测量范围示意图　　(b) 测点分布示意图

图 3.18　混合器出口测点的径向分布

五孔探针的结构形式、孔排列以及角度定义如图 3.19 所示,每根五孔探针均在标准压力风洞中进行了全方位校准。五孔探针校准时,对马赫数 Ma、速度 v 的偏转角 α 和俯仰角 β 采用控制变量法,采集各状态下的 5 个测压孔的压力,并记录此时的 Ma、α 和 β。将风洞中的校准数据代入五孔探针换算公式就可得到公式的换算系数,在试验过程中将测得 5 个压力代入换算公式即可得出测点处的马赫数 Ma、偏转角 α、俯仰角 β、总压 P_t 和静压 P_s。

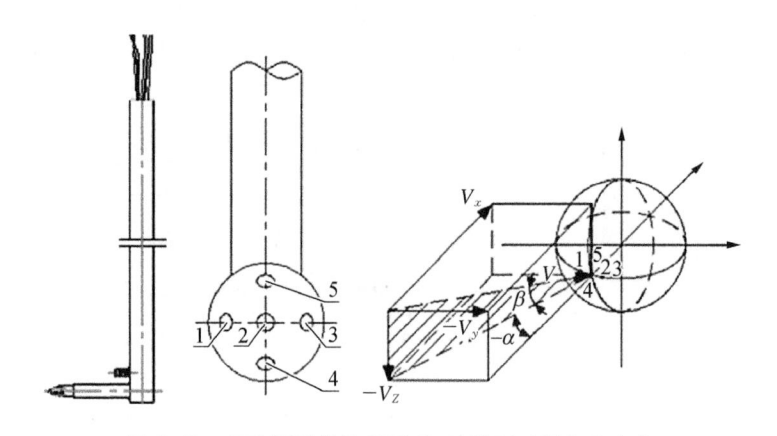

图 3.19　五孔探针的结构形式、孔排列以及角度定义

1~5 为 5 个测压孔;V_x、V_y、V_z 分别为 x、y、z 方向的速度变量;
α、β 分别为速度 V 的 y 方向偏转角和 z 方向偏转角

2) PIV 试验

PIV 技术的基本原理是利用一对脉冲片状激光照亮随流体运动的示踪粒子，通过设置脉冲间隔 Δt、脉冲延迟期、帧数等，利用高速电荷耦合元件（charge-coupled device, CCD）相机捕捉到两个激光脉冲分别照亮流场的两幅 PIV 底片，再利用图像处理和相应的数学算法，获得 Δt 时间内示踪粒子在 x、y 方向上的位移 Δx、Δy，进而得到示踪粒子的速度矢量。

PIV 试验时，在测量区域开较大的观察窗，在试验件外安装 PIV 测量系统，其结构如图 3.20 所示。

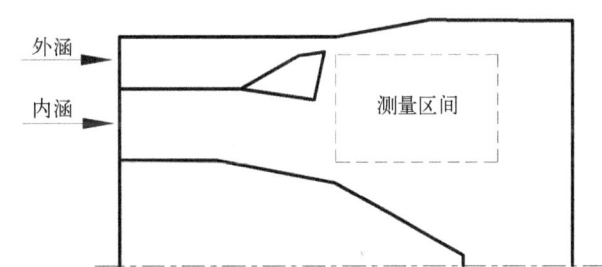

图 3.20　试验件结构及 PIV 测量截面示意图

3) 表面油流显示试验

对于混合器表面复杂的边界层附近流动信息，数十年来通常采用表面油流显示技术。该试验方法是将颜料与油以适当比例均匀混合后，均匀涂刷在试验测量件的表面，如波瓣形混合器的内外表面。在油被吹走或蒸发之后，测量件表面随流向形状积聚起来的颜料形成条状的图案，这些条纹直接显示了固体壁面上的流场信息。试验结果表明，近分离区的表面剪切应力比较小，吹散或蒸发油流需要更多时间，使得大量的颜料聚集在分离区域的周围，导致这些区域的颜料条纹更加清晰。一般在分离区往往出现收敛的条纹，在附着区则出现发散的条纹，据此可将这一技术有效地应用于附面层内流动分离和再附着区的判断。图 3.21 给出了公开文献中的研究结果：在上游气流尾迹作用下的波瓣内侧表面（内涵一侧）油流显示结果，压力面和吸力面分别用 PS 和 SS 标识。由于受进口气流余旋的影响，滞止线（如图虚线 ST 所示）向压力面一侧略微偏离了波瓣波谷线（图中灰色实线）。如果进口余旋角持续增大，滞止线将进一步向压力面一侧偏移，并可能导致在波谷线附近的吸力面一侧出现流动分离。

图 3.21　表面油流显示试验结果

3.4　混合器的材料和工艺

传统加力燃烧室混合器的内、外涵气流分别为低压涡轮排气和外涵冷气，不同发动机上的内、外涵气流温差为 400~800℃，综合考虑材料的耐温水平、刚度、延伸性和密度等因素选取材料，混合器的常用材料如表 3.3 所示。

表 3.3　混合器的常用材料

序号	1	2	3	4	5	6	7	8	9
材料牌号	TA15	Ti3Al	Ti55	Ti60	GH18	GH140	GH3030	GH3128	GH3536
工作温度/℃	500	700~750	550	600	800	850	<800	<950	<900

传统的加力燃烧室混合器一般结构尺寸公差和位置度相对转动和机匣构件等要求不高，大多采用钣金、机加、铆接和焊接工艺制造完成。

扩压器的外壁和内锥体属于薄壁壳体，且外壁表面需要布置燃油系统、稳定器拉杆等安装座，作为承力构件，必须进行强度和稳定性计算。对于外壁，可以采用加强肋增加稳定性；对于内锥体，可以采用加强箍增加稳定性。

第4章
火焰稳定器设计

4.1 概 述

加力燃烧室的进口气流速度高达 350～500 m/s，经过扩压后气流速度在 80～180 m/s，而火焰在气流中的传播速度仅为 10～20 m/s。因此，在加力燃烧室中依靠火焰自身的传播速度进行稳定和高效燃烧是无法实现的。

为了能够实现火焰稳定和高效燃烧，加力燃烧室通常采用在流场中布置火焰稳定器，由稳定器形成一个稳定的充满高温已燃气流的回流区作为点火源，点燃周围的新鲜可燃混气，并将火焰扩张到全部可燃混气中，从而保证加力燃烧室在工作包线内都能够稳定燃烧。

综合火焰稳定器的研制历史、应用情况和技术发展，火焰稳定器主要包括以下几个类别：① 非流线体火焰稳定器，主要是钝体类的稳定器、沙丘稳定器等；② 非钝体类火焰稳定器，包括凹腔、台阶、旋流等；③ 气动火焰稳定器，通过高速空气或燃料射流，构造出低速或回流区，实现火焰稳定。另外，火焰稳定器还可以分为值班稳定器和主流稳定器两大类。值班稳定器可以实现软点火，保证低压低温下良好的点/熄火性能，主流稳定器是分布于主通道的稳定器，往往采用结构简单、损失小的形状，而其点/熄火主要依靠值班稳定器的支持。除此之外，随着加力燃烧室参数和性能要求的提高，出现了带冷却的稳定器、与供油耦合的稳定器等多种形式。

尽管如此，各类稳定器的火焰稳定机制、设计思路和性能评估方法基本是相同的。本章首先对上述三类稳定器的结构进行介绍，然后简要讨论稳定器的发展趋势及稳定器性能的评估方法。

4.1.1 非流线体火焰稳定器

1) V形稳定器

V形稳定器是加力燃烧室中最常见和广泛应用的一类稳定器，其结构简单、重量轻、技术成熟。

V形稳定器的基本结构如图4.1所示,参数主要包括槽宽 W、长度 H、顶角 θ 以及顶角半径等。综合考虑燃烧稳定性、燃烧效率和流体损失等三方面因素,V形稳定器的顶角一般选取 $30°$,顶角半径在 $6\sim 15$ mm 选取。

在加力燃烧室中,根据稳定器布局的不同,V形稳定器可分为环形V形稳定器和径向V形稳定器两类。环形布局是指V形稳定器沿周向展成一个环形,布置于加力燃烧室中;相对地,径向V形稳定器是指稳定器沿径向布置。

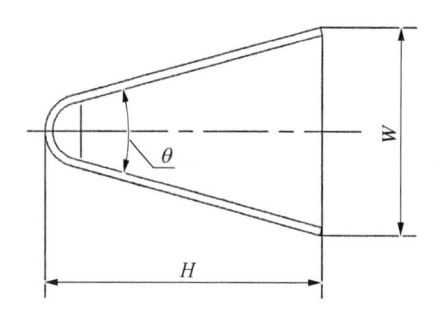

图 4.1 V形稳定器的基本结构示意图

与径向V形稳定器相比,在相同周长的条件下,环形V形稳定器阻塞比相对较大,虽然增加了流动损失,但其传焰效果更好,燃烧效率更高。因此,早期的涡喷发动机大都采用多圈环形稳定器的形式,如涡喷发动机A采用单排环形稳定器(图4.2)、涡喷发动机B采用双排环形稳定器(图4.3)。

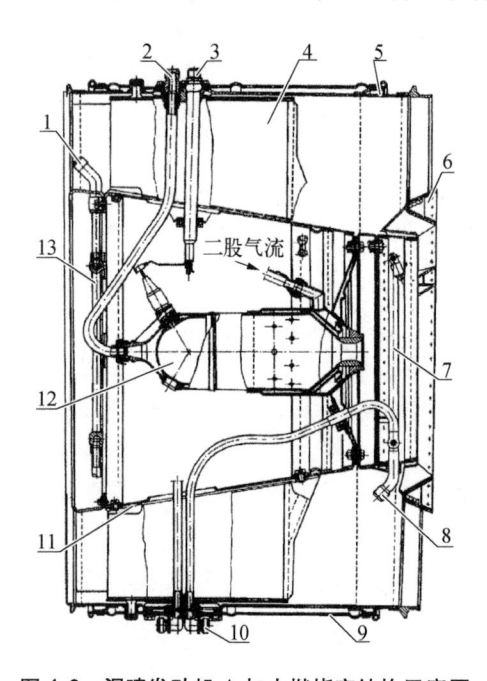

图 4.2 涡喷发动机 A 加力燃烧室结构示意图

1-喷嘴;2-混合气导管;3-导电杆;4-整流支板;
5-加力燃烧室总管;6-火焰稳定器;
7-输油管;8-喷嘴;9-隔热罩;10-后燃油总管;
11-整流锥;12-预燃室;13-前输油圈

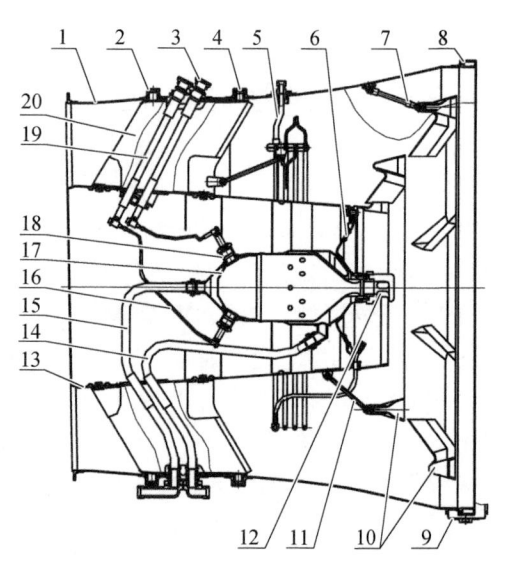

图 4.3 涡喷发动机 B 加力燃烧室结构示意图

1-外壁;2-前销;3、7、11-拉杆;4-后销;
5-加力燃烧室总管;6-隔热屏;8-套管快卸环;
9-燃油收集器;10-火焰稳定器;12-预燃室喷口;
13-内壁;14-二股进气管;15-混合气管;
16-导电片;17-涡流器;18-点火电嘴;
19-导电杆;20-整流支板

加力燃烧室进口的流场分布往往是不均匀的,特别是涡扇发动机加力燃烧室尤为明显。若加力燃烧室仅采用环形 V 形稳定器,则有可能出现油气不匹配的情况,最终导致加力燃烧室的点/熄火性能变差。另外,涡扇发动机加力燃烧室的外涵冷空气参与燃烧,存在低温稳定燃烧问题,相比于环形 V 形稳定器,径向 V 形稳定器更能适应上述状态。径向 V 形稳定器也可以用在涡喷发动机上。例如,P11Φ2C-300 发动机为了提高加力温度,将原来两排环形 V 形稳定器改为大小相同,每排各 10 个(共 20 个)径向 V 形稳定器,如图 4.4 所示。

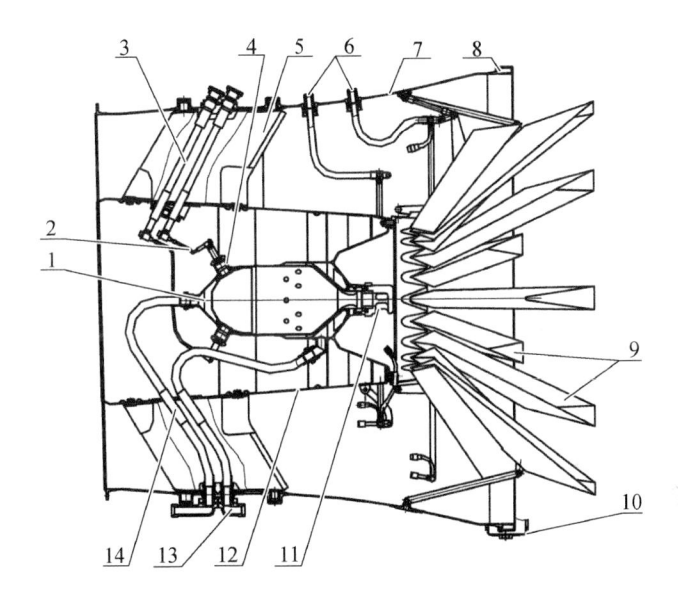

图 4.4　P11Φ2C-300 发动机加力燃烧室结构示意图
1-点火器;2-导电片;3-导电杆;4-加力电嘴;5-整流支板;6-加力燃油总管;
7-扩压器外壁;8-套管快卸环;9-大、小稳定器;10-燃油收集器;
11-预燃室喷口;12-内壁;13-二股进气管;14-混合气进气管

随着技术发展,加力燃烧室往往都会布置一圈或多圈环形 V 形稳定器,中间再加上径向 V 形稳定器或传焰槽,构成环形+径向组合的稳定器系统。在涡扇发动机加力燃烧室中,环形稳定器往往作为值班稳定器,外围则有数十个径向稳定器与其相连。当前在役的多款先进涡扇发动机均采用了环形+径向组合布置方式,如 EJ200 发动机加力燃烧室采用的是外圈环形与多根径向稳定器的组合方案(图 4.5)。F100 发动机平行进气加力燃烧室采用了环形主稳定器和径向稳定器的组成方案。环形主稳定器位于内涵高温气流中用于建立稳定点火源,主稳定器的内外都是径向稳定器,利用内涵高温燃气加热径向 V 形槽,促进外涵稳定器上的油膜蒸发和混合,并利用内涵高温燃气引燃,提高外涵冷混气燃烧的稳定性。不开加力时,径向稳定器又能促进内外涵气流的混合。

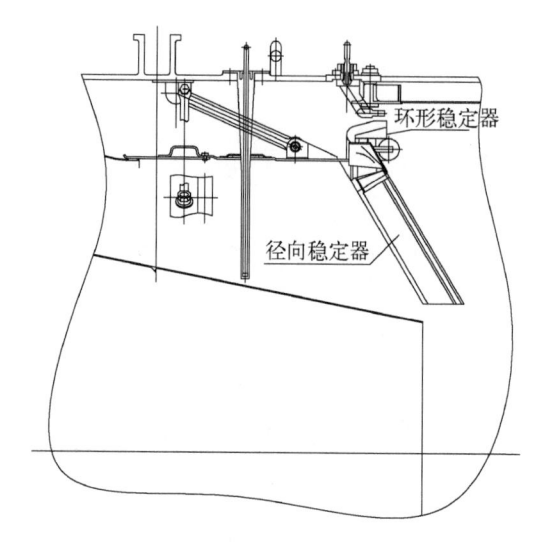

图 4.5　EJ200 发动机加力燃烧室环形+径向
组合稳定器的结构示意图

2) 沙丘驻涡火焰稳定器

沙丘驻涡火焰稳定器(图 4.6)呈现沙丘的流线型形态,从横截面来看,由类似两个牛角拼装而成。牛角形状的拱形效应和涡管尖端发散造成的抽气作用,使稳定器后的回流区非常稳定,具有极强的抗干扰性能,且流动损失低。研究表明:在相同堵塞比条件下,沙丘驻涡稳定器比 V 形稳定器阻力下降了 75%~80%,涡流内燃烧的贫油熄火极限扩展了 4~5 倍,点火风速提高将近 1 倍。该稳定器已在涡喷发动机 C、涡喷发动机 D 等中得到了应用。

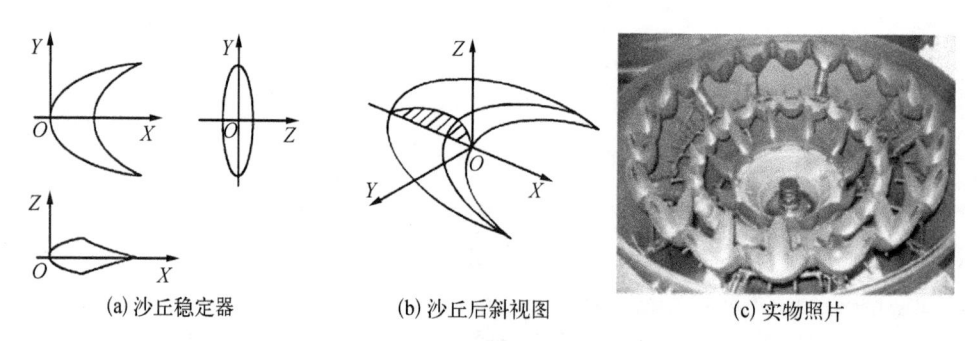

(a) 沙丘稳定器　　(b) 沙丘后斜视图　　(c) 实物照片

图 4.6　沙丘驻涡稳定器

3) 钝体类值班火焰稳定器

对于涡扇发动机加力燃烧室,为避免点火时压力脉动影响风扇的正常工作,涡扇发动机加力燃烧室需要实现"软点火",保证点火时的压力脉动控制在一定幅值内。同时,内外涵两股气流混合后,由于外涵空气温度远低于内涵来流温度,稳定器前混合气的温度下降较多;另外,内外涵混合气会在稳定器前形成非均匀的速度和温度场,这都会对加力燃烧室的点/熄火特性提出更高的要求。除此之外,普通V形稳定器在低温条件下火焰稳定性差,工作范围窄,越来越难以满足不断提高的高空左边界火焰稳定性能要求;从V形稳定器自身流动和燃烧特性来看,回流区,包括流场形态、油气比、燃气温度等随主流参数的改变而变化,不能单独控制,燃烧不易稳定。值班稳定器正是基于上述背景提出并发展的。

蒸发槽火焰稳定器是最常见、研究最多的一类钝体类值班火焰稳定器,基本特点是在V形稳定器的基础上,通过在顶部开进气槽缝和增加蒸发管,实现稳定器内单独的供油供气和独立的油气调控,保证不论主流条件多么恶劣,总能在稳定器中保持适当的油气比,实现各种工况下的成功点燃和火焰稳定。图4.7示出了一种蒸发槽火焰稳定器的结构示意图和实物照片。

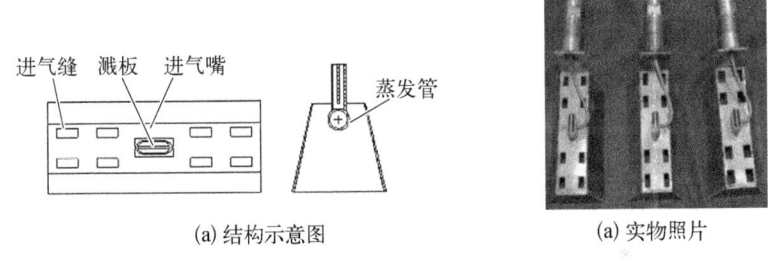

(a) 结构示意图　　(a) 实物照片

图 4.7　蒸发槽火焰稳定器的结构示意图和实物照片

蒸发槽火焰稳定器采用了单独的供油供气,气流从进气嘴进入蒸发管,燃油通过直射式喷嘴喷在安装于进气嘴内的溅板上形成油膜,并与进气嘴进入的燃气边混合边进入蒸发管。蒸发管上开有多个出流孔,油气混合气从出流孔出来后,进一步与从稳定器前部进气缝流入的空气混合,形成合适油气比的可燃混合气。

斯贝 MK202 和 АЛ-31Ф 发动机加力燃烧室值班火焰稳定器采用了蒸发式稳定器,虽然结构上与蒸发槽火焰稳定器略有差异,但构成、流动和燃烧组织模式都一样,如图4.8和图4.9所示。

第二类比较常用的钝体类值班火焰稳定器是薄膜蒸发稳定器,也称为引燃式稳定器,主要由内V形稳定器、外V形稳定器、进气管和喷油杆等结构组成。内V形稳定器和外V形稳定器形成缝隙,局部燃油通过喷油杆上的小孔喷入进气管内,在内V形稳定器外壁和外V形稳定器内壁上形成油膜。油膜吸热蒸发与从进气管进入的空气掺混,从稳定器后缘间隙排出,通过湍流交换进入回流区,使回流区中的混合气接近化学恰当比,从而实现可靠点火和火焰稳定。薄膜蒸发稳定器的结构示意图如图4.10所示。

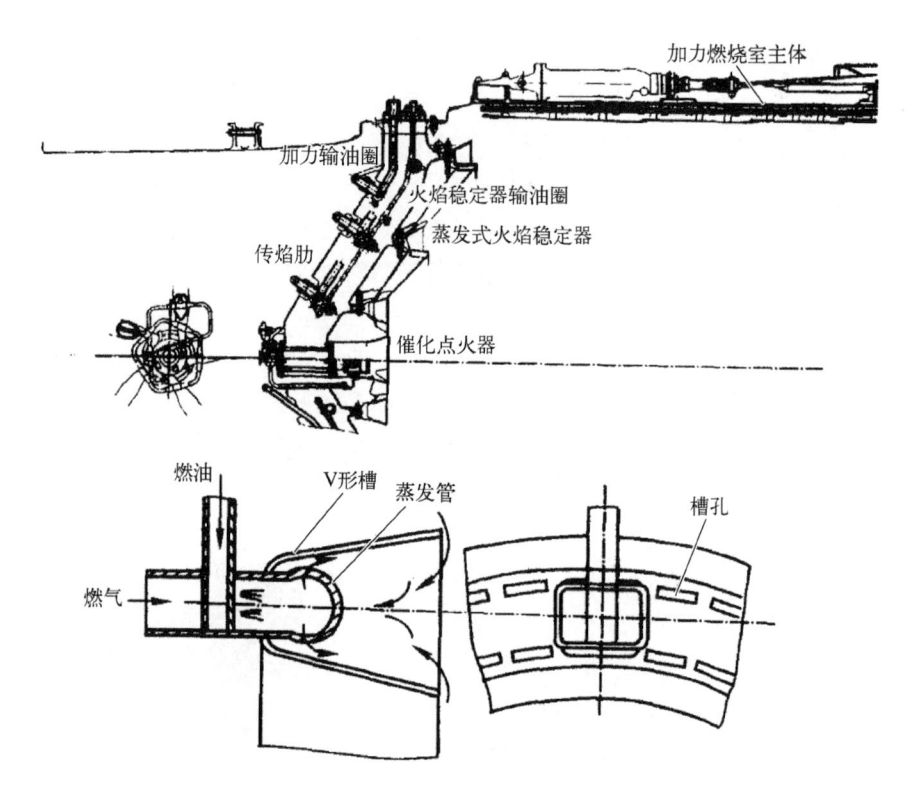

图 4.8　斯贝 MK202 发动机蒸发式稳定器

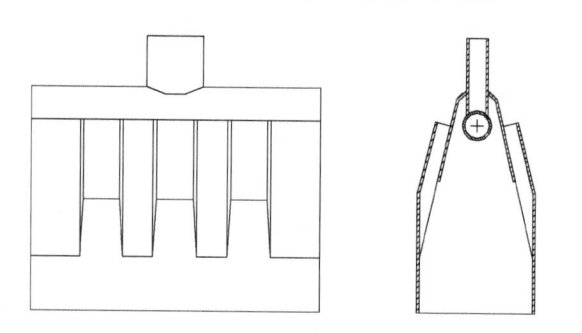

图 4.9　АЛ-31Ф 发动机加力燃烧室值班火焰稳定器示意图

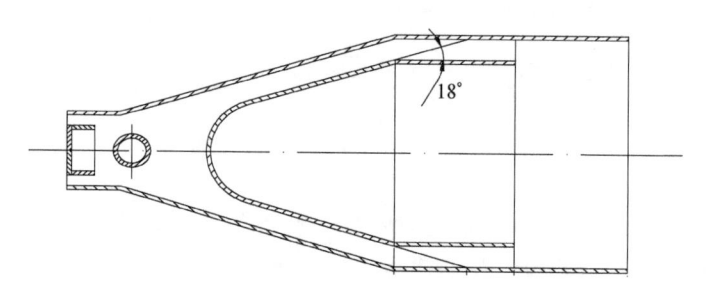

图 4.10　薄膜蒸发型火焰稳定器的结构示意图

薄膜蒸发稳定器在内 V 形稳定器后构成了一个独立的小燃烧区,通过控制好其流动速度(流量)和油气比,能够获得良好的燃烧性能,因此薄膜蒸发稳定器的性能主要取决于内 V 形稳定器。美国 J85 和 F100 发动机的值班火焰稳定器(图 4.11)都采用了类似原理。

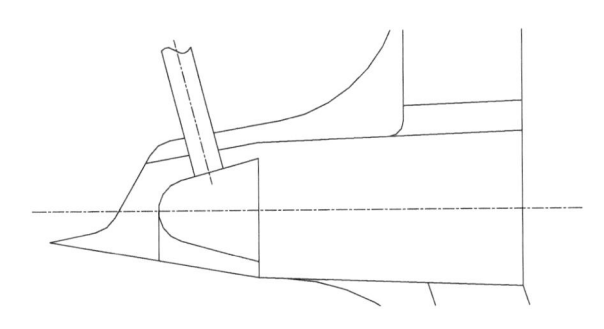

图 4.11　F100 发动机的值班火焰稳定器的结构示意图

薄膜蒸发稳定器具有以下突出的性能优点:

(1) 低温低压下火焰稳定器的工作范围较宽,试验结果表明,油气比在 0.001~0.06 时均能够保证稳定燃烧,在压力为 50 kPa 条件下仍能够保持宽广的稳定范围;

(2) 燃烧效率高,如 J85 发动机采用薄膜蒸发稳定器后,燃烧段长度缩短至不足 1.3 m;

(3) 有助于降低小加力状态推力,将引燃燃油作为点火区,可以把小加力状态推力降到很小,满足飞机小加力推力的需求,并可减小点火对主机造成的扰动。

薄膜蒸发稳定器的缺点是结构复杂、尺寸大、重量重、阻力大,阻力系数约为同堵塞比 V 形稳定器的 1.5 倍。

除此之外,在火焰稳定器的发展历史中,还研制过双 V 形稳定器(图 4.12)、吸入式稳定器(图 4.13)和尾缘吹气式火焰稳定器(图 4.14)等。

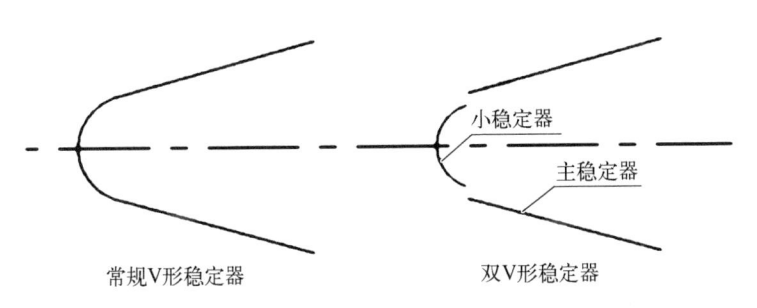

图 4.12　双 V 形稳定器的示意图

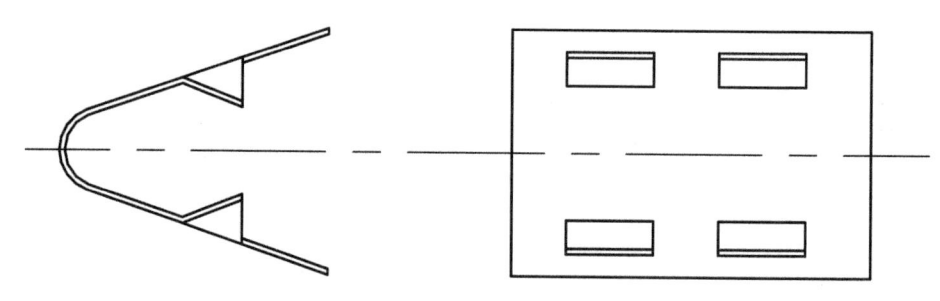

图 4.13 吸入式稳定器的示意图

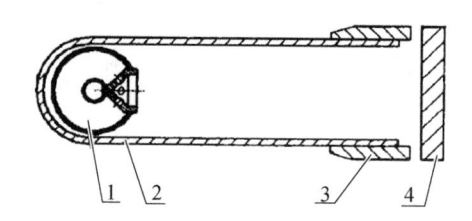

图 4.14 尾缘吹气式火焰稳定器的示意图
1—气动雾化喷嘴;2—U 形壳体;3—射流喷口盖板;4—后挡板

4.1.2 非钝体类火焰稳定器

除了上述介绍的钝体类值班火焰稳定器,近些年随着加力燃烧室进口参数的进一步苛刻、工作包线的不断拓宽以及性能要求的持续提高,发展了多种非钝体类火焰稳定器,主要包括台阶、凹腔驻涡和旋流等稳定器。

台阶稳定器的原理如图 4.15 所示,此类稳定器有时也称为壁式稳定器或龛式稳定器。该稳定器通过台阶构建出回流区,然后供入燃油,在其中形成合适的油气比,加力燃烧室中往往以此作为值班稳定器。F110-GE-132 发动机加力燃烧室就采取了类似的结构,在径向稳定器的外端后方配置 1 个环形的壁式火焰稳定器作为值班稳定器,实现点火和传焰的功能,如图 4.16 所示。在近些年发展起来的、与涡轮后框架一体化的加力燃烧室,如 F119 发动机加力燃烧室,其值班火焰稳定器也采用了壁式稳定器形式,与 F110-GE-132 发动机不同的是,F119 发动机稳定器布置在中心锥上。

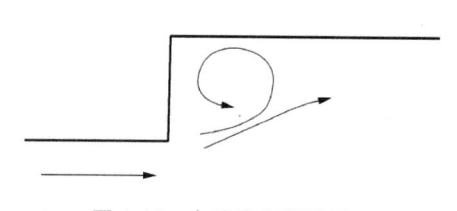

图 4.15 台阶稳定器的原理

凹腔驻涡稳定器如图 4.17 所示,通过在凹腔中供入适量的空气在其中形成回流区,同时供入相应量的燃油,形成接近恰当比的油气混合气,点燃后形成稳定的火焰,往往作为加力燃烧室的值班稳定器。凹腔驻涡稳定器既可以布置在外壁面,也可以布置在中心锥上。

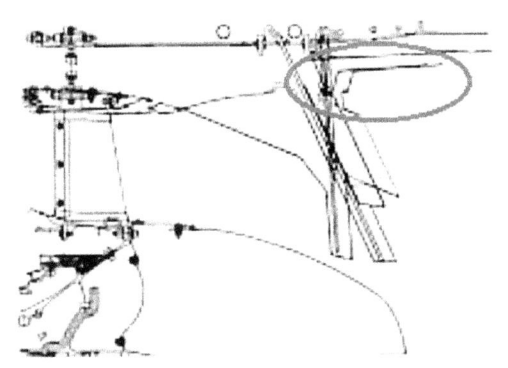

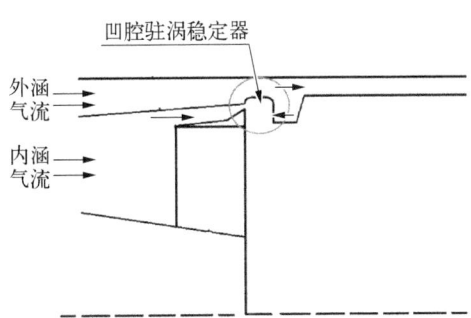

图 4.16　F110-GE-132 稳定器的示意图　　　**图 4.17　凹腔驻涡稳定器的示意图**

美国 GEAE 公司在突破涡轮基组合循环（turbine based combined cycle，TBCC）发动机超级燃烧室的关键技术时，设计了新型凹腔驻涡稳定器，如图 4.18 所示。作为超级燃烧室的值班稳定器，放置在外涵通道侧，在内涵通道侧布置有一定数量的径向稳定器，研究结果表明，新型凹腔驻涡稳定器应用于 TBCC 发动机超级燃烧室具有较高可行性和良好的工作性能。

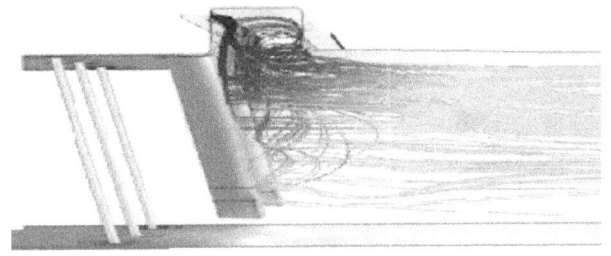

图 4.18　美国 GEAE 公司的超级燃烧室凹腔驻涡稳定器示意图

在美国专利（US8011188B2）中介绍了基于凹腔的加力燃烧室，如图 4.19 所示。在凹腔值班稳定器的加力燃烧室中，凹腔作为加力燃烧室的值班稳定器，放置在外涵通道，凹腔的进气来自外涵气流。主流中采用径向值班稳定器，主流中的供油系统耦合在径向稳定器内。

旋流装置从 20 世纪 60 年代起开始研究，一般作为主流稳定器，其功能主要是强化主流的油气掺混、增加驻留时间。图 4.20 为 20 世纪 70 年代美国 PW 公司提出的一型旋流加力燃烧室的结构示意图。从研究结果来看，进口温度为 649℃、压力为 2 个大气压、油当量比处于 0.2~1、长径比为 1.37 时的燃烧效率都不低于 95%，长径比为 0.84 时的燃烧效率不低于 80%，且总压损失与常规稳定器相当。但研究中也发现，当喷管出口切向角度只有保持在 15°以内，推进效率才能和平直气流保持一样。

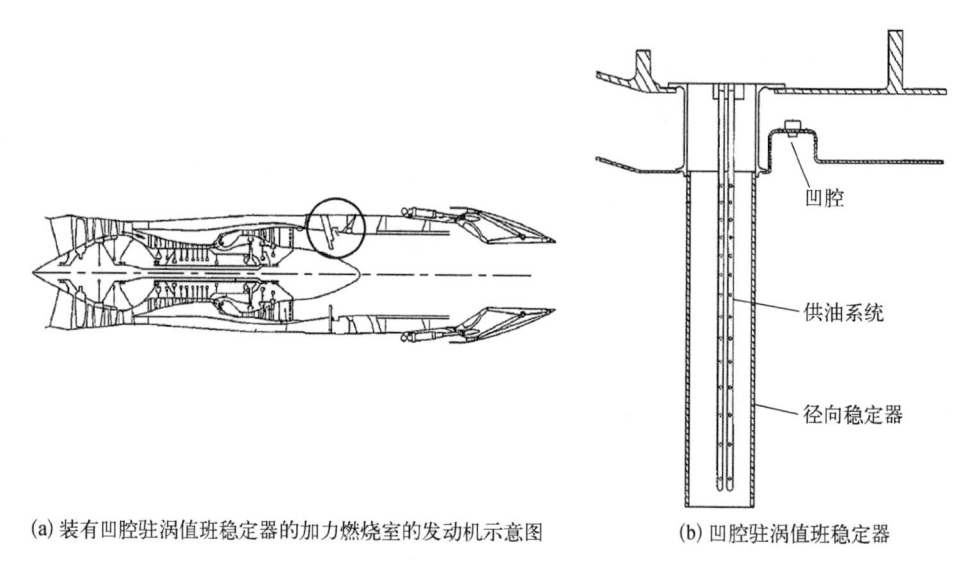

(a) 装有凹腔驻涡值班稳定器的加力燃烧室的发动机示意图 (b) 凹腔驻涡值班稳定器

图 4.19　凹腔值班稳定器的加力燃烧室

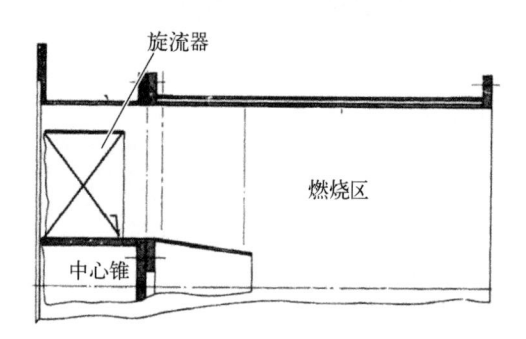

图 4.20　旋流稳定器的结构示意图

4.1.3　气动火焰稳定器

随着发动机设计技术的发展,对加力燃烧室流体损失的要求越来越高。气动火焰稳定器如图 4.21 所示,在加力状态下,采用气体射流生成稳定火焰的回流区;在非加力状态下,则关闭射流,可以大幅度减小流体损失。法国的阿塔发动机采用了气动火焰稳定器,它通过专用管道从压气机抽气,经喷嘴将高压空气喷进加力燃烧室,与主气流相遇形成非流线型的气柱来稳定火焰。

气动火焰稳定器的突出优点是可以根据不同的工作状态控制供气量,形成合

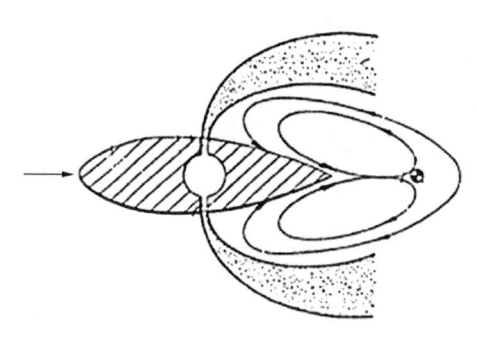

图 4.21　气动火焰稳定器示意图

适的气柱来稳定火焰,并有利于消除振荡燃烧,减小加力燃烧室不工作时所造成的压力损失。其缺点是:需要从压气机中引气,降低了发动机的推力,且控制系统复杂,这也是目前气动火焰稳定器尚未广泛应用的原因之一。

4.2 设 计 要 求

火焰稳定器设计的主要技术指标和要求如下:
(1) 在规定的飞行包线内应保证加力燃烧室稳定燃烧;
(2) 火焰稳定器的总压恢复系数应不低于总体性能要求;
(3) 在规定的加力点火油气比下应能可靠点火和传焰;
(4) 应合理布置火焰稳定器,使加力燃烧效率不低于总体性能要求;
(5) 应满足火焰稳定器重量轻的要求;
(6) 应满足具体加力燃烧室设计中的其他要求(火焰稳定器壁面冷却的要求、抑制振荡燃烧的要求和隐身的要求等)。

4.3 设 计 过 程

4.3.1 设计的已知数据

设计火焰稳定器时应具备的已知条件:
(1) 扩压器流路图和尺寸;
(2) 混合器流路图和尺寸;
(3) 加力燃烧室流路图和尺寸;
(4) 飞行包线中加力燃烧室进口压力最低飞行状态点的稳定器前方气流参数,包括内涵和外涵气流流量 W_{g6}、W_{a16},总压 P_6、P_{16},总温 T_6、T_{16};
(5) 主燃烧室的余气系数 α_B,加力燃烧室的余气系数 α_{AB}。

4.3.2 火焰稳定器类型的选择

火焰稳定器类型的选取原则是全面满足设计指标和设计要求,不同类型加力燃烧室的进口气动参数差异很大,需要根据火焰稳定器前方的气流总温、组织燃烧方式和火焰稳定器在组织燃烧中的作用,选择合适的火焰稳定器类型。

1) 涡喷发动机加力燃烧室的火焰稳定器类型选择

涡喷发动机加力燃烧室无内涵与外涵混合及内涵点燃外涵的问题,进口气流温度为 1 000~1 200 K,组织燃烧条件好,且不需要设置值班火焰稳定器,火焰稳定器选择侧重于结构简单、重量轻、工艺性好。目前,国内外一般都采用 V 形稳定器,环形和径向布置均可,环形优先。

2) 涡扇发动机加力燃烧室的火焰稳定器类型选择

涡扇发动机内涵和外涵两股气流经过混合效率不同的混合器混合后,稳定器前缘截面的温度场差别很大,需要根据不同的温度场进行选择。另外,涡扇发动机加力燃烧室必须实现"软点火",在选择火焰稳定器类型时还要考虑"软点火"和传焰的要求,可按以下三种情况选择火焰稳定器的类型。

(1) 用于实现"软点火"的火焰稳定器类型选择：涡扇发动机加力燃烧室点火时产生的压力突升能前传到风扇,使风扇的喘振裕度减小,甚至造成喘振。加力燃烧室通常布置一圈环形的值班火焰稳定器(也称为主稳定器)来实现"软点火"要求。国内外一般都采用了吸入式或蒸发式稳定器等作为值班火焰稳定器。

(2) 内涵气流中的火焰稳定器类型选择：内涵进口气流温度与涡喷发动机加力燃烧室相当,可按涡喷发动机加力燃烧室进行选择,一般都采用 V 形稳定器,环形和径向布置均可。

(3) 外涵气流中的火焰稳定器类型选择：外涵气流温度低,燃油蒸发度低,难以组织燃烧,外涵气流中火焰稳定器需要根据内外涵气流的混合形式设计类型和布局。内外涵气流边混合边燃烧(指形混合器、平行混合器、近配合菊花形混合器)时,可采用径向 V 形稳定器布局；内外涵气流先混合再燃烧(漏斗形混合器、槽形混合器、远配合菊花形混合器)时,可采用值班火焰类型稳定器或 V 形稳定器,环形或径向布置均可,环形优先。

4.3.3 堵塞比设计

在一定范围内,增加火焰稳定器槽宽可使燃烧稳定性和燃烧效率得到改善,特别在低压条件下稳定性改善更显著,但稳定器槽宽增加也会带来堵塞比增大,使火焰稳定器尾缘的流速增大,不利于火焰稳定。当堵塞比较小时,堵塞比增大,火焰稳定器后回流区长度增加比稳定器边缘流速增加得快,燃烧稳定性得到改善,当堵塞比较大时,火焰稳定器后回流区长度增加比稳定器边缘流速增加得慢,燃烧稳定性是下降的,只有在最佳堵塞比下,燃烧稳定性最好。稳定性综合参数 K_{st} 随阻塞比的变化如图 4.22 所示。

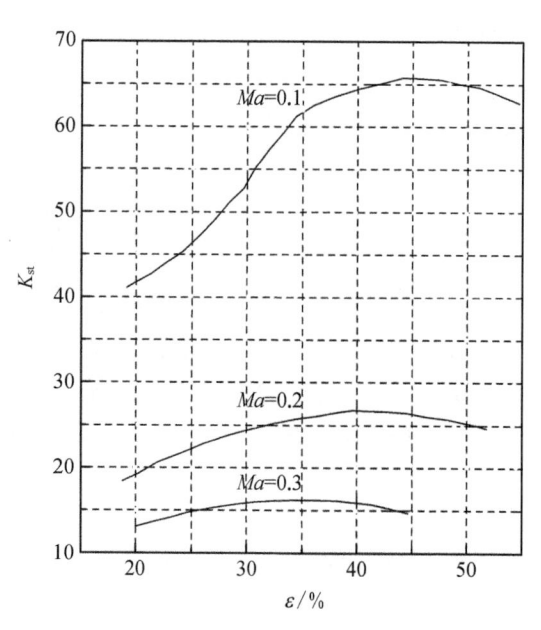

图 4.22 稳定性综合参数 K_{st} 随阻塞比 ε 的变化

从燃烧稳定性和燃烧效率考虑,设计时应选取最佳堵塞比,但堵塞比越大,火焰稳定器的流阻系数就越大,从降低流体损失角度考虑,堵塞比越小越好。因此,在确定堵塞比时,应同时计算吹熄边界、燃烧效率和火焰稳定器系统的总压损失,应在满足稳定燃烧范围和燃烧效率的前提下尽量降低堵塞比以减小流体损失。

目前,国内外各种加力燃烧室火焰稳定器的堵塞比大多在 0.3~0.45,涡喷发动机高加温比的加力燃烧室火焰稳定器的堵塞比一般在 0.35 左右,涡扇加力燃烧室火焰稳定器的堵塞比一般为 0.4 左右,仅在加力温比比较小的加力燃烧室中或在采用沙丘驻涡火焰稳定器时堵塞比才小于 0.3。

4.3.4 火焰稳定器槽宽计算

对于 V 形、缝隙 V 形以及各种梯形或接近 U 形的值班火焰类型稳定器,包括吸入式和蒸发式稳定器,可以使稳定性参数等于最小值(图 4.23)来计算槽宽 W:

$$K_{st} = \frac{P_{sFH} T_t W}{V_{FH}} = 12 \tag{4.1}$$

式中,P_{sFH}、T_t 和 V_{FH} 分别为火焰稳定器尾缘静压、总温和速度。另外,为了使火焰稳定器在最低压下仍有相当宽的稳定燃烧范围,在计算所需槽宽 W 时,可将压力 P_{sFH} 降低 10% 左右进行计算。

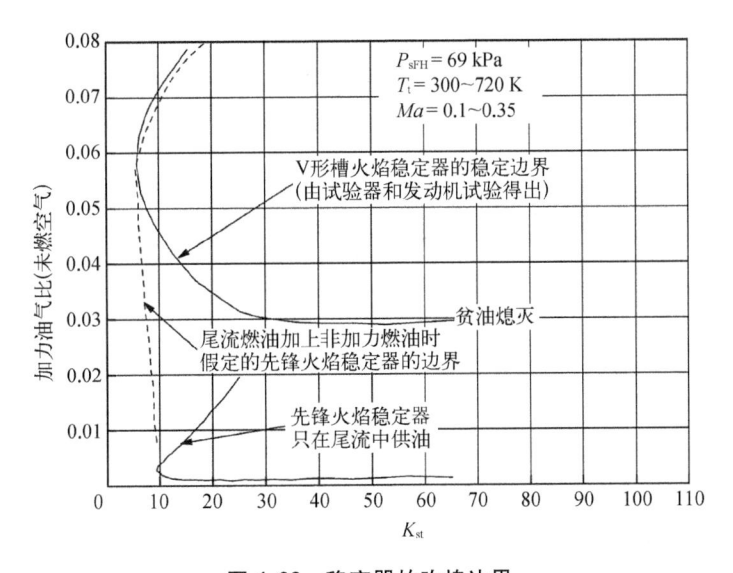

图 4.23 稳定器的吹熄边界

4.3.5 火焰稳定器的布置

加力燃烧室火焰稳定器的布置方式有三种:环形布置、径向布置、环形与径向组合布置。确定火焰稳定器的布置方式需要考虑以下几个方面。

（1）火焰稳定器的间距需求。

火焰稳定器的间距对燃烧效率有很大的影响，一般采用等槽负荷设计布置火焰稳定器，即相邻稳定器的间距相等或接近相等。

火焰稳定器环形布置时，要求相邻稳定器的间距相等或接近相等。

火焰稳定器径向布置时，为了保持径向稳定器在内、外两端的间距不会过大或过小，在靠近加力燃烧室的外壁区域内布置径向稳定器，通过选取适当的径向稳定器长度和间距，保证稳定器间距的变化在允许范围内。

（2）火焰稳定器的引气需求。

当需要向火焰稳定器引入冷却空气或高温燃气时，应考虑引气需求，若想从外涵引入冷却空气到内涵冷却内涵气流中的火焰稳定器，一般采用径向稳定器。

（3）"软点火"的需求。

涡扇发动机加力燃烧室需要考虑"软点火"的要求，以减小接通和切断加力时压力突升对风扇的影响。加力燃烧室一般先采用环形值班火焰稳定器点燃可燃混气，再通过径向稳定器或传焰槽向内外涵传焰。

（4）传焰的需求。

加力燃烧室所有的火焰稳定器组成一个稳定器系统，要使稳定器系统能够可靠工作，需要考虑稳定器系统内的传焰问题。

若稳定器采用环形布置，则在各环形稳定器之间要增加传焰槽或径向稳定器，使火焰能从这一圈稳定器传到另一圈稳定器；若稳定器采用径向布置，则至少要有一圈环形稳定器或利用截锥把径向稳定器连接起来，起到传焰作用。

（5）降低流体损失的需求。

为降低流体损失，稳定器可轴向错开排列，轴向间距可选两倍槽宽，一般不超过 105 mm，径向稳定器可倾斜一定角度，一般不超过 35°。

4.3.6　等槽宽环形稳定器的布置

1. 已知参数和假设条件

环形稳定器在进行计算布局时需要已知以下参数：隔热屏半径 R_{HS}、火焰稳定器槽宽 W、火焰稳定器堵塞比 ε。

在环形稳定器布局时按以下程序进行：先假设各圈稳定器在同一截面内进行布置，按等槽负荷原则设计径向分布；然后将稳定器轴向错开设计，轴向分布原则为各圈稳定器向上游移动的相邻间距为两倍的槽宽，稳定器轴向错开后的径向位置按"面积律"修正。

等槽负荷的定义为相邻稳定器间的横截面 A 与稳定器的浸润周长 P_{FH} 之比为常数，即

$$\frac{A}{P_{FH}} = \text{const} = \frac{\Delta R}{2} \tag{4.2}$$

式中,ΔR 为稳定器的径向间距;A 为相邻稳定器间的横截面积;P_{FH} 为稳定器的浸润周长。

2. 结构参数设计

(1) 火焰稳定器数目 N:

$$N = \left[(\varepsilon - 1) + \sqrt{(\varepsilon - 1)^2 + \frac{4\varepsilon^2 R_{HS}^2}{W^2}} \right] / 2 \tag{4.3}$$

式中,ε 为稳定器的阻塞比;R_{HS} 为隔热屏半径;W 为稳定器槽宽。

(2) 稳定器的径向间距:

$$\Delta R = \frac{-(2N^2 W + NW) + \sqrt{N^2 W^2 + 4N^2 R_{HS}^2 + 4NR_{HS}^2}}{2(N + N^2)} \tag{4.4}$$

(3) 大圈稳定器距隔热屏的间距:

$$\Delta R_0 = -(N_0 R + NW) + \sqrt{(N\Delta R + NW)^2 + (N\Delta R + NW)\Delta R} \tag{4.5}$$

工程上可取 $\Delta R_0 = (0.4 \sim 0.5)\Delta R$,此时有

$$\Delta R = \frac{R_{HS} - NW}{N + (0.4 \sim 0.5)} \tag{4.6}$$

(4) 各圈稳定器的半径 R_i:

$$R_i = i\Delta R + \frac{2i - 1}{2}W, \quad (i = 1, 2, 3, \cdots, N) \tag{4.7}$$

(5) 实际阻塞比:

$$\varepsilon_{rl} = \frac{2W \sum_{i=1}^{N} R_i}{R_{HS}^2} = \frac{A_{FH}}{A_{FS}} \tag{4.8}$$

式中,A_{FH} 为稳定器面积之和;A_{FS} 为计算截面挡油屏以内的总面积。

(6) 扩压器挡油屏设计。

火焰稳定器轴向错开的距离一般为两倍槽宽,挡油屏的设计原则是保持扩压器挡油屏以内的有效流通面积不变,如图4.24所示。

计算时假设所有稳定器都在第 N 截面,稳定器错开排列时向上游方向移动,则第 N 截面挡油屏以内的自由流通面积为

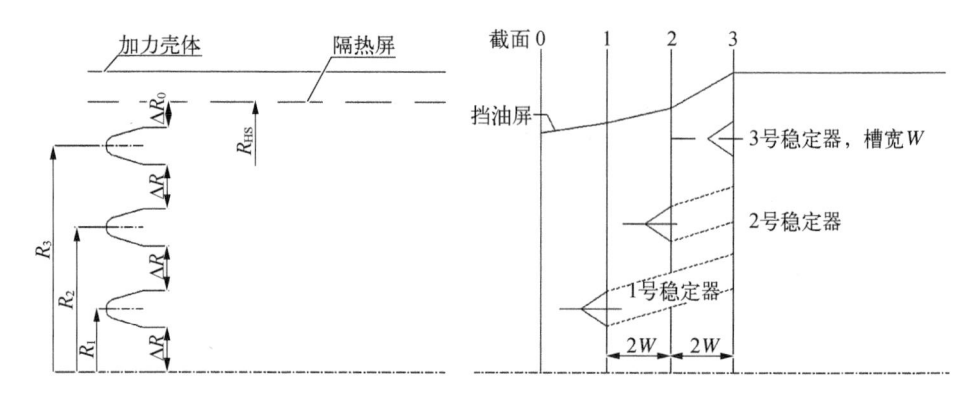

图 4.24　火焰稳定器的径向间距和轴向错开排列

$$A_{\text{fre}} = CA_{\text{DF}} - A_{\text{FH}} \tag{4.9}$$

式中，A_{DF}为稳定器计算截面扩压器壳体以内的总面积；C为核心流气流比例（除去隔热屏冷气后的气流流量占总流量的比例），斯贝发动机加力燃烧室取0.9。

设最下游一圈稳定器为第N圈稳定器，所在截面为$j = N$截面，在第N圈稳定器上游第i圈稳定器所在截面为j截面，则第j截面挡油屏以内的面积为

$$A_{\text{FS}j} = A_{\text{fre}} + \sum_{i=1}^{j} A_{\text{FH}iN} \tag{4.10}$$

式中，$A_{\text{FS}j}$为第j截面挡油屏以内的面积；A_{fre}为第N截面挡油屏以内的自由流通面积；$A_{\text{FH}iN}$为第i圈稳定器在第N截面的阻塞面积。

第j截面挡油屏的直径为

$$D_{\text{FS}j} = \sqrt{\frac{4}{\pi} A_{\text{FS}j}} \tag{4.11}$$

式(4.9)~式(4.11)是假定稳定器都布置在第N截面而进行计算的，实际上稳定器向上游移动时是沿流线移动的，所以稳定器的阻塞面积应略有变化。因此，在完成第一遍计算后还必须计算稳定器在上游位置的直径，并由实际的稳定器阻塞面积重新计算扩压器挡油屏壁面直径。

（7）错开稳定器的径向位置。

第N截面为设计截面，因此第N圈稳定器的直径不变，设第i圈稳定器在第j截面的半径$R_{\text{FH}ij}$为

$$R_{\text{FH}ij} = \frac{R_{\text{FH}iN} R_{\text{FS}j}}{R_{\text{FS}N}}, \quad (i \leqslant j \leqslant N) \tag{4.12}$$

式中，$R_{\text{FH}ij}$为第i圈稳定器在第j截面的半径；$R_{\text{FH}iN}$为第i圈稳定器在第N截面的半径；$R_{\text{FS}j}$为挡油屏在第j截面的半径；$R_{\text{FS}N}$为挡油屏在第N截面的半径。

第 i 圈稳定器或其回流区在第 j 截面的阻塞面积为

$$A_{\text{FH}ji} = 2\pi R_{\text{FH}ij} W \tag{4.13}$$

(8) 挡油屏的修正计算。

第 j 截面挡油屏内径以内的面积为

$$A_{\text{FS}jc} = A_{\text{fre}} + \sum_{i=1}^{j} A_{\text{FH}ijc} \tag{4.14}$$

第 j 截面的挡油屏直径为

$$D_{\text{FS}jc} = \sqrt{\frac{4}{\pi} A_{\text{FS}jc}} \tag{4.15}$$

4.3.7 不等槽宽环形稳定器的布置

1. 假设条件

设计不等槽宽环形稳定器时,先假设各圈稳定器在同一截面内进行布置,按等槽负荷原则设计径向分布;然后将稳定器轴向错开设计,轴向分布原则为各圈稳定器向上游移动的相邻间距为两倍槽宽,稳定器轴向错开后的径向位置按"面积律"修正;除了值班火焰稳定器槽宽,其余各圈稳定器的槽宽均相等。

2. 结构参数设计

(1) 稳定器数目 N:

$$\varepsilon R_{\text{HS}}^2 = (N^2 + N - 2m) W \Delta R + (N-1)^2 W^2 + 2(N-1) W_m W + 2m W_m \Delta R + W_m^2 \tag{4.16}$$

$$\Delta R = \frac{-(2N+1)[(N-1)W + W_m] + \sqrt{[(N-1)W + W_m]^2 + 4(N^2+N)R_{\text{HS}}^2}}{2(N+N^2)} \tag{4.17}$$

式中, W 为稳定器槽宽;下标 m 表示各圈稳定器由小圈到大圈从"1"开始编号时主稳定器的编号。

(2) 稳定器间距 ΔR 及稳定器与隔热屏的间距 ΔR_0。

$$\Delta R_0 = -[N\Delta R + (N-1)W + W_m] \\ + \sqrt{[N\Delta R + (N-1)W + W_m]^2 + [N\Delta R + (N-1)W + W_m]\Delta R} \tag{4.18}$$

工程上可取 $\Delta R_0 = (0.4 \sim 0.5) \Delta R$,则有

$$\Delta R = \frac{R_{\text{HS}} - [(N-1)W + W_m]}{N + (0.4 \sim 0.5)} \tag{4.19}$$

(3) 求各圈稳定器的半径。

假定从加力扩压器的中心线向扩压器内壁方向从"1"开始由小到大给各圈稳定器编号,值班火焰稳定器的编号为 m,所计算的稳定器为第 i 圈,则当 $i < m$ 时,用式(4.7)求出。

当 $i = m$ 时:

$$R_m = i\Delta R + (i-1)W + \frac{W_m}{2} \tag{4.20}$$

当 $i > m$ 时:

$$R_i = i\Delta R + \frac{2i-3}{2}W + W_m \tag{4.21}$$

(4) 确定实际阻塞比。

第 i 圈稳定器的面积:

$$A_i = 2\pi R_i W_i \tag{4.22}$$

各圈稳定器的面积和:

$$A_{\text{FH}} = 2\pi \sum_{i=1}^{N}(R_i W_i) \tag{4.23}$$

由式(4.8)计算实际阻塞比。

(5) 扩压器的挡油屏设计。

扩压器的挡油屏设计与等槽宽时相同,按式(4.9)和式(4.11)进行计算。

(6) 轴向错开稳定器的径向位置。

计算轴向错开稳定器的径向位置与等槽宽时相同,按式(4.12)和式(4.13)进行计算。

(7) 修正挡油屏计算。

修正挡油屏计算与等槽宽时相同,按式(4.14)和式(4.15)进行计算。

4.3.8 环形与径向组合布置

环形与径向稳定器组合布置时,一般为在加力燃烧室中心区域为环形稳定器,在直径最大的环形稳定器上布置径向稳定器。

1. 大圈稳定器直径的确定

涡喷发动机加力燃烧室的大圈稳定器直径可按式(4.24)计算:

$$D_m = \frac{D_{AB} + D_{CON}}{2} \tag{4.24}$$

式中，D_{AB} 为加力燃烧室的直径，m；D_{CON} 为内锥体的直径，m。

加力燃烧室若采用边混合边燃烧的组织方式，大圈稳定器就是主稳定器。主稳定器必须布置在靠近混合射流边界的内涵气流中，以此原则确定大圈稳定器的直径。当稳定器离混合器出口尚有一段距离时，应进行射流边界计算。首先要在扩压器出口截面(一般为稳定器设计截面)确定内涵气流与外涵气流的分界面，求出分界点。

2. 射流边界的确定

(1) 内涵气流与外涵气流假想分界面的确定。

在扩压器出口截面(一般为稳定器设计截面)确定内涵气流与外涵气流的假想分界面，求出分流点，为此需要求解以下方程组：

$$W_{g6} = \frac{m_6 P_{6FH} A_{6FH} q(\lambda_{6FH})}{\sqrt{T_6}} \tag{4.25}$$

$$W_{a16} = \frac{m_{16} P_{16FH} A_{16FH} q(\lambda_{16FH})}{\sqrt{T_{16}}} \tag{4.26}$$

$$A_{16FH} + A_{6FH} = A_{FH} \tag{4.27}$$

$$P_{6FH} \pi(\lambda_{6FH}) = P_{16FH} \pi(\lambda_{16FH}) \tag{4.28}$$

式中，W_{g6} 为混合器出口的内涵燃气流量；W_{a16} 为混合器出口的外涵空气流量；P_{6FH} 为稳定器截面的内涵气流总压；P_{16FH} 为稳定器截面的外涵气流总压；T_6 为混合器出口的内涵燃气总温；T_{16} 为混合器出口的外涵气流总温；A_{6FH} 为稳定器截面的内涵流通面积；A_{16FH} 为稳定器截面的外涵流通面积；A_{FH} 为稳定器截面的总流通面积；$q(\lambda_{6FH})$、$\pi(\lambda_{6FH})$ 为稳定器截面内涵气流的气动函数；$q(\lambda_{16FH})$、$\pi(\lambda_{16FH})$ 为稳定器截面外涵气流的气动函数；m_6 为内涵气流绝热指数与气体常数的函数；m_{16} 为外涵气流绝热指数与气体常数的函数；λ_{6FH} 为稳定器截面的内涵气流速度系数；λ_{16FH} 为稳定器截面的外涵气流速度系数。

(2) 射流边界计算公式。

使用非等温可压缩流的同向射流公式，求出射流边界：

$$y_1 = \bar{b} \bar{\eta}_1 \tag{4.29}$$

$$\bar{b} = \frac{0.77}{1-\beta} \frac{1-m}{1 + \frac{\beta m}{1-\beta}} \tag{4.30}$$

$$m = \frac{V_{166\text{FH}}}{V_{66\text{FH}}} \tag{4.31}$$

$$\beta = \frac{B(\bar{\rho})}{C(\bar{\rho})} \tag{4.32}$$

$$\bar{\eta}_1 = K_1(\theta) \frac{1 + mL_1(\theta) + m^2 M_1(\theta)}{1 + mQ(\theta) + m^2 S(\theta)} \tag{4.33}$$

$$y_2 = b - y_1 \tag{4.34}$$

$$\theta = \frac{T_{166}}{T_{66}} \tag{4.35}$$

$$B = B(\bar{\rho}) = B(\theta) = \frac{0.450}{1 + 0.375(\theta^{3/4} - 1)} \tag{4.36}$$

$$C = C(\bar{\rho}) = C(\theta) = \frac{\ln \theta}{\theta - 1} \tag{4.37}$$

$$A = A(\theta) = \frac{0.316}{1 + 0.28(\theta^{3/4} - 1)} \tag{4.38}$$

$$K_1 = K(\theta) = \frac{\theta(A + C - 2B)^2 - (B - A)^2}{A + C - 2B} \tag{4.39}$$

$$L_1(\theta) = \frac{(B - A)[1 + 2\theta(A + C - 2B) - 2A]}{\theta(A + C - 2B)^2 - (B - A)^2} \tag{4.40}$$

$$M_1(\theta) = \frac{A + \theta(B - A)^2 - A^2}{\theta(A + C - 2B)^2 - (B - A)^2} \tag{4.41}$$

$$Q(\theta) = \frac{2(B - A)}{A + C - 2B} \tag{4.42}$$

$$S(\theta) = \frac{A}{A + C - 2B} \tag{4.43}$$

(3) 射流边界内的温度和速度分布。

混合区内的温度分布可按式(4.44)和式(4.45)近似求出:

$$\frac{T_{66} - T_t}{T_{66} - T_{166}} = 1 - \eta \tag{4.44}$$

$$\eta = \frac{y - y_2}{y_1 - y_2} \tag{4.45}$$

式中，T_{66}为加力燃烧室进口内涵总温；T_{166}为加力燃烧室进口外涵总温；T_{t}为加力燃烧室进口当地总温；η为垂直于气流方向的无因次坐标；y为当地坐标；y_1为内涵一侧射流边界坐标；y_2为外涵一侧射流边界坐标。

混合区内的速度分布为

$$\frac{V_{166\text{FH}} - V}{V_{166\text{FH}} - V_{66\text{FH}}} = (1 - \eta^{3/2})^2 \tag{4.46}$$

式中，$V_{166\text{FH}}$为外涵流速，m/s；$V_{66\text{FH}}$为内涵流速，m/s；V为当地流速，m/s。

4.3.9 径向稳定器的布置

若有一圈环形稳定器，在环形稳定器内、外均布置径向稳定器，则按式(4.47)~式(4.50)计算。

(1) 内伸径向稳定器端部直径：

$$D_{\text{rt}} = D_{\text{CON}} + W \tag{4.47}$$

式中，D_{rt}为内伸径向稳定器端部直径，m；D_{CON}为稳定器截面内锥体直径，m。

(2) 内伸稳定器根数 N_{rt}：

$$N_{\text{rt}} = \frac{\pi D_{\text{AB}}^2 \varepsilon}{2W(1.4D_{\text{AB}} - 1.5D_{\text{CON}} - 4W)} \tag{4.48}$$

式中，D_{AB}为加力燃烧室的直径，m。

(3) 外伸稳定器端部直径：

$$D_{\text{tp}} = 0.95D_{\text{AB}} - 0.03 \tag{4.49}$$

(4) 外伸稳定器根数 N_{tp}：

$$N_{\text{tp}} = 2N_{\text{rt}} \tag{4.50}$$

4.3.10 总压损失的计算

火焰稳定器系统的流阻系数可按式(4.51)计算：

$$\zeta = \left(\frac{0.545\sqrt{\varepsilon} + \varepsilon}{1 - \varepsilon}\right)^2 \tag{4.51}$$

火焰稳定器的总压恢复系数为

$$\sigma_{\text{FH}} = 1 - \zeta \frac{\gamma}{\gamma + 1} \lambda_{\text{FH}}^2 \varepsilon(\lambda_{\text{FH}}) \tag{4.52}$$

式中,σ_{FH} 为火焰稳定器系统的总压恢复系数;γ 为比热容比;λ_{FH} 为火焰稳定器前方的速度系数;$\varepsilon(\lambda_{FH})$ 为气动函数。

4.3.11 火焰稳定器后方回流区内的当量比计算

(1) 火焰稳定器前方来流中的燃油在火焰稳定器后方回流区内形成的当量比:

$$\phi_{RZAB} = \frac{\varepsilon}{[1 + C(1-Z)]f_R\phi_{AB}} \tag{4.53}$$

式中,f_R 为火焰稳定器前方高度为槽宽 W 的流管内所供燃油量占加力总油量的比例;ϕ_{AB} 为加力燃烧室的平均当量比,若燃油浓度场不均匀,则应取火焰稳定器底边对应的来流流管内的平均当量比;ε 为阻塞比;Z 为蒸发度;C 为常数,它和火焰稳定器的开孔面积和迎风面积比 $\bar{A}$ 有关。其中,

$$C = 1.2(1 - 17\bar{A}) \tag{4.54}$$

(2) 火焰稳定器内局部供油在回流区内形成的当量比:

$$\frac{1}{\phi_{RZL}} = 1 + \frac{0.075}{(1-\varepsilon)^{1.5}} \frac{\phi_{optl} - \phi_L}{\phi_{optl}\phi_L} \tag{4.55}$$

$$\frac{1}{\phi_{optl}} = \omega_0 + \left(1 - \frac{0.724}{1 - 9.2\bar{A}}\right) \frac{(1-\varepsilon)^{1.5}}{0.075} \tag{4.56}$$

式中,ϕ_{RZL} 为火焰稳定器后方局部供油在回流区内形成的当量比;ϕ_L 为按局部供油计算的当量比;ϕ_{optl} 为火焰稳定燃烧范围最宽时的 ϕ_L;ω_0 为 ω_1 的函数。其中,

$$\omega_0 = 1.71\omega_1, \quad \omega_1 \leq 1.47 \tag{4.57}$$

$$\omega_0 = 2.5, \quad \omega_1 > 1.47 \tag{4.58}$$

$$\omega_1 = \frac{T}{288}\left(\frac{W}{0.004}\right)^{0.3}(1-\varepsilon)^{0.6} \tag{4.59}$$

(3) 若火焰稳定器前方来流供油,火焰稳定器后方还向回流区进行局部供油,则回流区内形成的当量比为

$$\phi_{RZ} = \frac{1}{\varepsilon}[1 + C(1-Z)]f_R(1-f_L)\phi_{AB} \tag{4.60}$$

式中,f_L 为火焰稳定器后方局部供油占总供油量的比例。

4.3.12 吹熄边界的计算

已知气动参数、火焰稳定器的结构参数、燃油浓度分布、燃油蒸发度和火焰稳定器后方的局部供油量,可以计算出吹熄边界,以便评价火焰稳定器系统的工作范围。

(1) 计算火焰稳定器底边对应前方流管内的当量比与最佳当量比之比:

$$\frac{\phi_{St}}{\phi_{optl}} = \frac{1}{\frac{(1-\varepsilon)^{1.5}\phi_{optl}}{0.075}\left\{\frac{\varepsilon}{[1+C(1-Z)]f_R(1-f_L)\phi_{AB}} - 1\right\} + 1} + \frac{f_L\phi_{AB}}{\varepsilon\phi_{optl}} \quad (4.61)$$

式中,ϕ_{St} 为火焰稳定器底边对应前方流管内的总当量比,当火焰稳定器前方的浓度场均匀时,ϕ_{St} 为加力燃烧室的平均当量比 ϕ_{AB}。

当火焰稳定器前方的浓度分布不均匀时,f_R 用式(4.62)计算:

$$f_R = A + B\frac{1}{(1-f_L)\phi_{AB}} \quad (4.62)$$

式中,A、B 均为常数,应根据燃油浓度分布确定,当燃油浓度分布均匀时,$A = \varepsilon$,$B = 0$。

(2) 火焰稳定器在同一平面内布置时稳定燃烧范围计算。

稳定性综合参数 C_{BO} 为

$$C_{BO} = \frac{0.724}{1 - 9.2\bar{A}} \frac{V_{FH}}{W\bar{P}_{sFH}\bar{T}_{FH}^{1.3}(1-\varepsilon)^2} \quad (4.63)$$

$$\bar{P}_{sFH} = \frac{P_{sFH}}{100} \quad (4.64)$$

$$\bar{T}_{FH} = \frac{T_{FH}}{288} \quad (4.65)$$

式中,V_{FH} 为火焰稳定器前的气流速度,m/s;P_{sFH} 为火焰稳定器截面的气流静压,kPa;T_{FH} 为火焰稳定器前的气流总温,K。

对于富油和贫油吹熄边界,可按式(4.66)和式(4.67)进行计算:

$$C_{BO富油} = 10.6 \times 10^3 \left(\frac{\phi_{optl}}{\phi_{St}} - 0.2\right)^{0.66} \quad (4.66)$$

$$C_{BO贫油} = 11.5 \times 10^3 \left(\frac{\phi_{optl}}{\phi_{St}}\right)^{-1.25} \quad (4.67)$$

（3）当火焰稳定器轴向错开排列时，火焰稳定燃烧范围的计算。

用式(4.63)计算稳定性综合参数 C_{BO}。当相邻稳定器轴向错开距离与槽宽之比为 1 或 2 时，按式(4.68)计算富油吹熄边界，按式(4.67)计算贫油吹熄边界。

$$C_{BO富油} = 6.05 \times 10^3 \left(\frac{\phi_{optl}}{\phi_{St}} - 0.2 \right)^{0.45} \quad (4.68)$$

4.4　火焰稳定器材料和工艺

火焰稳定器处于高温燃气流中工作，所受机械应力较小，但热应力很大。因此，火焰稳定器的材料有以下要求：

（1）良好的高温抗氧化和抗燃气腐蚀的能力；
（2）足够的瞬时和持久强度，良好的冷热疲劳性能；
（3）具有高的抗蠕变及低循环疲劳性能；
（4）良好的工艺塑性和焊接性能；
（5）合金在持久工作温度下金属组织稳定；
（6）高的热导率和小的线膨胀系数。

国内加力燃烧室一般选用 GH536、GH3128、GH3044 等作为火焰稳定器的材料。

火焰稳定器的尺寸公差、位置度相对转动和机匣构件等要求不高，大多采用钣金加工、机加工、铆接和焊接工艺制造完成。

第 5 章
燃油喷射系统设计

5.1 概　　述

燃油喷射系统是加力燃烧室的重要组成部分,也是决定其燃烧性能的关键因素。本章主要内容包括燃油喷射系统概述、设计输入要求、设计准则、总管供油方案设计、总管布局设计、总管结构设计等。

加力燃烧室燃油喷射系统的主要功能是将燃油按要求供入燃烧室合适的区域中,与来流燃气或空气混合,形成接近化学恰当比的可燃混合气,实现高效燃烧。

20 世纪以来,加力燃烧室燃油喷射系统的形式基本保持不变,燃油喷射系统位于火焰稳定器前面,采用环形燃油总管配装多支径向喷油杆的形式,如图 5.1 所示。喷油杆(图 5.2)上开有若干喷油孔,孔径一般在 0.4~1 mm,构成直射式喷嘴。

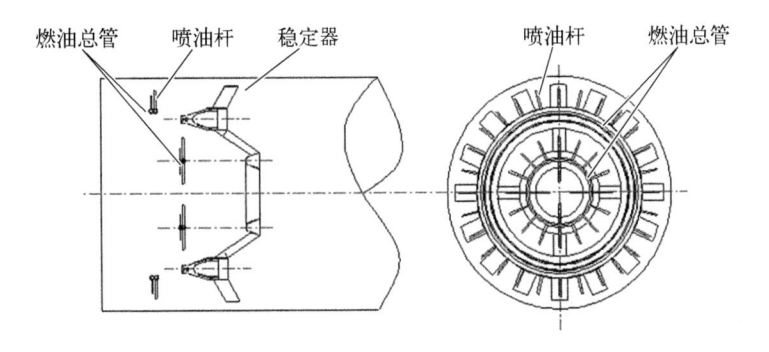

图 5.1　加力燃烧室燃油喷射系统示意图

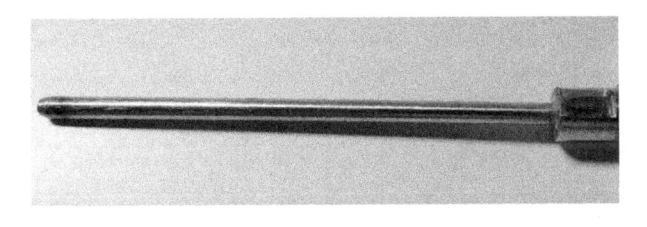

图 5.2　喷油杆照片

燃油从小孔出来后，与燃烧室内高速燃气或空气混合成可燃混合气。早期的一些加力燃烧室也有只包含环形喷油环的形式。

加力燃烧室供油系统设计与加力燃烧室的进口气动热力参数和性能要求相匹配，因此加力燃烧室的供油方案及供油布局设计是基于流场特性和性能指标开展的。加力燃烧室的进口气流速度和温度都很高，燃油进入气流中后，在高速气流的作用下快速雾化成细小颗粒，同时在高温作用下，燃油能快速从液相蒸发成气相，之后在稳定器后形成适合燃烧需要的气相混合气。总体来说，加力燃烧室燃油喷射系统结构相对简单、工作可靠、成本低，主要设计难点在于加力燃烧室工作包线内的供油规律设计。

加力燃烧室燃油喷射系统一般采用分区供油的方式满足加力比和点熄火油气比的具体要求。每一个区都与特定的加力比对应：供油时，对每一个区而言，油气比都设置在恰当比附近，这有助于加快燃烧速率，提高燃烧效率；对点/熄火而言，若采用值班稳定器，则往往会针对值班稳定器设置专门的独立供油油路，保证值班稳定器内的局部油气比处于最佳状态，提升点/熄火性能；若没有设置值班稳定器，则也可以针对某一组主流稳定器，设置专门的供油油路，用于实现合适的点熄火油气比。图 5.3 中的供油模式设置了两个区和值班稳定器的独立供油，在小加力比时，只有 I 区工作，而全加力比时，I、II 两个区同时投入工作。有时，值班稳定器的独立供油不仅会承担点/熄火功能，也会作为小加力的供油或一部分供油。

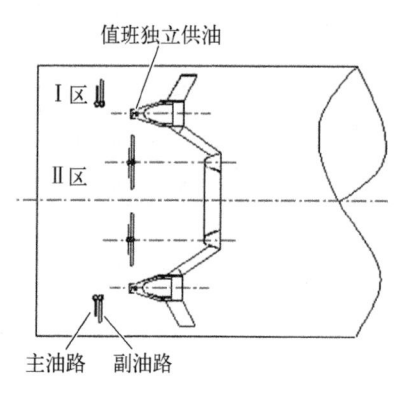

图 5.3　一种加力供油模式示意图

此外，有时也会采用分压供油模式，主要解决同一加力比下，飞机高低空飞行时供油量变化超过了油泵能力而采取的一种供油方式。具体措施是设置主副油路，在供油量小时，只有副油路供油；而供油量大时，主副油路同时供油，如图 5.3 所示。

随着加力燃烧室进口气动参数，特别是进口温度的不断增高（超过 1 100 K），考虑到燃油自燃、喷油杆及稳定器的冷却等突出问题，加力燃油喷射系统由位于稳定器前面逐步发展到与稳定器耦合在一起的模式，如图 5.4 所示。

无论是哪种供油方式，加力燃烧室燃油喷射系统的性能参数都包括供油量、雾化粒径、雾化锥角、穿透深度、燃油空间分布和蒸发率等。

加力燃烧室供油量包括三个方面的内容：① 分别针对点/熄火和加力比的情况设定的独立供油和各区的供油流量；② 供油规律及相应的控制策略；③ 分区或分压切换时所采用的模式，以尽可能实现燃油流量的平滑变化。

雾化粒径、锥角、穿透深度和空间分布都可归在燃油雾化性能中，这些参数决

(a) 常规燃油喷射系统布置模式

(b) 燃油喷射系统与稳定器耦合模式

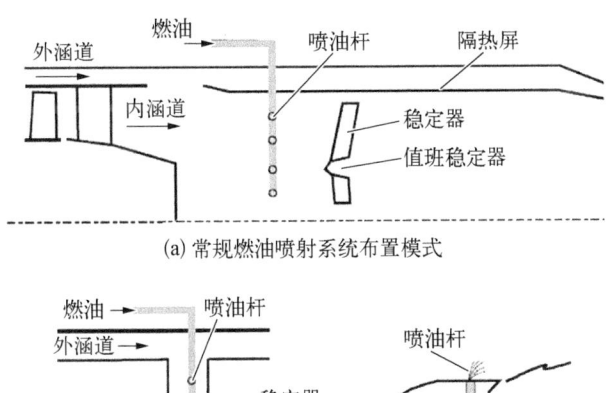

图 5.4　加力燃油喷射系统常规布置模式及其与稳定器耦合模式对比示意图

定了油雾场的基本性能,进而对燃烧性能起至关重要的作用。一般情况下,加力燃烧室供油采用侧喷方式,即燃油垂直于气流运动方向喷出。从雾化模态来看,燃油刚离开喷油孔前的一次雾化为压力雾化模态;一旦燃油垂直进入高速气流后,促使燃油颗粒破碎的二次雾化呈现出典型的气动雾化模态,如图 5.5 所示。

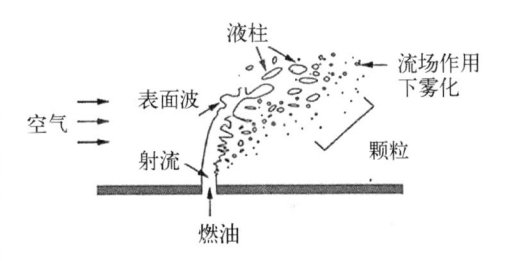

图 5.5　侧喷燃油雾化模态示意图

燃油雾化粒径主要包括液滴尺寸分布、雾化细度或平均直径两个方面。雾化后的液滴有各种尺寸,分布不均,一般基于微分分布和积分分布两种方法,确定关系式或相关曲线加以描述。雾化细度指液雾中液滴尺寸的总体大小,一般用液滴平均直径来表示液滴群的雾化细度。有各种方法可以表示雾化平均粒径,在燃烧室最常用的是索太尔平均直径(Sauter mean diameter, SMD),等效原则是假定一群大小相同的油珠,其总表面积和体积与真实液雾的总表面积和体积相同,而油珠数目可以不同,则这群油珠的直径即称为索太尔平均直径,由此可得 SMD 的表达式:

$$\bar{d} = \frac{\sum_{i=1}^{m} n_i d_i^3}{\sum_{i=1}^{m} n_i d_i^2} = \mathrm{SMD} \tag{5.1}$$

由喷孔喷射出来的燃油喷雾一般呈锥体状,其中包含大量悬浮在周围或者在其中运动的细小雾滴。一般把喷孔出口中心到特定轴向位置处喷雾锥最外侧两点之间连线的夹角定义为该轴向位置处的喷雾锥角。直射式喷嘴的雾化锥角通常为 5°~15°，主要受孔径、长径比、燃油黏度、表面张力及射流湍流度的影响。

燃油穿透深度是雾化特性中另外一个非常重要的特性。穿透深度是指喷嘴下游某一位置处液雾中心或油雾场外边界与喷孔出口平面间的垂直距离。燃油的穿透深度直接关系到燃油的空间分布和浓度场，决定燃油雾化和油气掺混程度。燃油穿透深度主要取决于燃油动量与外界空气动量的比值。

燃油空间浓度分布同样是燃油雾化特性的一个重要方面，主要指特定空间位置处油气比的分布情况，显然燃油分布直接影响火焰稳定和燃烧效率。

近些年，国内外针对加力燃烧室燃油喷射系统及相应的燃油雾化特性开展了大量研究，对内在的雾化机理、雾化特征以及参数匹配方法等都有了重大的突破，也提出了诸多先进燃油喷射系统，优化了加力燃烧室油雾场，提升了燃烧性能。

5.2 输入要求

燃油喷射系统设计输入要求主要有以下三部分：

(1) 加力燃烧室扩散器、混合器、稳定器和内锥体结构尺寸、形式和布局；

(2) 加力燃烧室的流场数据，即内外涵入口的流场数据，该流场数据可以通过理论计算获得，也可通过模型试验或部件全尺寸流场试验获得；

(3) 加力燃油总管设计应与供油调节紧密配合，需要最大供油量、最小供油量、最大供油压力和最小供油压力数据。

燃油总管安装在扩散器、混合器和内锥体形成的流道内，需要其结构尺寸、形式和布局来确定燃油总管外廓尺寸和安装形式。燃油总管布局需要与稳定器、燃油喷嘴布局和流场相匹配，以此获取最佳的燃油分布和燃烧性能。最大供油量和最小供油量决定燃油总管的流量数、供油方案。最大供油压力取决于加力燃油泵和调节器的工作能力。最小供油压力和喷嘴低压差下的雾化性能有关，取决于喷嘴类型的选取，一般地，离心式喷嘴可选取最小供油压力 $\Delta P_{f,\,min} \geqslant 0.196\text{ MPa}$，直射式喷嘴可选取最小供油压力 $\Delta P_{f,\,min} \geqslant 0.0736\text{ MPa}$。

5.3 燃油喷射系统设计准则

燃油喷射系统设计准则主要有以下几个方面：

(1) 保证全加力状态下加力燃烧室中具有最佳的燃油浓度分布，燃烧效率能满足发动机的整体性能指标，同时在小加力和部分加力状态下能够保证相应状态的耗油率要求；

(2) 保证在发动机飞行包线范围内的各种工况下均能够稳定可靠地工作，燃

油压力和发动机推力无明显脉动,不产生振荡燃烧;

(3) 保证在加力点火包线范围内可靠地接通和平稳地切断加力,并具有良好的过渡态性能,工作可靠不熄火;

(4) 能满足加力调节器、加力点火以及其他组件的特殊设计要求。

5.4 燃油总管的供油方案设计

5.4.1 设计原则

燃油总管的供油方案应与发动机总体调节规律设计紧密配合,其设计原则包括以下几个方面:

(1) 保证发动机在飞行包线给定的工况下能够正常接通加力状态(包括迅速且可靠地点火、稳定地燃烧和可靠地连续调节);

(2) 确保满足总体设计给定的性能;

(3) 在达到推重比和耗油率指标的同时也要使加力燃油调节规律具备较好的可实现性;

(4) 为使加力燃烧室在包线范围内加力比随着油门杆呈线性增加,加力燃烧室的总供油量按等余气系数原则进行设计。

加力燃烧室常见供油方案主要有分区供油和分压供油两种方案。其中,分区供油为将加力燃烧室稳定器设计截面分成扇形供油区或环形供油区的供油方式。分区供油能在供油压力较低的前提下满足燃油喷射系统供油量增加幅度很大、各燃烧区的余气系数比较合适的要求,进而提高加力燃烧室效率。加力燃烧室分区供油典型形式如图 5.6 所示。一般涡喷发动机加力燃烧室分区数目较少,甚至可以不分区,而涡扇发动机加力燃烧室流场特性较为复杂,同时为实现"软点火"要求,至少分为两区供油。

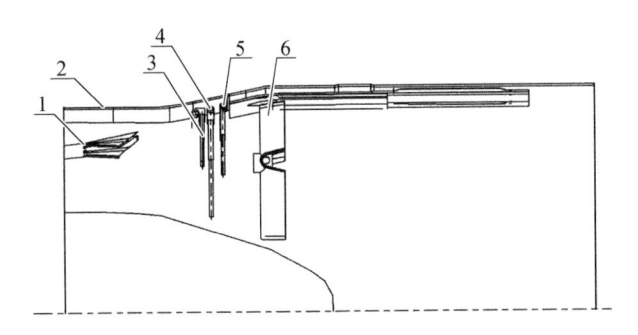

图 5.6 加力燃烧室分区供油典型形式

1-波瓣形混合器;2-混合器外机匣;3-Ⅲ路总管;
4-Ⅱ路总管;5-Ⅰ路总管;6-稳定器

分压供油为在同一个燃烧区内配置两个燃油总管(图 5.7)。当供油量较小,供油压力较低时,只有副油路工作。随着供油量的增大,当副油路的油压超过某一定值时,主油路投入工作,同一个油区中主油路和副油路同时工作。分压供油是解决加力比或飞行工况点变化时需要供油量大幅度变化,要求供油压力相应大幅度变化,而油泵无法实现问题所采取的技术措施。加力燃烧室分压供油典型形式如图 5.7 所示。

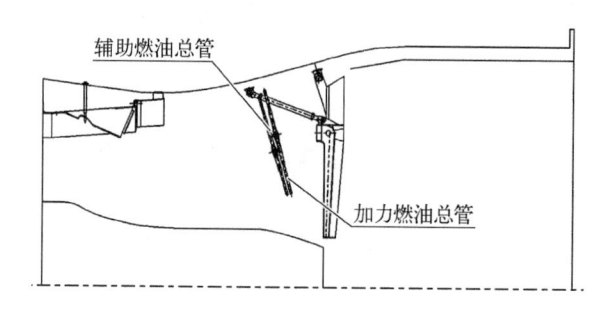

图 5.7　加力燃烧室分压供油典型形式

5.4.2　供油方案的选择

1) 根据供油能力选择供油方案

设计时要确定以下参数,从而选择供油方案:

(1) 飞行包线内的最大供油量 $q_{f,max}$ 和最小供油量 $q_{f,min}$;

(2) 加力泵所能提供的最大供油压力 $P_{f,max}$;

(3) 选择最小供油压力 $P_{f,min}$;

(4) 计算关小比 $a = \dfrac{q_{f,max}}{q_{f,min}}$。

当 $a \leqslant \sqrt{\dfrac{P_{f,max}}{P_{f,min}}}$ 时,采用单油路方案;当 $a > \sqrt{\dfrac{P_{f,max}}{P_{f,min}}}$ 时,首先考虑分区供油方案。若选定的油区数过多,则考虑部分分压或全部分压供油方案。同时,若不仅要求全加力状态高燃烧性能,还要求部分加力有较高燃烧效率,小加力有小的加力比,则首先考虑分区供油;若仅考虑全加力状态性能,部分加力和小加力要求不高,则也可以只采用分压供油而不分区,以简化结构和供油控制。

2) 从保证稳定燃烧考虑选定供油方案

按供油能力所选定的方案,根据总体设计提出的保证稳定燃烧或余气系数允许变化的倍数,通过关于 $\overline{q_{\varPhi,i}}$ 及 $\overline{\alpha_{\varPhi,i}}$ 公式进行复验。若各油区的 $\overline{q_{\varPhi,i}}$ 或 $\overline{\alpha_{\varPhi,i}}$ 均相等,则可用式(5.2)估算油区的数量 N:

$$\begin{cases} \overline{q_{\varPhi}} \leqslant (\overline{q_{\varPhi,i}})^N \\ \overline{\alpha_{\varPhi}} \leqslant (\overline{\alpha_{\varPhi,i}})^N \end{cases} \tag{5.2}$$

式中，Φ 代指加力燃烧室；i 指第 i 区；$\overline{q_{\Phi,i}}$ 指加力燃烧室第 i 区平均供油流量；$\overline{\alpha_{\Phi,i}}$ 指加力燃烧室第 i 区平均余气系数。

若 $N=1$，则可采用单油路方案；若 $N \geqslant 1$，则可采用分区供油方案。

若在一个油区内最大和最小供油压力变化，满足不了 $\overline{q_{\Phi,i}}$ 的要求，则采用部分或全部分压供油方案，但是值班供油区由于特殊的燃油喷射、雾化、蒸发和组织燃烧方式，可以采用更低压力供油，仍可采用单油路供油。

3) 从保证高的燃烧效率选定供油方案

根据总体设计提出的全加力及部分加力的燃烧效率要求，按已选定的初步方案对燃烧效率进行验算。标出每一油区的燃烧效率，在部分加力或全加力时，可以将工作范围所包括的油区效率叠加计算，得出总的燃烧效率，并与调节器设计协同反复验算才可初步确定供油方案。

5.4.3 值班火焰设计

值班火焰是涡扇发动机加力燃烧室实现"软点火"的必要途径，其结构形式和供油方法是多种多样的，如图 5.8 所示。值班火焰稳定器的迎风面一般开有进气

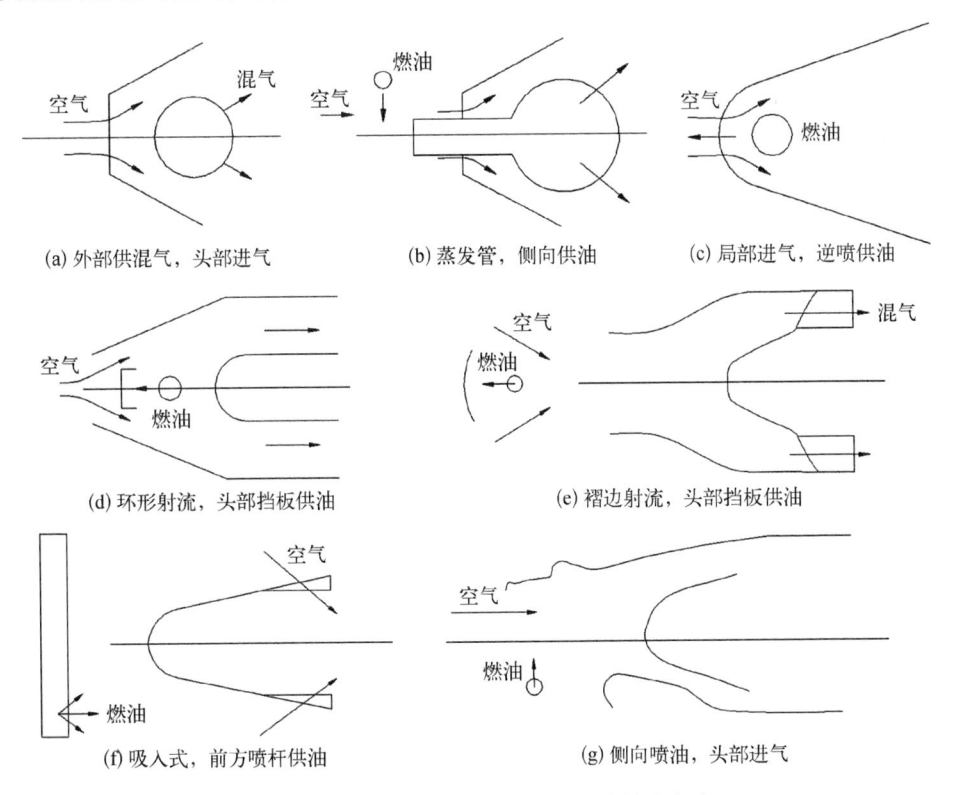

图 5.8 加力燃烧室的典型值班火焰供油方式

孔或进气槽,空气或内外涵混合气从进气孔或进气槽进入火焰稳定器内,与值班供油混合形成合适的点火油气比。值班火焰稳定器内的余气系数不宜过大,过大产生热量小,影响加力燃烧室点火;但也不宜过小,过小的余气系数会使值班燃油燃烧不完全,火焰温度过低。通常值班火焰稳定器的供油量比例为加力燃烧室总供油量的5%~13%。值班火焰一般采用独立供油,即值班火焰稳定器内的供油独立调节,不与其他供油区连通,随着发动机工况变化精确控制值班火焰稳定器内供油量,保证值班火焰稳定器在各种工况下的可靠工作。

5.4.4 供油顺序设计

对于采用边混合边燃烧方式组织燃烧的涡扇发动机加力燃烧室,若混合器的混合效率不高,涵道比又大,则加力状态加力燃烧室出口温度场的不均匀度较大,供油顺序对推进效率会有明显影响,此时供油接通顺序的确定应考虑加力出口温度场对推力计算的影响。根据计算结果和燃油调节器对各路供油顺序方案在技术上实现的可行性,确定内、外涵各路总管供油顺序。而对于某些加力燃烧室,应重点考虑燃烧稳定性,需要在内涵区域形成强大火焰以支援外涵燃烧为前提,来确定各区的供油顺序。

5.5 燃油总管布局设计

5.5.1 燃油喷嘴设计

目前,加力燃烧室中通常使用的喷嘴有两种:离心式喷嘴和直射式喷嘴。

离心式喷嘴内通过旋流孔或槽产生旋转,在喷嘴出口形成旋转液膜,使得燃油在旋转产生的离心力与空气的作用下破碎为微小的油珠。一般离心式喷嘴具有较好的雾化性能,但结构复杂且容易积炭堵塞喷口。典型离心喷嘴结构示意图如图5.9所示。

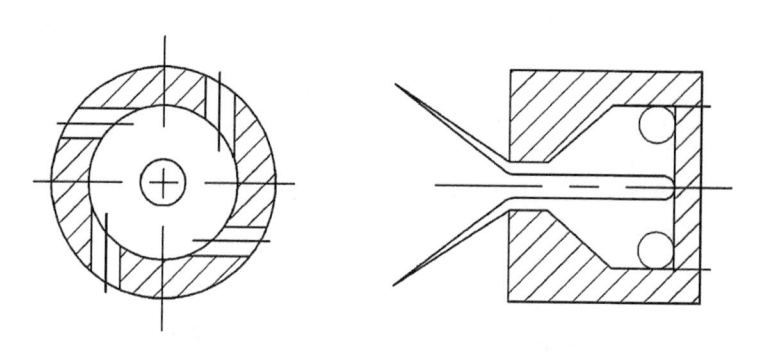

图 5.9 典型离心喷嘴结构示意图

直射式喷嘴是指燃油在压力作用下经过喷油杆上若干个小孔射出的雾化装置。直射式喷嘴雾化效果受限于供油压差,当燃油从喷嘴口喷出的速度与空气相对速度达到 100 m/s 或更大时,直射式喷嘴的雾化性能相对较好。另外,直射式喷嘴具有结构简单、喷油点多、燃油分布易均匀的特点,同时能够解决积炭堵塞喷嘴喷口的问题,因此直射式喷嘴在目前加力燃烧室中得到广泛应用,其典型结构如图 5.10 所示。

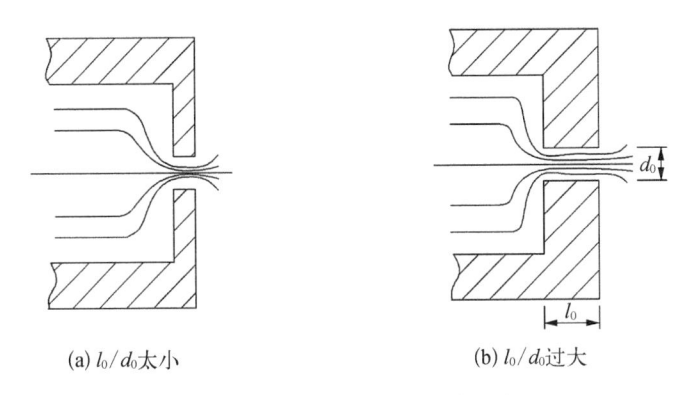

(a) l_0/d_0 太小　　(b) l_0/d_0 过大

图 5.10　典型直射式喷嘴结构示意图

燃油喷嘴设计主要包括以下内容。
(1) 确定喷嘴有效流通面积:

$$\Sigma \mu A = \frac{q_\mathrm{f}}{(2\Delta P_\mathrm{f}\rho_\mathrm{f})^{0.5}} \tag{5.3}$$

式中,q_f 为喷嘴燃油流量,kg/s;ΔP_f 为油压差,Pa;ρ_f 为燃油密度,kg/m³;μ 为流量系数,其大小与喷油孔直径和孔的加工情况有关,需要试验确定,对于直射式喷嘴,通常取 $\mu = 0.6 \sim 0.7$。

(2) 确定喷油孔直径和数量。

喷油孔直径一般在 0.4~1.0 mm 选取,已知喷油孔有效流通面积,可以确定喷油孔的数量 n,即

$$n = \frac{F_\mathrm{C}}{f_\mathrm{C}} \tag{5.4}$$

式中,F_C 为喷油孔总的有效流通面积;f_C 为每个喷油孔的有效流通面积。

值得注意的是,喷油孔直径减小可使喷嘴总数增多,燃油分布更均匀。但孔径太小,喷嘴易堵塞,供油量改变造成不良后果。

5.5.2　确定燃油喷嘴布局

燃油喷嘴布局主要是为在加力燃烧室中获得最有利的燃油分布,从而得到最

佳的燃烧性能,以提高推力、降低油耗,在保证稳定燃烧的条件下扩大加力比和可调工作范围。

燃油喷嘴布局需要与加力燃烧室流场特性相匹配。一般来说,喷点周向布局应与稳定器、混合器布局存在一定的对应关系。特别是对于分区供油,喷点在径向上分布应基于氧浓度分布进行喷嘴间距的调整。

直射式喷嘴的喷射方式有常用的几种:喷油杆周向侧喷、喷油环径向侧喷、喷油杆或喷油环的顺喷和逆喷。直射式喷嘴典型的喷油方式及燃油浓度分布如图5.11所示。

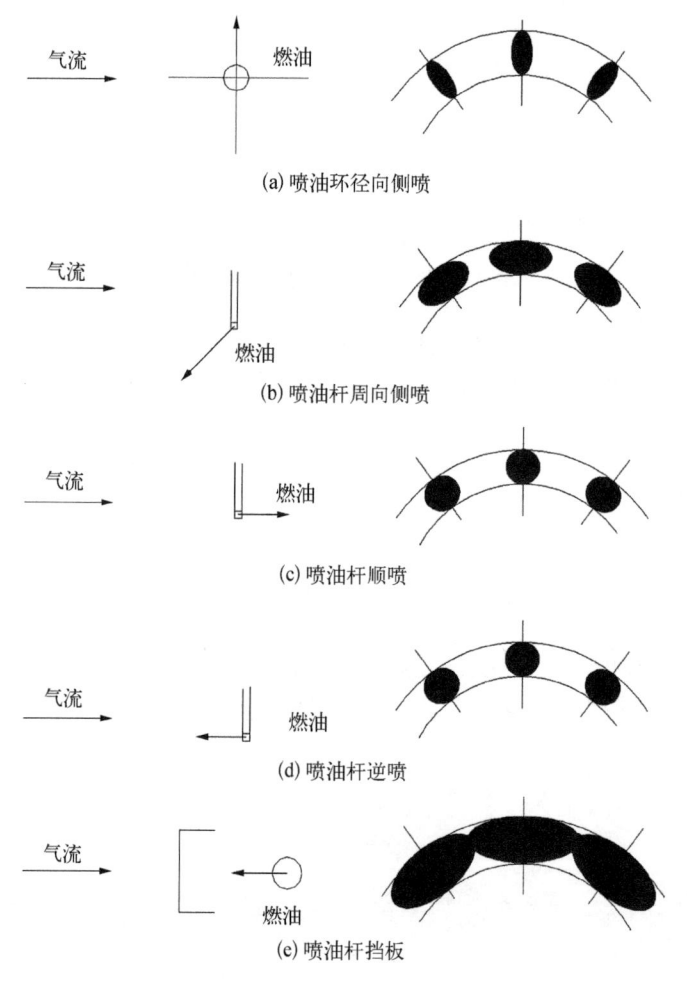

(a) 喷油环径向侧喷

(b) 喷油杆周向侧喷

(c) 喷油杆顺喷

(d) 喷油杆逆喷

(e) 喷油杆挡板

图 5.11 直射式喷嘴典型喷油方式及燃油浓度分布

直射式喷嘴侧喷时,在气流横向力的作用下燃油射流迅速变形,油膜破碎和雾化形成较细小的油珠,其下游浓度分布呈椭圆形,因此应用较广泛。

直射式喷嘴顺喷和逆喷,其后方形成圆形浓度场,且浓度中心不随喷油压力的变化而改变。顺喷时浓度分布半径较大,雾化较差;逆喷时雾化较好,分布半径较小。这两种喷油方式都在加力燃烧室中得到应用,一般用于浓度中心在各种工况下变化较小的情况。

喷嘴布局要根据喷嘴的结构形式考虑喷嘴的位置分布和数量,以及与稳定器的掺混距离。一般掺混长度应大于 150 mm,短掺混段的燃油喷嘴在火焰稳定器截面存在两相燃油,而合适的两相浓度分布利于扩大稳定调节工作范围,因此也可以取掺混长度小于 150 mm。

火焰稳定器的油气比大于 1.5 倍化学恰当比时可能会产生不稳定燃烧现象,油气比小于 30% 的化学恰当比时,可能会出现贫油熄火。

对于总油气比较贫的加力燃烧室,可将喷嘴分布相对稳定器集中一些,可以使燃烧区得到有利于燃烧的可靠油气比(燃烧区的油气比)。对于总油气比较富的加力燃烧室,可将燃油分布相对分散均匀些,使燃烧区获得有利于燃烧的有效油气比。在加力燃烧室中,燃烧区内的有效余气系数 α_{eff} = 1.15 ~ 1.2。设计中喷嘴的布局存在一个反复计算修正的过程,需要不断调整。

5.5.3 匹配稳定器与燃油总管的布局

燃油总管设计除了需要组织好燃油分布使得总管供油系统既能满足燃烧效率、加力温度和燃烧稳定等性能要求,还需要尽可能地缩短燃烧段长度(掺混段距离)。

在涡喷发动机的加力燃烧室中,燃气温度高,掺混段长度在 100 ~ 300 mm,稳定器后截面的燃油蒸发就可达 100%,因此在掺混段选取时,一般取大于 150 mm。但对于希望火焰稳定器处有两相燃油分布,为提高稳定性、扩大工作极限,掺混段也可取小于 150 mm。对于常规稳定器,应首先计算出稳定器的流线位置。在稳定器中心流线前设置喷嘴供油,以使稳定器附近有较富的油气比保证其稳定燃烧。对于采用稳定器内附加供油的非常规型稳定器,如引燃式稳定器、蒸发式稳定器等,则已给稳定器内提供了附加供油。这些燃油实际上加富了稳定器后附面层处的油气比,使贫油熄火极限扩大,保证了稳定燃烧。应根据稳定器的特性进行燃油分配,因此对于该类型稳定器,不需要在其中心流线前设置喷嘴,也可以取得稳定器后有利于稳定燃烧的油气比。

在涡扇发动机的加力燃烧室中,鉴于值班火焰稳定器供油的情况,在布置各稳定器之间的充填燃油时,应与值班稳定器保持适当距离,防止填充燃油进入稳定器尾迹中,影响其正常工作。对于直射式喷嘴径向侧喷的方案,能较好地同径向稳定器匹配。而喷油嘴周向侧喷供油时,浓度分布可以同环形稳定器较好地匹配。某典型加力燃烧室燃油轨迹仿真结果如图 5.12 所示。

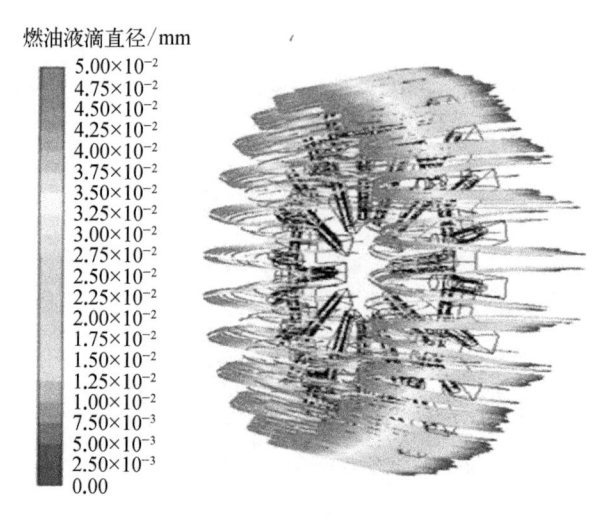

图 5.12　某典型加力燃烧室燃油轨迹仿真结果

随着涡轮后温度的不断提高,有的加力燃烧室内涵进口温度甚至超过 1 300 K,导致其加力燃烧室内的燃油在喷嘴出口处就会发生"自燃",进而影响燃油在加力燃烧室内的穿透深度及浓度分布。特别是针对高性能加力燃烧室,需要开展稳定器与喷油杆近距匹配设计。目前广泛采用的结构形式有喷油杆与稳定器一体化、涡轮后支撑框架一体化,如图 5.13 所示。

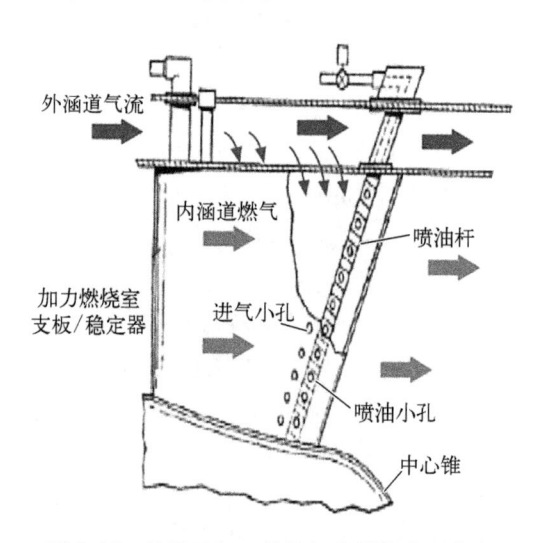

图 5.13　某发动机一体化加力燃烧室示意图

5.5.4　计算燃油浓度分布

为检验燃油总管布局、喷嘴孔径、喷嘴数量、喷嘴布局和掺混段长度等是否匹配,通常采用燃油浓度分布计算进行检验。目前,加力燃烧室燃油浓度分布计算方法较多,常见的有三维数值计算法、轨迹扩散法、扇片模型法等。这些方法的一般计算程序如下:

(1) 用试验的方法测量或用计算的方法计算出带火焰稳定器的加力燃烧室流场;

(2) 对于多喷嘴的加力燃烧室中每一个喷嘴,按经验算法计算出燃油射流离开喷嘴后的初始雾化分布,包括各种尺寸油珠的空间分布和速度分布;

(3) 计算每一尺寸组油珠的运动轨迹和受热蒸发过程;

(4) 计算截面上任意一点的液态燃油浓度,该浓度是各个喷嘴的各种尺寸油珠贡献的总和,计算截面上任意一点的气相燃油浓度是各个喷嘴的各种尺寸油珠蒸发后的燃油贡献的总和,气相浓度和液相浓度之和即该处的总浓度;

(5) 当油珠运动到火焰稳定器附近时,按其空间位置和运动方向有一部分油珠会打在稳定器表面上形成油膜,将稳定器表面分成许多微元段,对每一微元段的油膜进行热平衡计算,计算油膜蒸发量及随后火焰稳定尾缘的二次雾化,进而获得回流区的有关燃油浓度数据。

各种算法的差别在于液态燃油初始雾化分布的算法、油珠和气相燃油在空间中运动和扩散的计算方法不同,以及火焰稳定器处燃油搜集和油膜运动蒸发的计算方法不同。在设计和计算中要根据具体的测试技术能力,并在评估各种估算方法的特点后选用其浓度场分布的计算方法。

计算结果的分析是评估加力燃烧室供油系统燃烧组织是否设计合理的重要依据,通过计算可进一步确定和调整喷嘴位置和掺混段距离。为了保证加力燃烧室壁温不会过高,在加力燃烧室壁面附近区域与外稳定器之间局部油气比应设计较贫一些。对于常规的稳定器,应保持稳定器附近有较富的油气比,但局部油气比不应超过 0.08。在燃烧区要保证形成有利的油气比,即有效余气系数为 1.15~1.2。

对于新设计的加力燃烧室,加力燃油浓度场计算的结果只是一个定性的评估计算,而各部件设计还应通过部件及台架的多项试验结果进行调整,因此总管设计中总是存在一个参数调整任务。该任务包括单个喷嘴的喷嘴孔径与流量试验结果的调整工作,以及当发动机在台架工作出现脉动燃烧、供油压力脉动发生振荡燃烧趋势时,通过调整喷嘴布点和供油方式来调整浓度场,进而改变燃烧温度和局部的燃烧余气系数。

5.6 燃油总管结构设计

5.6.1 燃油总管典型结构

加力燃油总管结构形式包括杆式、环式、环杆组合式三种。对于涡喷发动机加力燃烧室和涡扇发动机加力燃烧室,通常包含多圈加力燃油总管,其中每圈燃油总管由含管接嘴的进油弯管、环管、三通接头(或四通接头)、吊挂(通常与三通接头做成一体)、喷杆座和喷杆等零件组成。单圈加力燃油总管典型结构示意图如图5.14所示。

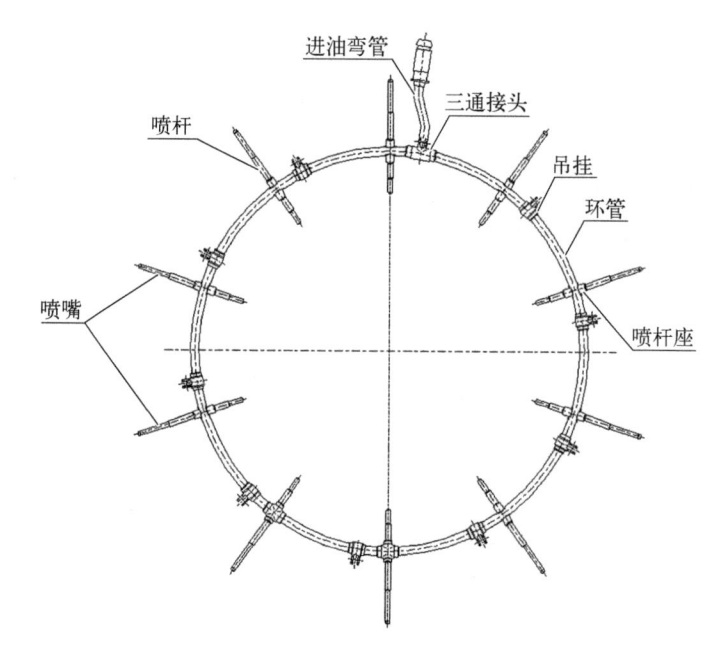

图 5.14 加力燃油总管典型结构示意图

5.6.2 燃油总管结构设计要点

燃油总管结构设计要点主要有以下几方面。

(1)加力燃油总管所处为高温工作环境,其后部受高温火焰的热辐射,前部又受到涡轮后高温排气流的冲刷。最大状态时受前方高温的影响,加力接通后进入总管的燃油又会使总管迅速降温,而扩散器外壁在加力燃烧室的高温工作情况下迅速热膨胀。这种工作条件致使加力总管极易在此期间工作后产生热变形,以及连接间的裂纹、损伤等故障。因此,在设计时要充分考虑总管的进油接嘴与扩散器外部连接处自由伸缩的程度;固定总管的装配拉杆与扩散器外壁和总管要形成足够的角度(工作时的位置稳定性),并形成稳定的承力框架,在各种工况下都具备足够的抗弯和抗变形能力。另外,由于加力燃烧室内涵温度高,处于内涵高温区内的喷嘴喷油方向一般不宜选择逆气流方向喷射,否则易导致喷嘴结焦与积炭。

(2)选取的燃油总管材料的长期使用温度,需要高于其所处环境的最高温度。存在相互焊接关系的各零组件,应尽可能选取同一种材料。当燃油总管所处环境温度过高时,应对高温部件进行适当的热防护设计;在总管连接结构件设计时,进油管接嘴和三通、四通接头在与管材焊接处的壁厚设计应尽量接近管材的壁厚差,防止因壁厚差过大,工作中热应力较大而造成焊缝及热影响区裂纹。在管接头设计的同时应尽量不采用导管串通式搭接,即导管在接头处不分段而是直接串过,这种结构所形成的封闭焊在焊接时间隙处的角形焊缝容易产生裂纹,工作中将成为疲劳裂纹源。

(3) 管接嘴负责和外部供油管路的连接,将燃油引入燃油总管。管接嘴结构形式应与外部管路接头对应,通常采用锥面形式与外部管路球面接头相配合,或球面形式与外部管路的锥面接头相配合,确保连接的密封性。

(4) 进油管一端与管接嘴相连,另一端与环管上的三通接头(或四通接头)相连。进油管的形状根据外壁面的总管安装座和环管上进油的三通接头的位置进行设计。在条件允许的情况下,进油管应有一定的弯曲半径,以便于释放热膨胀量和安装时校正。

(5) 环管由数段管子、吊挂、三通接头(或四通接头)、喷杆座组成。进油管与三通接头相连接。吊挂用于各总管之间的连接或与其他构件的连接,根据总管直径的大小确定吊挂数量。吊挂、三通接头、喷杆座等应进行一体化设计,并尽可能避免使用四通接头。

(6) 燃油总管布置应以结构优化为原则,其位置应位于径向某两个油孔之间,使总管上、下喷油杆的长度接近相等,适用于每一个供油区。为减少流体损失,允许将总管放在整个流道的中间,并将所有的总管直径取为同一个值,但需要考虑总管上、下的喷油杆的长度。

(7) 每一个油路都应有一个对应的总管,即每个供油区的主油路和副油路应有单独的总管。

(8) 燃油总管的横截面积应至少为总管上所有喷油孔当量面积之和的75%。

(9) 喷油杆数应为燃油总管上拉杆的整数倍,或由其供油的径向稳定器根数的整数倍。

(10) 进油管应布置在加力燃烧室中心线的上半部,以免发动机停车后在加力供油管中积油。

(11) 燃油总管应设置密封性检查项目。

5.6.3 材料和工艺

加力燃油系统材料通常在 GH3536、GH3625、K4648、GH1140、GH3128、GH1035 等中选择。

加力燃烧室的喷油系统多为喷油环和喷油杆两种结构形式。加力燃烧室喷油杆在径向方向的供油喷射范围较大,因此喷油杆长度较长,为深长盲孔通道,常采用管材、铸件与堵头焊接拼接成型。喷油杆在加力燃烧室中多为悬臂结构,因此为保证喷油杆在高温高速气流中的刚性和强度,常采用根部加鞍座或端部设置阻尼器等结构形式。工程研制中,常用密封性试验(一般密封性试验的供油压差为最大工作压差的 2~3 倍)、X 光检查焊缝质量对喷油杆焊接结构强度的影响。

加力燃烧室喷油系统生产过程中流量特性试验的目的是检验加力燃油总管及其包含的各喷嘴、喷杆组件是否满足设计要求。流量特性试验内容包括:

(1) 通常在一特定压力条件下,进行单个喷嘴或单个喷杆组件的流量试验,以检验喷嘴燃油流量是否满足要求;

(2) 对燃油分布精度要求高的喷嘴,可增加喷射方向检查,通常在一较低压力条件下,进行喷嘴的喷射方向检查试验;

(3) 离心喷嘴除了流量检查,还有喷雾锥角、液滴直径等检查试验;

(4) 各燃油总管上,同类喷嘴或喷杆之间的流量分布不均匀性检查试验;

(5) 各燃油总管在典型压力条件下的燃油流量特性实测试验,其中喷油孔实际孔径根据燃油调试结果进行修正。

第6章
加力燃烧室点火设计

6.1 概　　述

加力燃烧室点火设计的首要要求是迅速、可靠、平稳,其基本要求包括以下几方面:
(1) 接通加力要求在 2~4 s 完成;
(2) 从慢车进入全加力时间不超过 6~14 s;
(3) 加力接通的可靠性不低于 10^5;
(4) 接通加力时不能爆燃;
(5) 加力接通时的压力脉动不能超过规定值(与具体发动机有关)。

加力燃烧室的点火设计,不仅涉及点火方式本身的选择与设计,还与在加力燃烧室内火焰的传播、点火器的位置、火焰稳定器的整体布局等密切相关,需要综合考虑。

根据发动机种类不同,加力燃烧室的点火方式可以分为软点火和硬点火两种;根据点火器种类的不同,加力燃烧室的点火方式又可以分为高能电嘴直接点火、预燃室点火、热射流点火、催化点火、等离子体点火和激光点火等。表 6.1 给出了一些典型发动机加力燃烧室点火方式。

表 6.1　一些典型发动机加力燃烧室点火方式

发动机	厂家(国家)	加力形式	点火方式
J79-17	GE(美)	涡喷	预燃室点火
TF30	P&W(美)	涡扇 混合进气	热射流点火
阿杜尔	RR 透博梅卡(英,法)	涡扇 混合进气	催化点火
阿塔 9K	斯奈克玛(法)	涡喷	热射流点火
F100	P&W(美)	涡扇 混合进气	电火花点火

续 表

发 动 机	厂家(国家)	加力形式	点火方式
J85	GE(美)	涡喷	值班式点火
F401	P&W(美)	涡扇 混合进气	电火花点火
RB199	涡轮联合(英,西德,意)	涡扇 混合进气	热射流点火
F404	GE(美)	涡扇 混合进气	值班式点火
RM8B	沃尔伏(瑞典)	涡扇 混合进气	热射流点火
TFE1042	加雷特(美),沃尔伏(瑞典)	涡扇 混合进气	电火花点火
F110	GE(美)	涡扇 混合进气	预燃室点火
PW1128	P&W(美)	涡扇 混合进气	电火花点火
PW1120	P&W(美)	涡扇 内涵加力	电火花点火

6.1.1 软点火和硬点火

涡喷发动机加力燃烧室点火时,涡轮通常处于临界状态,其点火对涡轮及其前面的零部件影响很小,因此其加力燃烧室点火强弱、压力变化对整机影响较小,常采用硬点火方式。但是,涡扇发动机外涵在全部工作状态下始终处于亚声速流动,因此加力燃烧室中任何压力脉动都可能前传影响风扇,严重时会引起风扇工作不稳定,甚至造成喘振。

涡扇发动机加力燃烧室的点火问题的首要衡量尺度是点火时的风扇能够承受的压力脉动值。以此风扇能承受的压力脉动值作为衡量尺度,大于该压力脉动值为硬点火,小于该压力脉动值为软点火。涡扇发动机加力燃烧室点火必须采用软点火,这也是涡扇发动机的关键技术之一。

无论是涡扇发动机加力燃烧室,还是涡喷发动机加力燃烧室,其总工作油气比都很高,余气系数几乎接近化学恰当比,所以必须在整个截面上进行燃烧。因此,加力燃烧室必须要有专用的点火装置来提供火种。

6.1.2 点火基本类型

已用的加力燃烧室点火类型有预燃室点火、热射流点火、催化点火和高能电嘴直接点火,如表6.1和图6.1所示。预燃室点火技术出现较早,也比较成熟,但是结构较复杂、体积大、重量重;热射流点火工作可靠、结构简单、重量轻,其使用脉冲瞬间地喷射集中分布的燃油,确保不会烧坏涡轮叶片,已应用于各种加力燃烧室。催化点火仅在英国斯贝军用涡扇发动机加力燃烧室中采用,结构简单、维护方便,但是其应用了铂铑金属网催化剂,价格较贵,使用久了会被污染,影响加力点火可靠性,因此没有推广使用到其他发动机加力燃烧室;高能电嘴直接点火是将电嘴直接伸向火焰稳定器或附着在火焰稳定器涡流罐的回流区边界层上,高能电嘴产生的火花功率大,电嘴本身受冷却空气保护,结构相当简单,目前已得到广泛应用。高能电火花点火和热射流点火应用最广,此外目前正在发展与研究的还有等离子体点火和激光点火等。

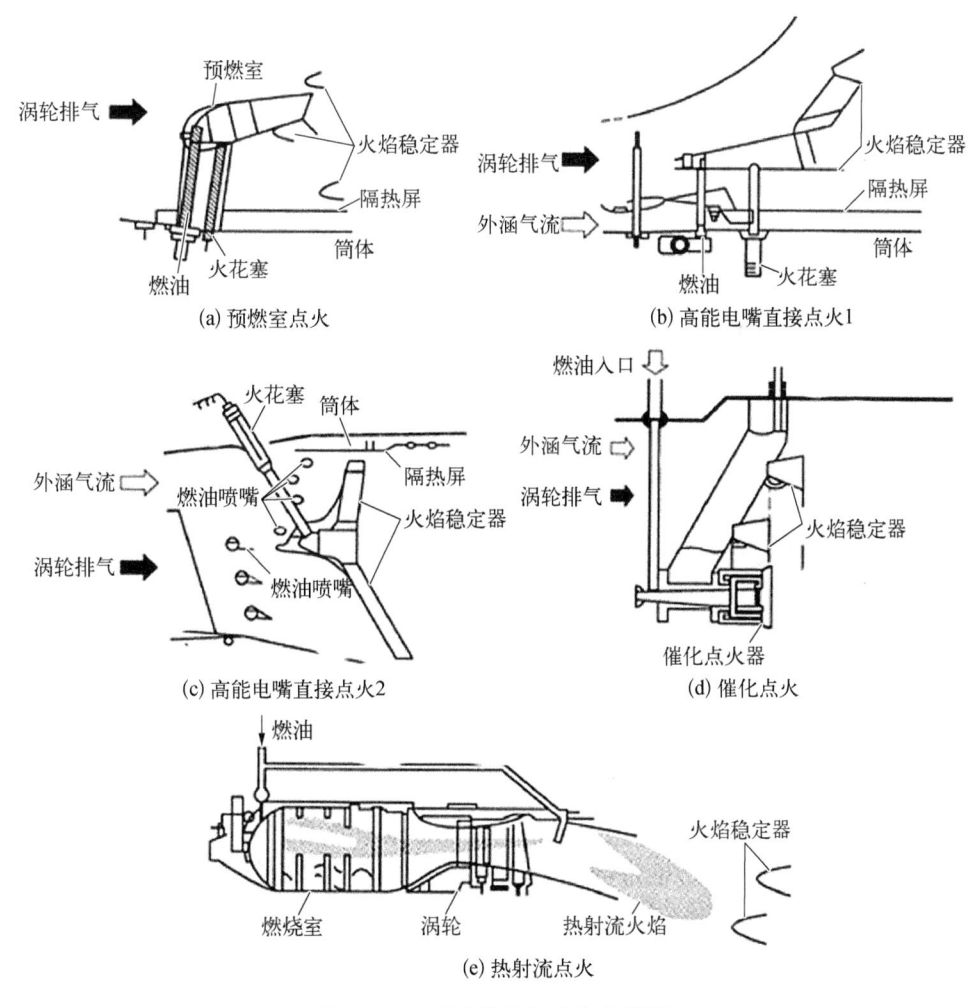

图 6.1 五种典型的加力点火类型

1. 高能电嘴直接点火

高能电嘴直接点火的基本原理是通过给正负极提供高电压,实现正负极间的介质击穿,击穿电压取决于电极特性和间隙介质,电击穿后会产生高传导性的等离子体,从而形成高电流,大部分能量都是在这个阶段提供给介质的,从而形成瞬间高温,形成核心火团。

高能电嘴直接点火主要特点是电火花能量大(单个火花 3~18 J/次)、频率低(1~6 次/s)。高能电嘴直接点火的优点是电火花点火结构轻便简单,且放电技术具有能量集中、容易控制的特点,仅需一个电路,结构简单,重量轻,可用于直接点燃混气,应用范围广;其缺点是电嘴头部处在回流区的高温环境中,直接面临火焰,寿命受到影响,工况较为极端时,点火成功率降低,且对点火位置要求较高。

2. 预燃室点火

预燃室点火可分为单相燃烧和两相燃烧两大类;根据安装位置又可分为中心点火和旁路点火两种。预燃室点火可靠性高,但要同时采用单独的油路、气路和电路,相对重量较大,在早期涡喷发动机上应用较多。

3. 催化点火

催化点火工作原理简单,一般利用铂铑催化剂使煤油空气混合气在 300~400℃下进行燃烧反应。点火装置很简单,只需要引入一股燃油,喷入处在内涵中的点火器即可着火。催化点火缺点是催化剂容易中毒和积炭,且价格昂贵。还有一种催化点火装置是利用肼(联氨)喷在三氧化二铁(Fe_2O_3)催化剂上,在较低温度(<200℃)下就能自燃,由此点燃油气混合气。其工作可靠、结构简单,且较经济,缺点同样是有毒,需要有一套专用密封系统。

4. 热射流点火

热射流点火的工作原理非常简单,一般先瞬时向主燃烧室内喷入一股燃油,使集中分布的油气穿过涡轮,在高温环境下自燃并引燃加力燃烧室火焰稳定器回流区内的油气混合气,点燃加力燃烧室。热射流点火是成熟的加力点火方式。表 6.2 列出了典型发动机加力热射流点火参数,从中可得到热射流点火喷射油量与喷射时间的情况。燃油喷射点也由早期在主燃烧室的头部移到了后部。热射流点火器的优点是结构简单、尺寸小,缺点是必须等待主机进入高状态后才能使用,对于大推力发动机,还需要设置接力供油,控制较复杂。

表 6.2 典型发动机加力热射流点火参数

机 型	喷射油量/mL	喷射时间/s
埃汶	250	2
奥林巴斯-22R	250	0.4

续 表

机 型	喷射油量/mL	喷射时间/s
RB145	30	0.6
RT168-25R	48	0.3
RB199	20	0.25

5. 值班式点火

值班式点火器实际上是一个小型燃烧室,需要单独的油路和气路,只要接通加力即始终在点着状态,因此又称长明灯,工作可靠性好。涡喷涡扇加力上的值班火焰稳定器点火,可以说是受预燃室点火设计思想启蒙。美国的 J85 和法国的阿塔均采用了值班火焰稳定器点火的设计。

6. 等离子体点火

等离子体点火跟电火花点火有一定相似处,都是利用高电压放电实现介质击穿,但点火的具体方式和原理是不同的。等离子体放电过程可以分为两个过程:① 气体击穿过程,即利用高频、高压脉冲击穿等离子体点火器阴极与阳极之间放电间隙中的空气,形成电弧放电;② 维持电弧的过程,即气体击穿后利用直流电压来维持电弧放电,形成连续、稳定的等离子体点火射流。等离子体发生装置产生的等离子体射流可达到 5 000 K 左右的高温。图 6.2 为等离子发生装置产生的等离子体点火射流照片,图 6.3 为等离子体点火与电火花点火的对比照片。

图 6.2 等离子体点火射流照片

等离子体点火是否成功取决于关掉等离子点火器后火焰是否仍然稳定存在,等离子体点火的机理主要表现为三种效应:热效应、化学效应和气动效应。热效应是指放电击穿放电介质,加热放电介质使其温度迅速上升。化学效应是指等离子体放电过程中,电子与空气、燃料分子发生碰撞,大分子碳氢燃料被电离成活化能很小的带电活性粒子,空气中的氧气和氮气分子被电离成氧化性更强的活性粒子,从而加速化学链连锁反应。气动效应是指等离子体放电的过程会对流场产生扰动,一方面增强燃烧室内气流的湍流脉动度,有利于等离子体射流和燃烧室内油气掺混;另一方面有利于等离子体在混合气中的定向迁移,从而扩大了火焰焰锋面积,显著增大火焰传播速度,增强燃烧的稳定性。

20 世纪 70 年代以来,美国、俄罗斯、日本等相继研制了用于超燃燃烧室点火的等离子体发生器,并对其在超声速燃烧中的点火及火焰稳定作用开展了广泛研究。

(a) 等离子体点火   (b) 高能电嘴直接点火

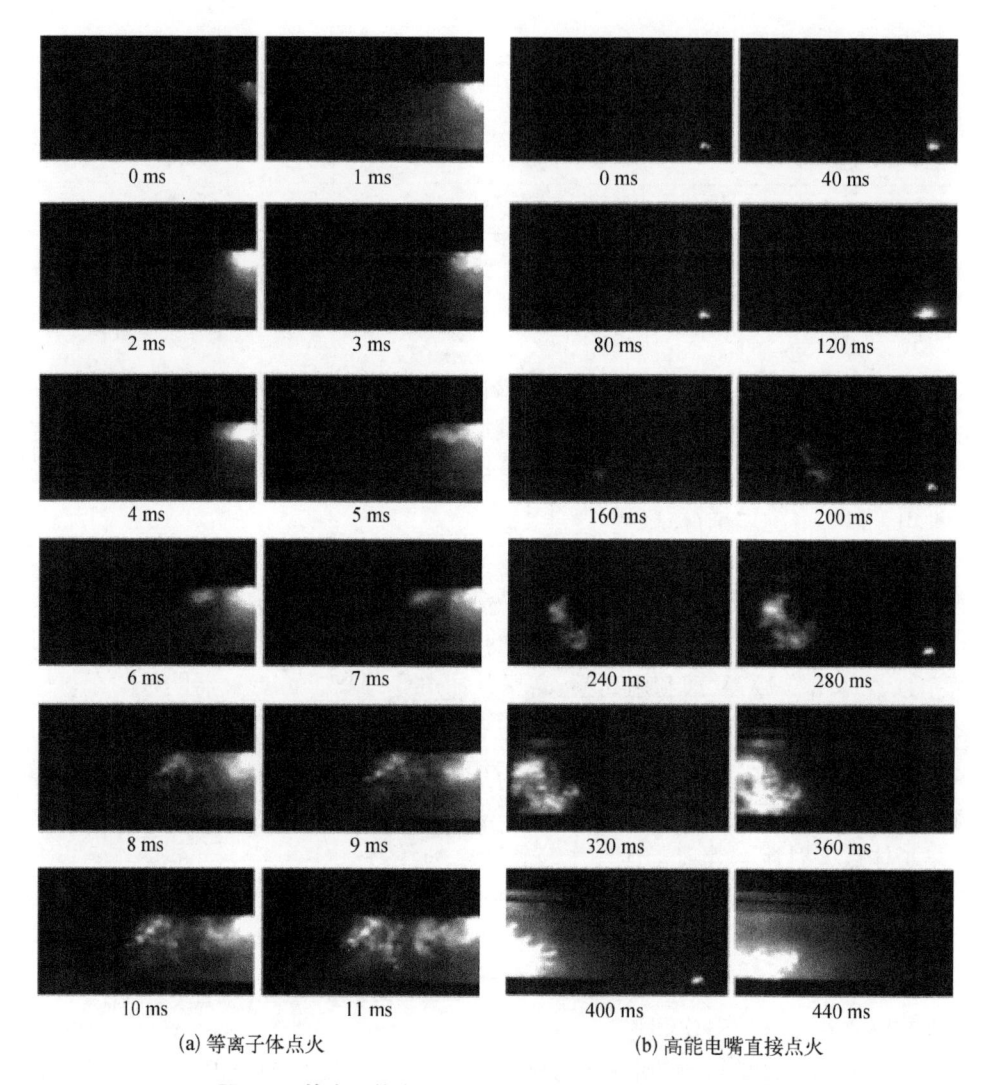

图 6.3 等离子体点火与高能电嘴直接点火的对比照片

研究表明,等离子体点火相较于传统电火花点火,其优点为点火区域大、点火延迟时间短、点火能量利用率高、燃料燃烧更加充分;缺点为结构较为复杂,体积大,安装使用及维修较为麻烦。

7. 激光点火

激光点火是将脉冲激光聚焦,用聚焦后的激光束通过各种物理和化学过程点燃燃料的技术。根据激光与可燃混合物的作用机理不同,可以将激光点火分为激光热点火、激光诱导化学点火、激光诱导谐振分解点火以及激光诱导火花点火等四类。其中,激光诱导火花点火能够选用的激光波长范围宽、操作简单,是目前应用最广泛的激光点火方式。

相比于电火花点火,激光点火具有能够精确控制点火时间、自由选择点火位置、点火能量高、不影响流场、降低点火延迟、降低点火时的传热损失、拓宽贫燃边界等多个优点;其缺点是装置过于繁重、复杂。

6.2 加力燃烧室点火设计要求

加力燃烧室点火设计是根据发动机总体对加力燃烧室接通包线的要求,开展相关设计活动,其设计基本流程如图6.4所示。首先,进行点火方式的选择。点火方式选择一般需要考虑加力燃烧室接通边界的进口状态参数及设计者对点火方式的掌握程度,选择技术成熟度较高的点火方式以降低技术风险。其次,确认点火装置相关参数,以高能电嘴直接点火为例,其点火装置的储能和点火频率对点火性能有较大影响,但其点火装置的规格需要与电气控制专业进行确认和协调。再次,确定点火安装位置,同样以高能电嘴为例,其电嘴布置对点火性能有较大的影响,一般与值班稳定器匹配设计。最后,分析点火区域燃烧性能,主要根据点火区域流动特性和燃油浓度分析,利用化学反应器原理计算燃烧温度,进而对点火区域的点火性能有初步分析判断,若不能满足要求,则需要进行相关修改和迭代。在此基础上,可以进行三维数值仿真,对点火区域的流动和燃油浓度分析,进而到达精细化设计的目的。完成上述设计工作后,即可开展工程图纸设计。

6.2.1 加力点火性能的总体技术要求

航空发动机总体设计方案阶段,经过反复论证和协调,在满足军方任务和飞机要求的基础上,制定出对加力燃烧室点火的设计技术要求,作为论证内容写在发动机方案论证说明书,作为规范条例写进型号规范说明书,作为发动机使用性能说明写入发动机技术说明书。

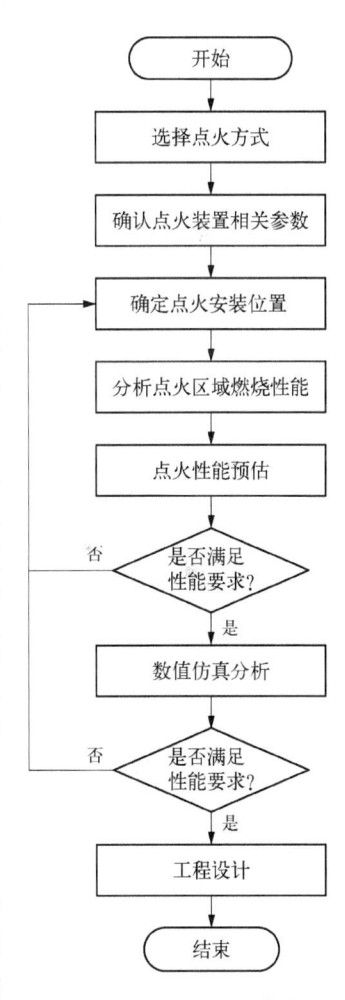

图6.4 加力燃烧室点火设计基本流程图

发动机总体设计对加力燃烧室点火性能技术要求中的主要规定:
(1) 中间状态接通加力的飞行包线边界线;
(2) 从慢车状态加速到接通加力的飞行包线边界线;
(3) 加速性时间的限定要求和接通加力时要求的发动机主机转速;

（4）T_6、P_6 影响的限定要求；

（5）加力工作过程中压力脉动不超过 6%；

（6）对于高能电嘴直接点火，一般要求加力燃烧室点火油气比不大于 0.003。

通常，好的发动机应该有比较宽的加力燃烧室点火范围，以及较快地接通加力的能力，加力点火时对主机参数影响比较小。

部分典型发动机加力燃烧室接通加力的边界如表 6.3 所示。表中 H 表示飞行高度，V_{ind} 表示飞行表速。有些发动机接通加力时允许在 5 s 内使低压转子 N_1 急增至不超过 106.5%，加力燃烧室内涵进口温度 T_6 瞬间下降 20°~60°，接通加力时加力燃烧室内涵进口压力 P_6 下降的幅度为 20%~50%。

表 6.3　部分典型发动机加力燃烧室接通加力的边界

发动机型号	接通加力边界
涡喷 A	$H<12$ km, $V_{ind} \leqslant 320$ km/h $H \geqslant 12$ km, $V_{ind} \leqslant 450$ km/h
涡喷 B	$H<14$ km, $V_{ind} \leqslant 500$ km/h $H=14$~15 km, $V_{ind} \leqslant 450$ km/h
涡喷 C	$H<16$ km, $V_{ind} \leqslant 450$ km/h $H \geqslant 16$ km, $V_{ind} \leqslant 550$ km/h
涡喷 D	$H<15$ km, $V_{ind} \leqslant 500$ km/h $H \geqslant 15$ km, $V_{ind} \leqslant 550$ km/h
涡喷 E、涡喷 F	任何高度, $V_{ind} \leqslant 500$ km/h（中间→最大） 任何高度, $V_{ind} \leqslant 500$ km/h（慢车→最大）
P－29	$H<13$ km, $V_{ind} \leqslant 400$ km/h $H=13$~18 km, $V_{ind} \leqslant 450$ km/h
АЛ－31Ф	$H<5$ km, $V_{ind} \leqslant 300$ km/h $H=5$~8 km, $V_{ind} >350$ km/h $H=8$~18 km, $V_{ind} >450$ km/h

6.2.2　加力点火设计基本参数

在进行加力燃烧室的点火方案设计时，应先确定初步的性能和结构参数，然后通过试验不断优化点火系统的性能和结构数据，直至定型。

为满足总体性能的设计技术要求，加力燃烧室点火设计时，先确定可能达到的贫、富油点火边界，尤其是低压工作状态的贫、富油点火边界；同时规定从发出点火信号（电或油压）到点火成功的限定时间，即加力点火延迟时间；并规定加力点火功率、所需的点火装置电储能量、点火频率、点火供油量和供气量等。

不同的加力燃烧室点火方式判断贫、富油点火边界的方法是不同的。热射流点火按主燃烧室处直射喷嘴脉冲射油强度 ΔP_{1g} 和脉冲注油量来找贫、富油点火边界，预燃室点火按雾化器供油量与预燃室空气量的油气比来找贫、富油点火边界，高能电嘴直接点火按主稳定器点火区域的油气比来判定点火贫、富油边界，催化点火则与预燃室点火相仿。设计初始阶段一般选用经验数据和方案研究试验数据进行设计。

加力燃烧室的点火延迟时间一般规定为 3 s 或更短。

加力燃烧室点火的结构参数是由发动机与飞机的设计要求相互协调确定的，个别组合件在飞机上的安装尺寸更应协调好。

6.2.3　加力燃烧室的点火、供油与喷口的匹配

设计加力燃烧室点火系统时，必须在电气、液压方面匹配好点火时间、供油时间和喷口收放时间的关系。这是为了控制好接通加力的动态过程，改善接通加力的气流参数条件，防止对发动机的工作状态产生恶劣影响，提高接通加力的可靠性，具体关系如图 6.5。在加力燃烧室点火过程中，需要对喷管面积 A_{J_1} 进行预放，此时加力燃烧室外涵压力 P_{16} 会有一定下降，低压转子转速 n_1 上升，高压转子转速 n_2 保持不变，在加力燃烧室点火成功后，加力燃烧室内压力 P_n 将上升。

对于不同的加力燃烧室点火方式，点火、供油与喷口三者的匹配略有不同。预燃室点火的供电、供油应比加力燃油总管供油提前 2.5 s 左右，而喷口放开的时间在点火与加力燃油总管供油之间；当点火器供油同加力燃油总管连通时，喷口放开时间在电嘴打火与加力燃油总管供油之间。高能电嘴直接点火与此相同。催化点火无电嘴打火，在加力燃油总管供油之前放开喷口。热射流点火也需要在射油之前 1~2 s 将喷口放开。有的发动机在出厂前通过调整加力箱的旋钮对三者匹配关系进行最终调整。对于具备电子控制器控制点火等待尾喷口自动调节的发动机，其不用加力箱而用电子控制器设定程序来保障，其中还依靠火焰探测反馈信号来保证三者合适的匹配关系。

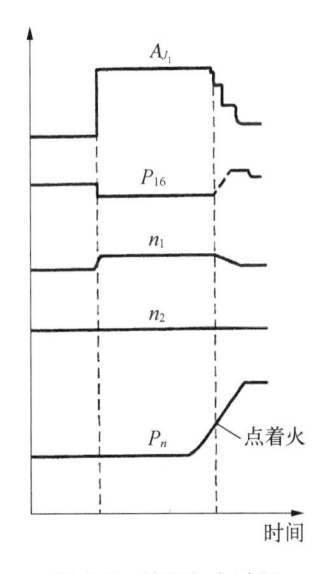

图 6.5　接通加力过程

6.3　点火方式选择

在确定加力燃烧室设计方案时，往往选用两种以上点火方式进行比较。从先进性和技术继承性方面考虑，依据加力燃烧室总体设计的需求来确定点火方式。

目前，选择点火方式的基本原则有三点：

(1) 满足性能要求,接通加力快捷,加力燃烧室点火方式应使接通加力的边界尽可能扩大到加力燃烧室的稳定工作边界;
(2) 满足扩压器设计的需要,使得扩压器内的部件合理布局,流阻小;
(3) 加力点火系统重量轻,可靠耐用,维护方便。

加力燃烧室点火方式的优缺点比较如表 6.4 所示。

表 6.4 加力燃烧室点火方式的优缺点比较

点火方式种类	优 点	缺 点
高能电嘴直接点火	结构简单、重量轻	高温进气下需要有热防护措施
预燃室点火	成熟技术	结构复杂、重量重
热射流点火	简单可靠	调节器需要增加元件
催化点火	结构简单、重量轻	价格贵、催化网易失效

6.4 各类加力点火设计的基本性能计算和结构设计

6.4.1 高能电嘴直接点火设计

1. 电火花能量的计算和确定

高能电嘴的出现和电子点火装置的轻量化使加力点火结构设计趋向简易,在加力燃烧室火焰稳定器后方回流区内可直接利用高能电嘴点火。由于火焰稳定器后方回流区的传热传质过程剧烈,除了回流区的自身流场和燃油浓度分布应合理,高能电嘴的火花能量还一定要高于一个临界值,才可将油气混气点燃,即电火花能量维持足够大的炽热气团,最终使点火成功。

电火花的临界能量值应按加力点火边界处的气流温度、压力、速度、油气比等条件,求出计算值和试验校正值而最后确定。

根据燃油蒸气的释热速率超过损失率的条件,最小点火能量对应电火花正在混气中形成火焰核能独立增大的临界尺寸 d_{cr},最小点火能量可认为是电火花点火成功的临界值 E_{min},其方程为

$$E_{min} = c_{pA}\rho_A \Delta T \frac{\pi}{d} d_{cr}^3 \tag{6.1}$$

$$d_{cr} = \frac{0.3\rho_f \dfrac{T_u}{100} V^{0.4} D_{SMD}^{1.4}}{\phi \rho_A^{0.6} \mu_A^{0.4} \ln(1+B)} \tag{6.2}$$

式中，d_{cr} 为火花临界尺寸；ΔT 为达到着火点的温升；D_{SMD} 为液滴索太尔平均直径；ϕ 为当量比；B 为斯波尔丁传递数；T_u 为百分比表示的湍流强度，$T_u = 100u'/V$，u' 为脉动速度的均方根；V 为气流速度；μ_A 为空气黏性系数；ρ_A 为空气密度；c_{pA} 为空气比定压热容；ρ_f 为燃料密度。

喷嘴和火焰稳定器的结构确定之后，对各个工作状态下进行所需要的 $E_{\min}$ 的基本计算，从而初步确定最小电火花临界能量，然后结合试验结果确定电火花能量要求、点火装置储能要求以及对电缆的基本要求。

在型号任务的设计过程中，计算值作为试验依据，试验结果作为设计的依据。目前，高能直接点火的电火花能量约 0.5 J 以上，频率在 12 Hz 以上，相对应的电子点火装置的储能要有 3~6 J 的水平，同时要求电缆的能量损耗尽量减小。

火焰稳定器预燃点火区域的设计是高能点火的关键之一，高能点火供油喷嘴后方为两相油气混合气，因此应在设计时测定喷嘴后方的油雾颗粒度分布和大小，并且结合回流区设计，确保电嘴打火端头附近有较细的油滴和恰当的油气比，还应专门设置油气掺混通道或者在火焰稳定器内设计有稳定涡旋的旋流装置，并且在适当位置安排好电嘴端头接触涡旋，从而容易满足点火条件。

2. 直接点火预燃腔能量平衡估算

无论是油气掺混通道还是在火焰稳定器内设计有涡旋的预燃装置，都有一个电嘴电火花引燃油气混合气的预燃腔。预燃腔有叶栅通道形式、不良流线体后回流区形式、涡流器后回流区形式。但无论是什么形式，均要在火焰稳定器的前后和两侧产生能量传递和消耗，所以必须估算在预燃腔中的平衡能量，确保电火花能量与燃烧反应热能之和大于耗散的能量，在预燃腔建立初始火焰并稳定在火焰稳定器上。

进入预燃腔的空气量、供油量在点火区域按一定效率发出的热能为 Q_1；电火花能量为 Q_2；向预燃腔壁和周围对流换热耗散热量为 Q_3；向后方气流排走热量为 Q_4，则点火成功的条件是

$$Q_1 + Q_2 > Q_3 + Q_4 \tag{6.3}$$

具体估算时，可按假定进入电嘴附近的半球区域内，均匀混气产生的化学热能减去实际不均匀和蒸发油珠吸热所耗能量，可得 Q_1，再由电火花试验量给定 Q_2，按常规对流换热计算 Q_3，最后按预燃腔内向后逸出量占回流量的比值估算 Q_4，这样的估算可提供定性分析和比较。

3. 电嘴的冷却设计

电嘴应该耐高温燃气的侵蚀和烘烤，目前先进的电嘴设计已能够耐受 1 000℃ 的高温对其端头的烘烤，但在一般应用过程中要靠风扇冷气流冷却其电嘴杆身，或者用高压压气机的引气来冷却，在冷却套和电嘴杆之间隔层内通冷气流，使电嘴能

在高温条件下长期工作。

4. 高能电嘴直接点火结构基本范例

在目前使用、正在研制的涡喷发动机和涡扇发动机的加力燃烧室中,有很多都是采用高能电嘴直接点火方式。只要火焰稳定器内有单独的供油设计,就可以考虑将1~2支电嘴从扩压器外壁的电嘴座上插入火焰稳定器壁内接触回流区边缘。接通加力的指令一旦发出,电嘴即可打出电火花,火焰稳定器内单独供油的电磁阀打开,电火花随即点着火焰稳定器内油气混合气,再经联焰实现接通加力,并按一定程序按分区供油达到所要求的小加力、部分加力或全加力。此时,燃油调节系统和喷口调节系统都应当为正常地接通加力和获得所需加力性能而协同工作,典型的发动机加力燃烧室高能电嘴直接点火结构示意图如图 6.6~图 6.8 所示。

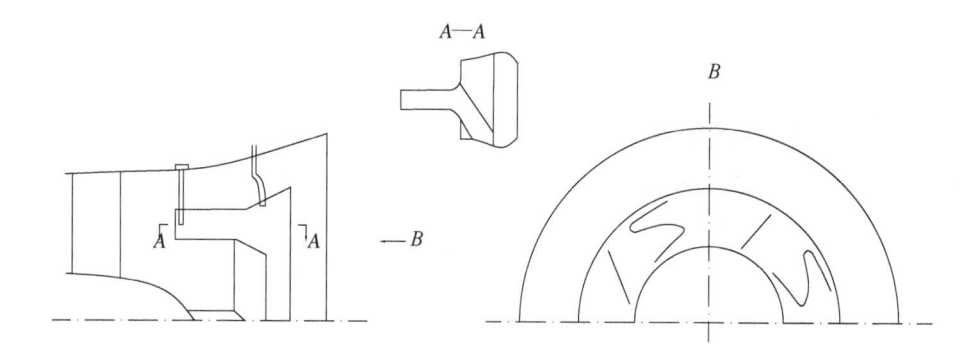

图 6.6　J85 发动机加力燃烧室高能电嘴直接点火结构示意图

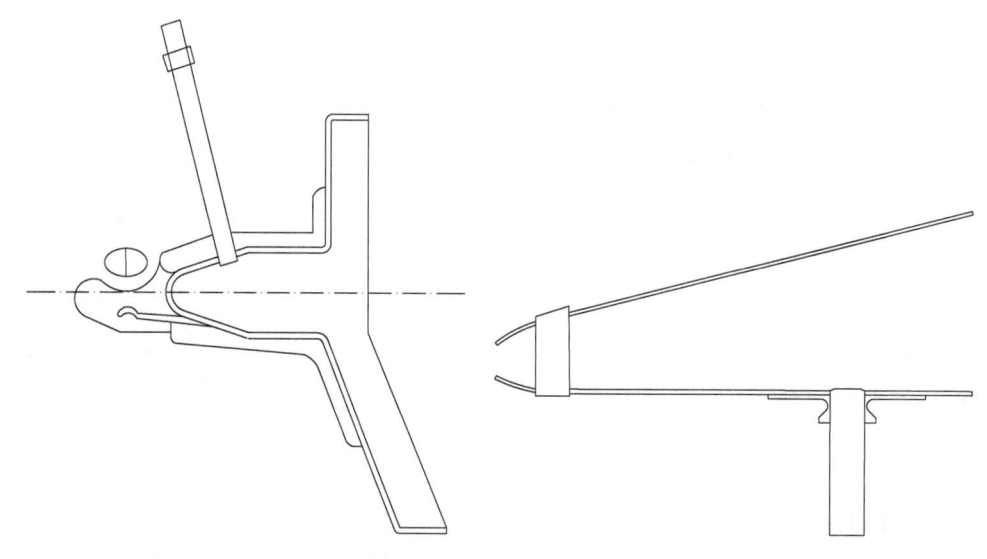

图 6.7　F100 发动机加力燃烧室高能电嘴直接点火结构示意图

图 6.8　F404 发动机加力燃烧室高能电嘴直接点火结构示意图

6.4.2 预燃室点火设计

1. 预燃室气动热力计算

由于预燃室点火设计需要确定引油量和引气量及其相关发动机截面的气动参数,一般要进行气动热力计算。加力燃烧室点火边界上的各典型状态对应预燃室出口的发动机截面及对应引气处主燃烧室头部截面的气动参数,均可以从发动机总体或加力燃烧室的气动热力计算中获得。

计算从主机的引气量时,应该既可以照顾总体性能的引气限量,又可以满足加力点火功率大小所对应的空气需要量。例如,涡喷 B 发动机台架的加力点火功率原为 3 9481 J/s,后增加到 70 966 J/s,引气量为总空气量的 0.125%,达 0.054 35 kg/s,不影响发动机正常工作。引气量计算基本上按照在接通加力的转速下,高压压气机出口压力和温度以及加力点火器出口位置的压力和温度,并且找到合适的点火器最小临界截面积,按流量公式求出。加力点火器的临界截面一般定在点火器的进气口截面,点火后的喷口喉道也成为临界截面。对于均匀混气的加力点火器,临界截面积按长管子水力摩阻内径来确定。引气管一般选 $\phi 10 \times 1$ 规格。由扩压器总体安排确定预燃室的点火功率,按容热量最终确定引气量。

气动热力计算还应确定预燃室的供油量。在初步确定引气量时就可以按化学恰当油气比计算最佳供油量。供油量按偏富进行实际试验,从台架到空中典型状态的油量均控制余气系数在 0.4~0.7(两相点火器)和 0.6~0.8(均匀混气点火器)。试验的典型状态要按接通加力边界来选定,同时考虑好引油方案和供油规律。对于新设计的预燃室点火器,引气和供油均要通过常压、低压燃烧点火试验和发动机台架、试飞等考核试验。

除了总体气动热力计算程序,预燃室点火器应进行如下计算。

进入点火器的空气量:

$$W_a = \frac{mP_{s6}A_{cr}y(\lambda)}{\sqrt{T_6}} \tag{6.4}$$

点火器出口流速:

$$y(\lambda_{ex}) = \frac{\sqrt{T_{ex}}(W_a + W_f)}{mP_{s6}F_{ex}} \tag{6.5}$$

$$V_{ex} = M\sqrt{rgRT_{ex}} = 19.55 m\sqrt{T_{ex}} \tag{6.6}$$

检查流态雷诺数:

$$Re = \frac{V_{ex}D\rho}{\mu} = W_a \frac{D}{gA\mu} \tag{6.7}$$

$$\mu = \mu_0 \left(\frac{T}{273}\right)^{1.5} \frac{273 + C}{T + C} \tag{6.8}$$

$$\mu_0 = 1.75 \times 10^{-6} (\text{在 } T = 273 \text{ K 时})$$
$$C = 122 \text{ K}$$

检查燃烧效率:

$$\eta_{1g} = \frac{\Delta I_i}{H_f W_f} = \frac{C_p \Delta T(W_a + W_f)}{H_f W_f} \tag{6.9}$$

单位放热强度:

$$Q_{sp} = \frac{3\,600 \eta_{ig} H_f W_f}{V P_6} \tag{6.10}$$

点火功率:

$$P_{ip} = \eta_{ig} H_f W_f \tag{6.11}$$

$$W_f = \frac{W_a}{14.78\alpha} \tag{6.12}$$

2. 预燃室主喷油嘴和起动喷嘴设计

预燃室点火器的主喷油嘴有三种,一般的均匀混气点火器由 1~2 个汽化器承担主喷油嘴,而两相点火器将气动喷嘴或超声波喷嘴作为主喷油嘴,同时,在预燃室点火器喷口附近设置 1~2 个起动喷嘴以增大火炬,使火焰稳定器后的混气能够被顺利点着。

汽化器是一个通气和通油的三通接头,即在引气路上有逆气流方向喷油的直射喷嘴杆,喷嘴杆上的喷嘴孔径约为 0.8 mm,按一定的流量特性和均匀度布置 2~3 个孔。汽化器布置在加力扩压器外,其下游通向预燃室点火器的头部管接头,上游接压气机后的引气管和主泵分布器的主、副油路。汽化器的结构示意图如图 6.9 所示。

气动喷嘴一般布置在两相燃烧点火器的头部,利用一部分引气来雾化燃油。目前,有两种气动喷嘴用于点火器,一种是简单气动喷嘴(图 6.10),由一个空气管和一个喷油杆组合在一起,喷油杆上的直流喷嘴孔将油对准空气管上的出气孔,由气流带动燃油出去雾化;另一种是旋流气动喷嘴(图 6.11),靠后方的气流旋涡带动前方涡流喷出的燃油流而混合呈雾锥状喷出。简单气动喷嘴的关键在于燃油喷射孔与空气出气大孔的同轴度应在 0.01 之内,两种孔的圆度、粗糙度的要求高且孔边光滑无毛刺。旋流气动喷嘴要求切向小孔均匀布置,孔边、孔壁粗糙度的要求为无毛刺。旋流气动喷嘴类似于离心喷嘴,形成中心空穴锥体,雾化粒度较细。

超声波喷嘴是两种喷嘴双套组合在一起的特殊喷嘴,它的外套喷嘴是一个内混式气动喷嘴,靠内套喷嘴流出的空气将输入的燃油在混合后从 8 个切向孔喷出;

图 6.9　汽化器的结构示意图　　**图 6.10　简单气动喷嘴**

图 6.11　旋流气动喷嘴

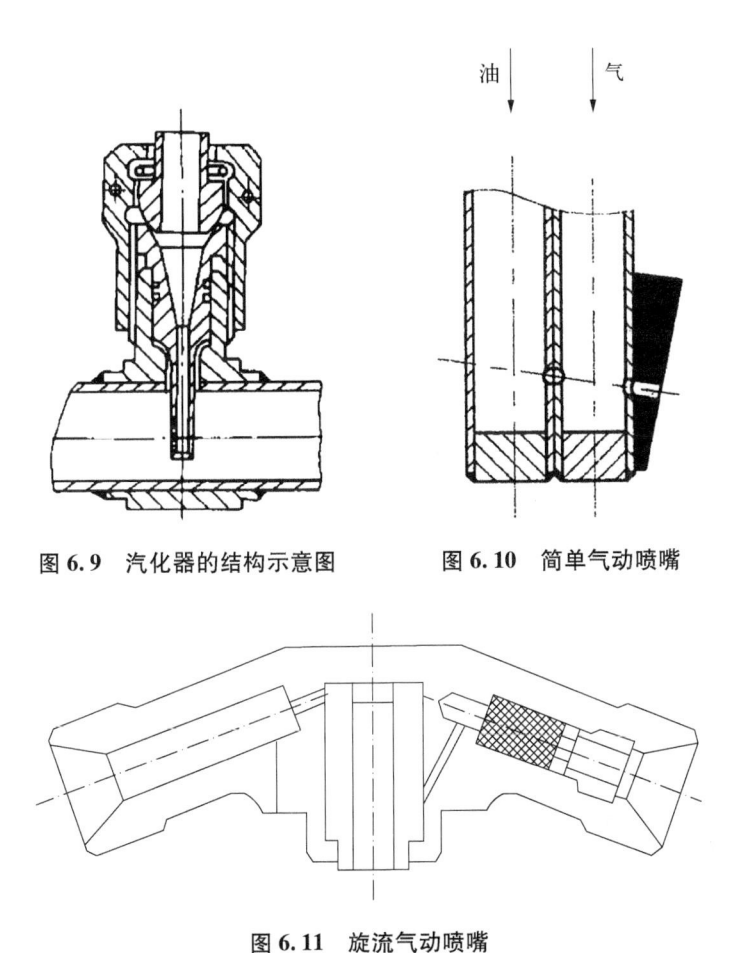

喷出后经内套喷嘴谐振腔发出的超声波使油雾进一步细化。它的内套喷嘴是超声波喷嘴,气压差在 0.2 MPa 以上,发出声波和超声波,不同状态下波的频率不同,超声波频率可达换算成法定单位 20 000 Hz 以上。对于杆头的谐振腔、杆与中心孔的同轴度要求达 0.01 mm,其产生的雾化锥内部为细粒滴,外部为粗粒滴,锥角达 120°以上,从而满足扩大点火边界的需要,如图 6.12 所示。超声波喷嘴是一种只用少量气体流量即可安装于预燃室的主喷油嘴。

起动喷嘴一般应用于普通离心喷嘴,雾化锥角在 100°左右,对准后方的点火器喷口喷雾。喷嘴流量系数约为 0.11。起动喷嘴到点火器喷口距离按喷嘴到火焰稳定器后缘的匹配距离来布置,约 130 mm。

3. 预燃室点火器的供油方式和供油规律

预燃室点火器不仅可从由主泵调节器的主、副油路分布器供油,还可以从加力泵调节器后的加力分布器供油,是具备不同特点和不同供油规律的点火供油方式。前者按压气机后气压调节,并引出主、副油路供给预燃室前方的汽化器,后者按涡

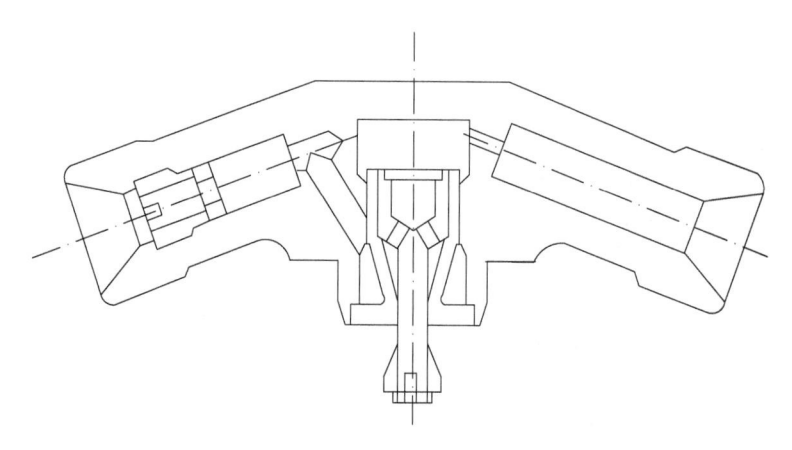

图 6.12　超声波喷嘴示意图

轮落压比调节,并利用加力分区 Ⅰ、Ⅱ 路总管的支管直接供给预燃室的喷嘴。前者常用于均匀混气点火器,后者常用于两相燃烧点火器。

在确定预燃室的点火供油方式后,要对燃油系统设计提出具体的供油规律要求,确定点火供油量随油压的变化曲线。在此方面,既需要考虑点火器点火包线中典型工作状态下点火工作范围的油压要求,又要顾及燃油附件分布器的设计要求,二者需要匹配。

4. 几种预燃室点火器的结构设计和典型范例

预燃室点火器可以分为中心点火器和旁路点火器,还可以分为均匀混气单相燃烧点火器和两相燃烧点火器。

加力燃烧室的扩压器按截锥设计时,在截锥内部设置中心点火器,该点火器有均匀混气进口接嘴、内锥壳体、电嘴座、电嘴、内壁、外壁、二股气流进口接嘴、导流板和喷口。通过进口接嘴连通汽化器,汽化器的油路连通节流器、电磁活门、小油箱,并连通主泵调节器内主、副油路分布器,汽化器的气路连通到主燃烧室头部引气口。设计中心点火器时,进气口截面面积、二股气流进口面积和喷口喉道面积按均匀混气流量和容热强度的估算初步确定,再经过调整节流器层板等措施达到设计的点火工作范围,最终确定尺寸。在点火器盲端壳体上安装电嘴,如涡喷 C 发动机应用 SDZ-1A 电蚀电嘴或 BOZ-4A 半导体电嘴、涡喷 B 发动机应用 DZ-2 火花电嘴。中心点火器的喷口最初为直接喷口,后来改为分流喷口,与起动喷嘴相对应,从而增加接通加力的可靠性。中心点火器的设计容许预燃室容积大,均匀混气单相燃烧,火舌温度高,因此加力接通性能好。

当加力扩压器采用全锥扩压器设计时,一般用旁路点火器,旁路点火器形如一个靴子,固定于扩压器外壁上,因此在布置气路、油路、电路时更方便,但要防止漏油、漏电和漏气。

旁路点火器也有一种均匀混气单相燃烧的预燃室点火器,为了增加其可靠性,两个电嘴安置于一个点火器上,呈轴向分布。P25 发动机的加力旁路点火器如图 6.13 所示。

旁路点火器常采用两相燃烧,运用简单气动雾化喷嘴的加力点火器是其中之一,J79 发动机简单气动喷嘴的加力点火器如图 6.14 所示。运用旋流气动雾化喷嘴或超声波雾化喷嘴的加力点火器是其中之二,P-29 发动机的加力点火器为此类型(图 6.15)。喷嘴雾化有液滴和雾气的特殊分布,使电嘴附近雾气远离电嘴区域液滴,结果形成两相燃烧特征,有利于拓宽贫富油边界。

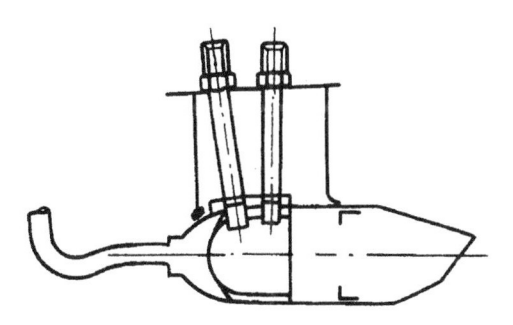

图 6.13　P25 发动机的加力旁路点火器

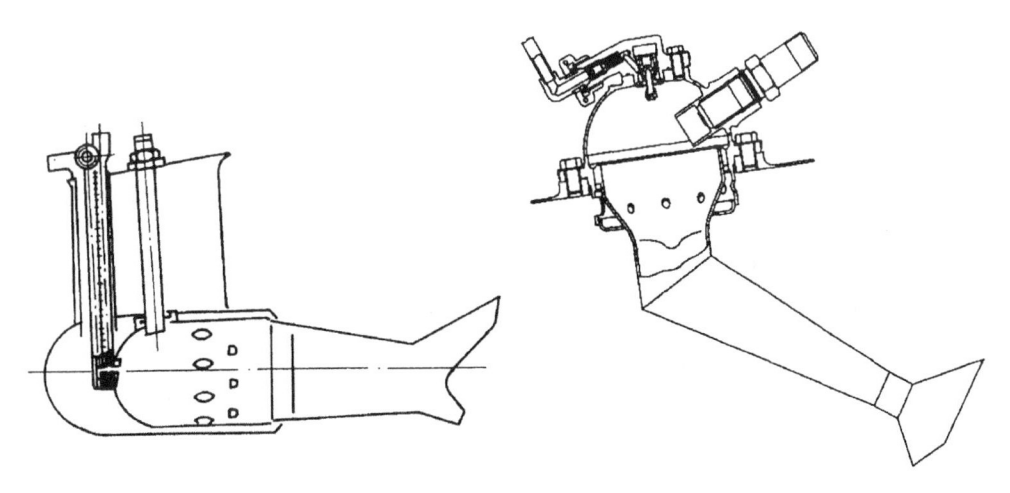

图 6.14　J79 发动机简单气动喷嘴的加力点火器　　**图 6.15　P-29 发动机的加力点火器**

由于点火器头部盲区回流区的作用,只要油气比、进气温度、压力和点火器基本气动结构均为合理,预燃室内油气混合气就能被电嘴点燃和稳定燃烧并向喷口外喷射火舌。在设计时,首先按地面和空中的典型工作状态,以及比较合理的点火功率和单位放热强度求取容积,然后按经验数据确定点火器的长度和直径。早期的预燃室,如涡喷 B 发动机加力点火器长 280 mm,直径 90 mm;涡喷 C 发动机加力点火器长 320 mm,直径 132 mm。而后期两相燃烧加力点火器长 250 mm,直径 132 mm。两相燃烧加力点火器引用空气量少而呈富油燃烧,且靠扩压器内安排补气来加强火舌的燃烧强度,并提高温度。同时,需要有相当多空气量冷却点火电嘴,使电嘴可以尽量靠近点火器头部回流区的边界内。

两相燃烧点火器在喷嘴和燃烧区域内匹配布置时,应该使喷嘴雾化锥充满点火器头部,雾锥内细油滴靠近电嘴端头发火区,雾锥内粗油滴尽可能分布于点火器头部回流区外围,并从后方进入回流区后部。这样,能够完成从电火花点燃混气形成火舌的过程。

点火器应和火焰稳定器匹配好,点火器出口喇叭的唇口要与火焰稳定器后缘齐平,必要时设置传焰管。

两相燃烧的加力点火器常用第二股气流助燃回流区后部的火焰,使头部过富火焰趋向一般富油火舌而冲出点火器喷口。

两相燃烧的加力点火器常用第一股气流连通气动喷嘴,通过调整空气量,可调整不同状态下雾化的索太尔平均直径和均匀度指数,从而最大限度地提高加力点火器的点火工作范围。

加力点火器预燃室,一般应用高温合金材料,早期涡喷 B 发动机加力点火器应用 GH1140、GH3030 等,有气冷的外部零件和均匀混气管路应用 1Cr18Ni9Ti。后期大量应用 GH536、GH3030、GH3128 等,并采用电子束焊,氩弧焊等焊接工艺,板料厚度一般在 1.2 mm 以上,在燃烧腔、传焰管、喇叭口内管均喷涂高温磁漆,如 W-2 陶瓷。

从预燃室加力点火器的发展历程来看,一方面,应用火花能量较高的高能电嘴越来越多,特别是半导体电嘴;另一方面,组织点火区域的油气流动结构与火焰稳定器的回流区紧密连接,从而出现固定在火焰稳定器上的先进的预旋流罐高能点火器(图 6.16)。预旋流罐高能点火器采用一般的机械雾化喷嘴,运用涡流器装置,其中特别注意电嘴的冷却,常用涡扇发动机的外涵气流或高压压气机后空气流从电嘴套根部进气,再从电嘴发火端头侧后方出气。在供油方面直接引用加力燃油总管来油以简化供油管路。

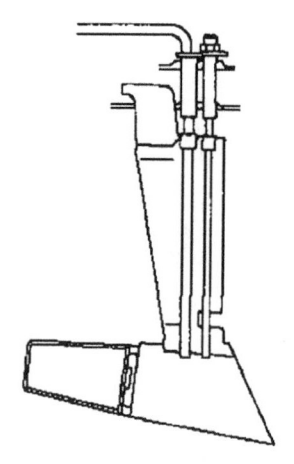

图 6.16 先进的预旋流罐高能点火器示意图

6.4.3 热射流点火设计

在用热射流点火系统接通加力之前,需要保持加力燃烧室内一定余气系数。在飞行员将油门杆置于"加力"(或"最大")位置时,一股控制加力起动油管的指令油进入尾喷口和加力调节器的燃油压力信号器,使信号器触点闭合。当高压转子转速 n_2 等于或超过联锁装置转速时,接通加力电信号传给自动调节器。接通加力指令传送到尾喷口和加力调节器的最小加力电磁阀时,自动调节器按给定的周期给计量器的电磁铁电信号,即经过(0.4±0.1)s 或(0.9±0.1)s 后发出宽(0.3±0.1)s、间距(0.6±0.1)s 的三个脉冲的周期性指令,随后加力点火燃油从主泵-调节器进入计量活门工作,而燃油压力根据发动机工作状态而定,无论操纵杆推至任意一个加力状态工作时,均为最小加力状态供油点火。在加力燃烧室被点燃时,离子火焰探测器发出接通加力成功的指令,并传给发动机自动调节器,关闭尾喷口和加力调节器的最小加力电磁阀,此后加力状态的供油量按发动机操纵杆位置确定。

1. 计量油的油量和脉冲射油的频率、次数

热射流计量活门中,点火燃油由主泵-调节器供给,油压根据发动机的工作状态确定,容积根据试验调整后确定,试验时将调节螺钉往里拧,减小容积即减少喷射的燃油流量。往外拧,喷射计量容积加大,流量也增大。同时确定脉冲射油的频率和次数,一般在初始试验调节阶段采用间隔 0.5 s、脉冲射油 0.5 s、初始调节油量 0.5 s 内喷射 100 mL,共三个脉冲供油。

收到加力点火指令就注油,并在短时间内把空的喷嘴充满油,因此要根据 1 路总管出现油压信号后输出接通加力点火计量器的信号,从而建立三个脉冲供油。出口燃油压力调整(与喷射流量有关)靠调整螺钉,打掉拧紧保险,拧松 0.5~1 圈,每 0.5 圈相当于 0.3 MPa,拧到所需要圈数,有效调整±1.5 圈,限制螺钉伸出长度不超过 24 mm。通过拧调整螺钉,容积、油压、流量、工作状态对应确定下来,确定位置后用铝封固定锁紧螺母。

2. 脉冲射油压力和喷嘴喷口计算

加力泵供油组合件确定之后,再进行出口油压的调整,把油压调整到台架点压力,并计算出高空小表速接通加力点的油压,此时应保证热射流轨迹在主燃烧室中心部位。热射流相对轴向的角度为 45°左右,若主燃烧室气流参数仅有总压反压的影响,则需要计算喷口尺寸,保证计量器内 100 mL 燃油在 0.5 s 内送出,并分配到射流喷嘴和离心接力喷嘴。射流喷嘴孔径、离心喷嘴的喷口直径,通过计算进行反迭代。

3. 接力喷嘴的布置及其计算

热射流喷嘴喷出的脉冲燃油通过主燃烧室和涡轮部件后将随涡轮气流转动一定角度,因此接力喷嘴在扩散器进口段布置时,相对于脉冲喷嘴要扭转一个角度,此角度一般先进行初步计算,然后通过试验确定。

接力喷嘴安装位置很重要,它应确保其喷出的雾化燃油被前方点火射流的火舌所点燃,然后由它的燃油火舌接通加力燃烧室。一般情况下,两级涡轮隔开时,初步确定加力扩压器内壁上的接力喷嘴距离主燃烧室壁上的点火射流喷嘴约 1 200 mm,扭转角约为 36°,同时应设置三个相隔 5°~10°的接力喷嘴,供试验选择,经过地面台架试车及高空台试车,由潜望镜观察火焰情况和测量离子火焰探测器的电流强度达到 50 μA 以上,最后确定其位置。接力喷嘴在扩散器上的插入深度应在后方火焰稳定器的流线附近。

4. 热射流点火对燃油附件的技术要求

热射流点火的主要燃油附件为加力点火燃油计量器,它同时供给点火直射喷嘴和接力喷嘴的脉冲燃油量。一般按间隔 t_1,给油 t_2,每脉冲给油量约 100 mL,脉冲供油计量器主要由电气控制器来控制,如图 6.17 和图 6.18 所示。因此,热射流

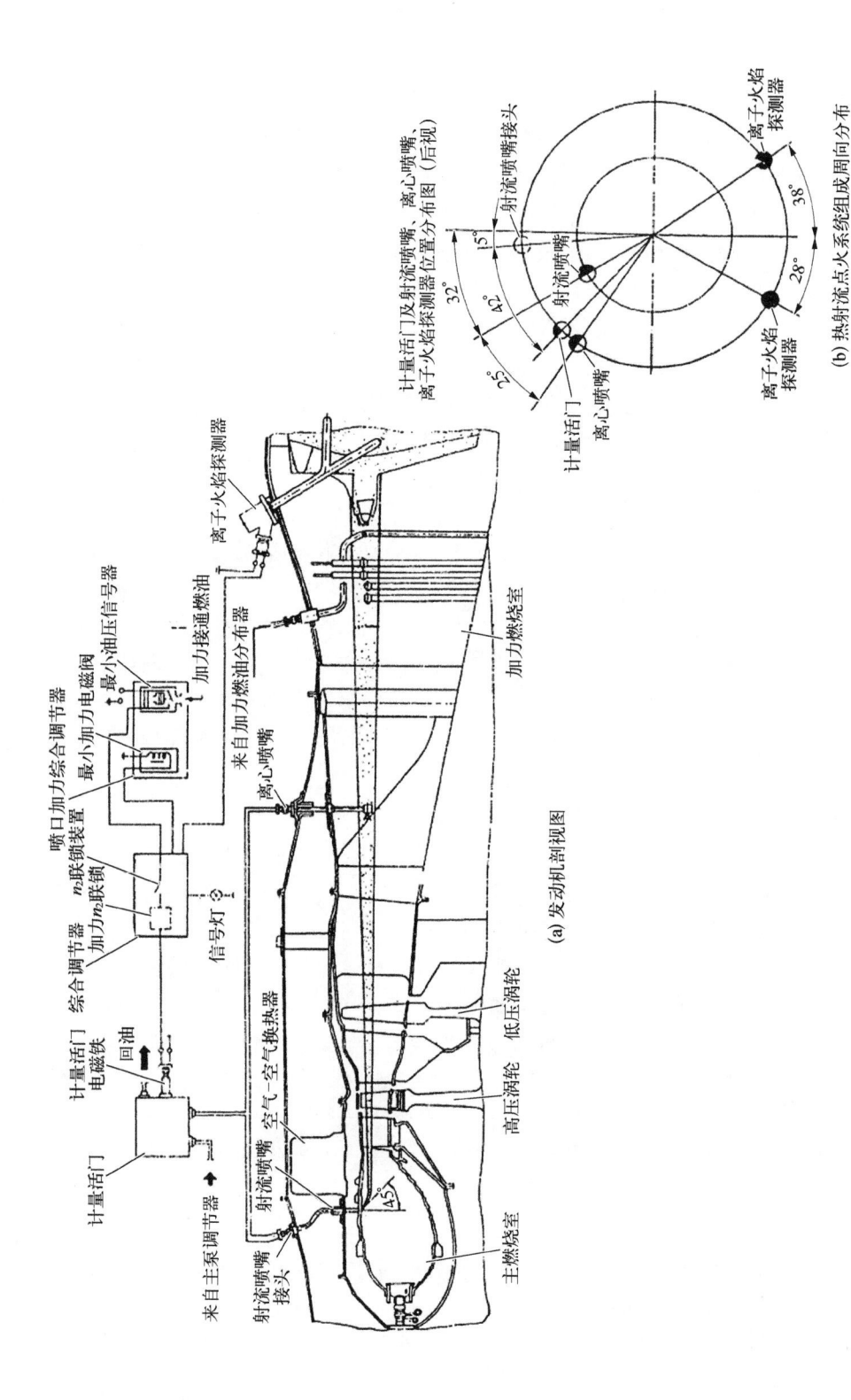

图 6.17 某加力燃烧室的热射流点火示意图

(a) 射流喷嘴　　　(b) 离心喷嘴

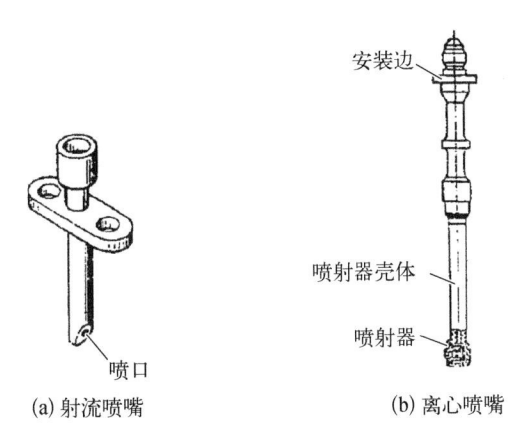

图 6.18　热射流点火用对射流喷嘴和离心喷嘴图

点火的供油技术要求应与燃油附件、电气附件同时制定。

6.4.4　催化点火设计

催化点火即当油/气混气在某温度下基本不进行反应或反应速度很慢时,加入催化剂后,使反应速度加快,并迅速着火,点燃加力燃烧室。混气的化学反应是在催化剂表面上进行的,所以又称接触催化。斯贝 MK202 发动机的加力燃烧室点火,就是利用这一原理。

1. 催化剂的选择

金属类催化剂中,有的在表面上易形成厚的氧化层,有的可能整体被烧化。只有贵金属铂、铑能够保持其完整无损。

纯钨虽耐高温且有较好的催化性,但在高温下极易氧化,生成三氧化钨(WO_3,熔点为 1 470 ℃)而失去催化性。在温度高于 1 000 ℃时,钯被氧化成氧化钯(PdO)而降低活性。只有铂对空气和氧都是稳定的,也不和氮发生化合作用。铂的延展性很好,在冷轧时可制得厚度为 0.002 5 mm 的铂,且可不溶于王水。因此,催化点火器选用铂铑合金作为催化剂。铑可以增加网丝的刚度,铂铑网丝上再电镀上一层铂。

2. 催化点火器设计及选材

催化点火器装在加力燃烧室的中心,由文氏管、催化室、尾锥三部分组成,其核心部分是催化室。

1) 文氏管

文氏管连接在催化室的前端,用来控制进入催化室的空气量,同时防止涡轮出口气流的旋转对点火器性能的影响。催化燃油从文氏管喉部顺向喷入。文氏管进口呈喇叭形,气流在喉部加速使燃油雾化,然后进入扩张通道,流速减慢,热气流使燃油蒸发并掺混成可燃混合气。斯贝发动机点火器文氏管喉部直径为 6.35 mm，文氏管长约 145 mm。

2) 催化室

催化室结构示意图如图 6.19 所示。

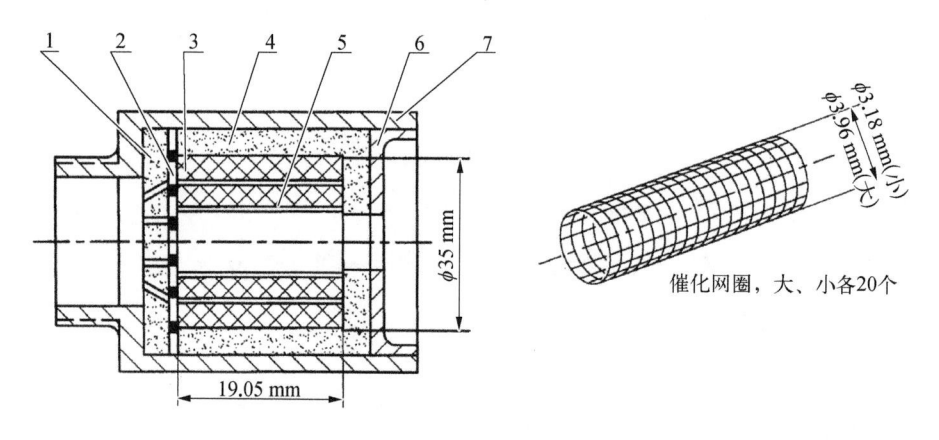

图 6.19 催化室结构示意图

1—分流盘(叶蜡石)；2—片；3—催化网
4—催化床(碳化硅)；5—中心支架；6—挡环；7—壳体

3) 尾锥

催化点火器设置尾锥。催化床出口的火焰点燃尾锥附近的混合气。尾锥直径决定催化点火器的稳定性，并能决定燃烧的最低压力极限，不影响点火的时间。

尾锥的稳定性由参数 $P_s DT_t/V$ 确定，其中，P_s 为加力燃烧室静压，单位为 MPa；D 为尾锥直径，mm；T_t 为燃气进口温度，K；V 为燃气进口速度，m/s。熄火点该参数的值为 5.75。

对于斯贝发动机，V = 207 m/s，T_t = 720 K，D = 82 mm，则熄火点的压力：

$$P_{s\text{-blow}} = \frac{5.75 \times 207}{82 \times 720} = 0.02 \text{ MPa}$$

这说明，只要燃油供应合适，加力燃烧室压力在 0.02 MPa(绝对)以上，尾锥都能稳定地工作。

尾锥长度能够影响工作的范围。若尾锥长度太长，则回流区离催化床远，可能点不着火；若尾锥长度太短，则燃油停留时间少，稳定边界变窄。建议尾锥角为 60°。

第 7 章
防振隔热屏设计

7.1 概　　述

加力燃烧室后方没有高温转动部件，出口温度不需要过多限制，加力燃烧室最高的出口平均温度能达到 2 200 K 以上。同时，加力燃烧室内的气流因其压力较低、流速高、油雾分布不均匀，有时会出现强烈的压力振荡，形成振荡燃烧，对结构部件造成较大的破坏，缩短加力燃烧室的使用寿命。为解决上述问题，通常在加力燃烧室内加装防振隔热屏，主要功能是减弱压力振荡和保护加力燃烧室壁面不被烧蚀。一般地，对应稳定器下游的一段称为防振屏，之后位于加力筒体内的一段为隔热屏。但需要说明的是，防振屏和隔热屏的长度、甚至功能并不严格区分，而且在实际过程中，无论是哪一段，都能起到减弱压力振荡和隔热的作用。

防振隔热屏与筒体部分留有一定的间隔，形成环形冷却通道。利用外涵道中的空气作为冷却气流，通过隔热屏上的气膜孔引入，在隔热屏靠近燃气的一侧形成气膜。这一层气膜对于加力燃烧室具有极重要的热防护作用。首先，可以将高温燃气与波纹隔热屏隔开，避免了直接的对流换热；其次，能够带走一部分高温燃气对隔热屏的辐射能量，起到了双重保护的作用。防振屏上的孔主要用于吸收压力脉动振荡能量，减少出现振荡燃烧的可能性，孔径大小影响防振屏的共振频率和吸收系数。

通常将防振隔热屏做成波纹的形状，这样做有以下优点：

（1）削弱了反射压力波的能量，造成的气体阻尼可以避免出现振荡燃烧的现象；

（2）由于流道不是平直的，流道波动产生的紊流扰动能够更好地增加对流换热；

（3）在受热时能够很好地减小热应力。

从隔热屏的发展历史来看，主要经历了圆筒隔热屏、横向波纹隔热屏、纵向波纹隔热屏三个阶段。

1. 圆筒隔热屏

沿轴向截面圆筒隔热屏的形状如图 7.1 所示，隔热屏壁呈直壁圆筒形状，分段连接处开有缝槽，早期的加力燃烧室温度较低，这种圆筒隔热屏主要起防振的作用,其上的开孔主要用来吸收压力脉动振荡能量,防止振荡燃烧。但是对于现代高性能的加力燃烧室,圆筒隔热屏已难以满足其冷却需求。

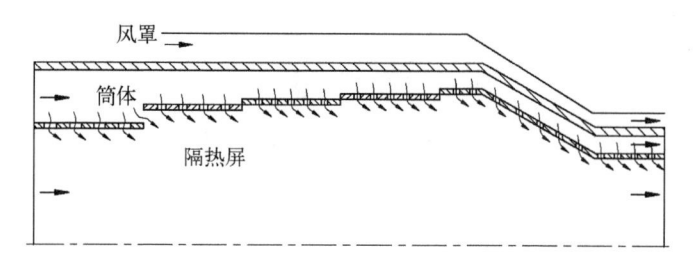

图 7.1 圆筒隔热屏的结构示意图

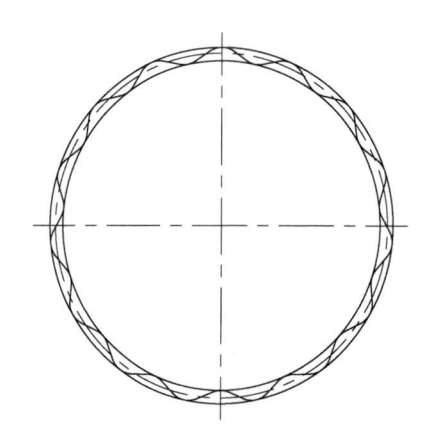

2. 横向波纹隔热屏

横向波纹隔热屏的横截面形状如图 7.2 所示,在圆筒隔热屏的基础上,沿周向设置波纹,形成周向波纹隔热屏。国外的斯贝 MK202、АЛ-31Ф 发动机和国内的一些涡喷发动机都采用了横向波纹隔热屏。

研究表明,横向波纹隔热屏对于抑制高频的横向振荡燃烧效果好,常用于涡喷发动机加力燃烧室和初期的涡扇发动机加力燃烧室。相比于传统的直壁圆筒隔热屏,横向波纹隔热屏的末端温度分布更加均匀,冷却效率更高,同时有利于减小热应力,延长燃烧室的使用寿命。

图 7.2 横向波纹隔热屏的横截面示意图

3. 纵向波纹隔热屏

纵向波纹隔热屏的轴向示意图如图 7.3 所示,其在圆筒隔热屏基础上,沿纵向设置波纹。目前,大多数先进航空发动机都采用了纵向波纹隔热屏,如美国的 F110(图 7.4)和 F101 发动机、法国的 M53 发动机等。与圆筒隔热屏和横向波纹隔

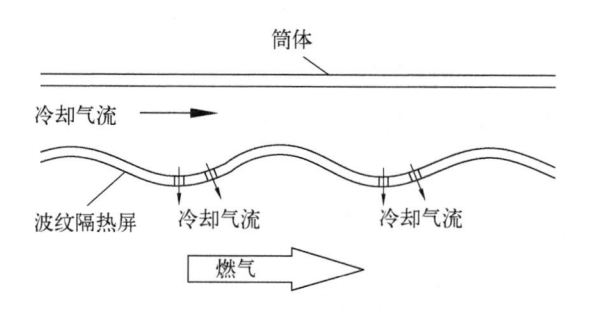

图 7.3 纵向波纹隔热屏的轴向示意图

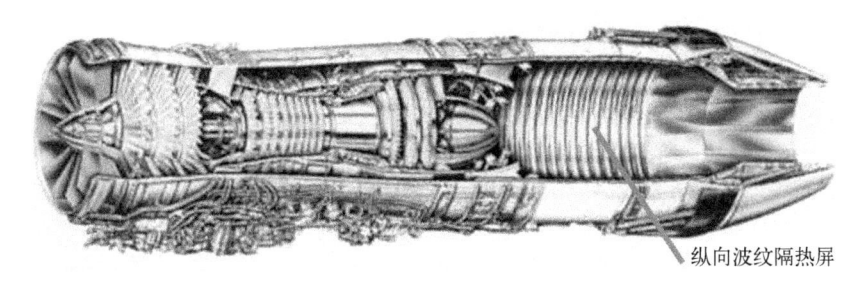

图 7.4　F110 发动机及其纵向波纹隔热屏

热屏相比,纵向波纹隔热屏具有抗翘曲变形能力强、冷却效果更好、冷气需求量更小等优点。纵向波纹隔热屏对于抑制低频的纵向振荡燃烧更为有效,多在涡扇发动机加力燃烧室中采用。

7.2　防振屏设计

7.2.1　防振屏抑制振荡燃烧的机理

加力燃烧室中出现的周期性压力脉动和放热脉动现象称为振荡燃烧,是一种燃烧不稳定的现象。较强的压力脉动基本上以波浪形出现,有高峰和低谷,有固定的频率或周期,在一定的时间内,压力波形基本不变。加力燃烧室正常工作状态下,压力脉动很微小,一般不超过加力燃烧室中气流平均压力的 2%,会发出噪声,但不妨碍发动机和加力燃烧室的工作。当压力脉动的峰值与平均压力之差 ΔP 大于 10% 时,则可引起加力燃烧室乃至发动机整机强烈的机械振动和过热,造成构件局部烧蚀或破坏,危害发动机及其加力燃烧室的正常工作,因此必须设法消除或减小。

加力燃烧室出现振荡燃烧时,经常表现为三种振荡形式,即纵向振荡、切向振荡和径向振荡,其中,切向振荡和径向振荡均属于横向振荡,也可能表现为两种形式的复合振荡。纵向振荡的特点为质点振动方向沿加力燃烧室的轴向,声压等压力面垂直于轴向,声波沿轴向传播;切向振荡的特点为质点振动方向沿垂直于轴线的横截面,等压面是圆弧形并和质点运动方向正交;径向振荡的特点为质点振动方向沿垂直于加力燃烧室轴线的横截面,波的传播方向沿半径方向,等压面为圆柱面,如图 7.5 所示。纵向振荡、切向振荡、径向振荡对应的频率范围分别为 0~300 Hz、300~500 Hz、500 Hz 以上。频率在 0~300 Hz 时,属于低频振荡,压力振幅较大,加力燃烧不稳定,声音低沉,可引起加力熄火、喷口火焰出现扩散形状。频率在 300~3 000 Hz 时,属于高频振荡,加力燃烧室的火焰传播速度增大,发出刺耳难听的尖叫声,零件和筒体过热,将引起极高的热释放率,构件产生较大振荡应力,在

(a) 纵向振荡

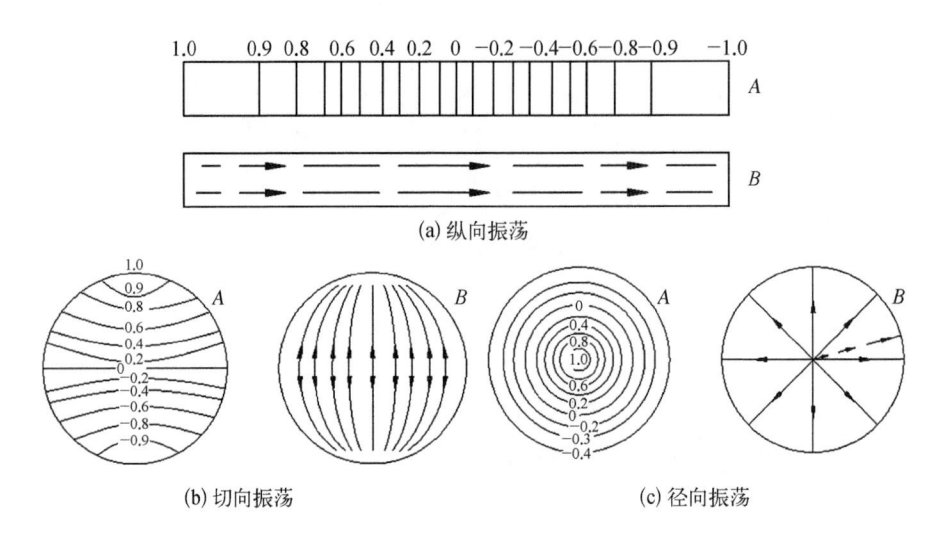

(b) 切向振荡　　　　(c) 径向振荡

图 7.5　加力燃烧室的三种振荡燃烧形式示意图

A -等压力线；B -质点的轨迹

短短几秒钟之内即可造成加力燃烧室构件变形、裂纹、断裂等严重破坏。

预防和消除振荡燃烧通常有两个途径：① 减小压力驱动能量,通过降低压力脉动和放热脉动幅值或控制放热和压力脉动的相位差,降低压力振荡与放热之间的耦合(热-声耦合)；② 增加阻尼势,利用外涵道、声学衬套或整流锥内腔作为声学阻尼。在解决高频振荡燃烧问题的诸多方法中,多孔衬套(防振屏)的效果最佳。

防振屏作为声学阻尼装置,其工作原理源于亥姆霍兹共振器的声学共振原理,如图 7.6 所示。其中,h 为机匣与防振屏间的高度,V 为共振腔容积。与一般的消声器结构基本相同,典型的防振屏是一个开了许多孔的薄金属衬套,安装在加力筒体内,位于火焰稳定器下游附近,与加力筒体的内壁构成空腔。图 7.7 为安装防振屏的短结构加力燃烧室示意图,实物用于防振屏的吸振性能试验。一般防振屏上分布许多小孔,将防振屏的空腔分成和孔数一样多的小容积,每一个小容积和小孔构成一个亥姆霍兹共振器。共振腔内的压力脉动幅值在共振频率处达到最大值,若加力燃烧室振荡燃烧的频率等于防振屏的共振频率,则防振屏吸收振荡燃烧的脉动能也达到最大。共振腔吸收波能和小孔内的气柱振荡有关。小孔内的气柱振荡将脉动能转变为旋涡能,最后转变为湍流动能和热能,从而增加加力燃烧室的脉动能损失,以达到抑制振荡燃烧的目的。

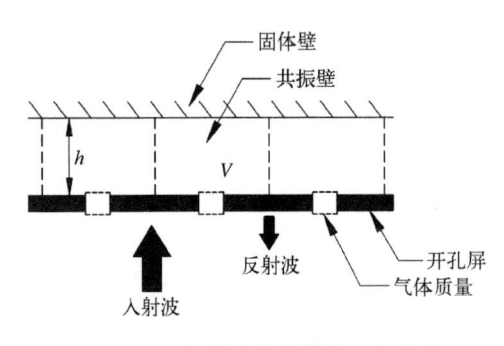

图 7.6　亥姆霍兹共振器原理示意图

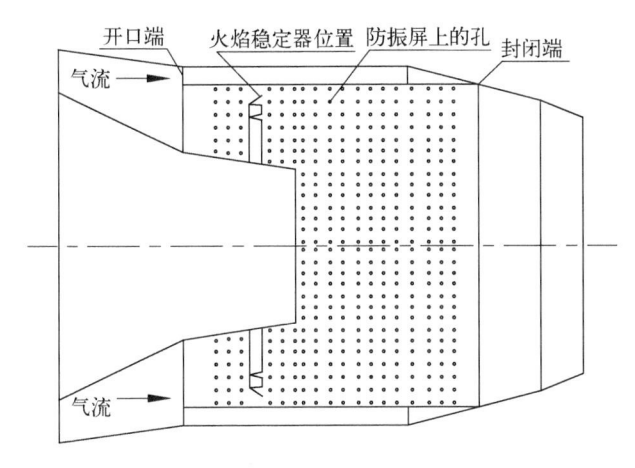

图 7.7 安装防振屏的短结构加力燃烧室示意图

7.2.2 防振屏设计要点

1. 防振屏长度

加力燃烧室的防振屏和隔热屏通常采用组合设计,二者构成全长防振隔热屏。上面都开有许多小孔,壁厚通常为 1~2 mm。防振屏在前段,隔热屏在后段,其总长度根据加力燃烧段的设计而确定,其中,防振屏长度一般为加力燃烧室总长度的 $\frac{1}{4} \sim \frac{1}{3}$,可视火焰稳定器的结构和位置凭经验选取。隔热屏上的部分孔同样具有吸收波能的作用,因此防振屏和隔热屏需要确保开孔的数量和孔径能保证消除所产生的压力振荡,其长度划分并不是很严格,一般以外圈稳定器火焰着壁处为界,最终可根据试验结果确定。

2. 防振屏直径

防振屏的直径需要和隔热屏协调设计,根据隔热屏的冷却计算结果,保证隔热屏有足够的冷却气流量,并经由试验验证和调整确定。防振屏的直径决定了共振腔的大小,共振腔容积大,则其共振频率低。

3. 防振屏波纹尺寸

防振屏一般都采用波纹形,可以消除热应力和提高防振屏的防振效果,波纹可以是横向形式,主要用来抑制切向和径向振荡,并可扩大一阶富油振荡边界,波纹也可以是纵向形式。波纹的数量或宽度和高度可在隔热屏结构设计时,根据具体结构和经验共同确定。

4. 防振屏开孔率和孔径

防振屏开孔率不仅会影响防振屏的共振频率和流量分配,还会影响防振屏的吸收系数。开孔率先按经验选取,一般为 2%~5%。开孔率确定后,再确定开孔孔径。防振屏开孔孔径的大小对附加气柱长度有影响,因此会影响防振屏的共振频率和吸收系数,一般可按经验选取,通过试验最后确定。开孔总面积和孔径确定后,可以计算孔的数量及确定小孔布局。

7.2.3 防振屏特性计算

防振屏特性计算的目的是检验已设计的防振屏,在加力燃烧室工作时可能出现的频率范围内,抑制振荡燃烧的能力是否符合设计要求,通常用吸收系数来评价,一般要求吸收系数大于20%。吸收系数为防振屏吸收的波能和所传播来的波能之比,影响防振屏吸收系数的因素包括防振屏的开孔率、孔径、防振屏与筒体间腔道的高度、小孔处的气流马赫数、防振屏附近的气流马赫数等。此外,还需要对防振屏的共振频率进行计算,检验其是否与加力燃烧室出现的主要振荡频率接近。

1. 吸收系数计算

吸收系数 A 可用防振屏的声阻比 x 和声抗比 y 来表示。计算时忽略间隙和小孔内的气流流动及黏性损失。

$$A = \frac{4x}{(x+1)^2 + y^2} \tag{7.1}$$

$$|Z| = x + \mathrm{i}y \tag{7.2}$$

$$x = \frac{0.8\frac{\Delta l}{d_0}Ma + 0.58Ma_0}{\varepsilon} \tag{7.3}$$

$$y = \cot\frac{\omega h}{a} - \frac{\omega(s + \Delta l)}{\varepsilon a} \tag{7.4}$$

$$\frac{\Delta l}{d_0} = 0.8\frac{1 + 5\times 10^3 Ma_0^2}{1\times 10^4 Ma_0^2} \tag{7.5}$$

$$Ma_0 = \frac{|\dot{P}_{\mathrm{Sm}}|}{\gamma P_{\mathrm{S}}|Z|\varepsilon} \tag{7.6}$$

式中, d_0 为防振屏小孔直径,mm; h 为加力筒体与防振屏之间的腔道高度,mm; s 为防振屏壁厚,mm; Δl 为随小孔内气柱振荡的附加长度,mm; Ma_0 为小孔处的气流马赫数; Ma 为沿防振屏外壁气流的马赫数; a 为防振屏附近的声速,m/s; ω 为角速度, $\omega = 2\pi f$, f 为频率,Hz; γ 为气流的比热容比, $\gamma = \frac{c_p}{c_v}$; ε 为防振屏的开孔率(防振屏的开孔率=防振屏开孔面积/防振屏总面积); $|Z|$ 为声阻抗的绝对值; $|\dot{P}_{\mathrm{Sm}}|$

为防振屏表面的脉动压力幅值(可按经验选取),kPa;P_s为防振屏表面的平均压力(假设沿防振屏为常数),kPa。

求取某频率时的吸收系数 A,可采用迭代法。先按经验给定压力脉动幅值,并选定初始声阻抗绝对值,代入式(7.1)~式(7.6)中,得到新的声阻抗绝对值,重复计算,直至相邻两次吸收系数 A 差值小于 10^{-3},该吸收系数 A 即对应频率的吸收系数。通过计算加力燃烧室特征频率范围内足够多的频率对应的吸收系数 A,可得到防振屏的特性曲线。

2. 共振频率计算

防振屏共振频率的计算方法有两种:
(1) 通过计算吸收系数 A 和频率的关系得到;
(2) 利用防振屏共振器的近似固有频率作为起始值计算,通过逐步逼近法得到。防振屏共振器的固有频率为

$$f = \frac{a}{2\pi}\sqrt{\frac{A}{Vl}} = \frac{a}{2\pi}\sqrt{\frac{\varepsilon}{hl}} \tag{7.7}$$

式中,a 为当地声速;A 为小孔的总面积;V 为共振腔的容积;l 为孔内振荡气体柱的有效长度(l=防振屏厚度+Δl,Δl 为随小孔气柱的附加振荡长度);ε 为防振屏的开孔率(防振屏的开孔率=防振屏的开孔面积/防振屏的总面积);h 为加力机匣与防振屏之间的腔道高度。

7.3 隔热屏设计

7.3.1 设计输入

加力燃烧室的隔热屏和防振屏通常组合设计,设计输入内容主要包括:
(1) 加力燃烧室的总体方案图或流路图;
(2) 火焰稳定器方案图;
(3) 加力供油系统方案图和供油规律;
(4) 发动机典型状态点加力燃烧室的进口气动热力参数;
(5) 发动机典型状态点喷管的冷却空气流量要求;
(6) 加力燃烧室与喷管的接口尺寸要求。

7.3.2 设计准则

加力燃烧室防振隔热屏应遵循的设计准则主要包括:
(1) 保证防振隔热屏在常用频率范围内有足够的声学吸收和阻尼能力,具有足够的高频疲劳寿命;

（2）合理确定隔热屏的典型结构特征参数，并选择高温疲劳性能好、塑性好、抗氧化的材料作为隔热屏材料，具有足够的低循环疲劳寿命；

（3）隔热屏的壁温计算结果应控制在材料长期工作温度范围内，考虑实际工作中的温度分布和冷却空气分配的不均匀性，设计中可留有适当的裕度，防止烧蚀；

（4）隔热屏在正常和非正常（如加力燃烧室熄火、喷管或控制系统故障等情况）工作条件下应具有足够的抗屈曲能力；

（5）隔热屏的结构安装形式应考虑工作中产生的热膨胀变形能够在轴向和径向上得到部分释放，具有足够的热变形协调能力。

7.3.3 隔热屏的工作特点及冷却方式

1. 隔热屏的工作特点

加力燃烧室作为发动机的三大热端部件之一，与另外两个主燃烧室和涡轮的冷却条件相比，加力燃烧室进口的涡轮排气总温较高，冷却气流压力较低。而隔热屏的需冷却面积为主燃烧室的2~3倍，为涡轮的4~5倍，可用的冷却空气量却很少，涡轮一般为10%~15%，主燃烧室可达20%以上，加力燃烧室却只有7%~8%，因此加力燃烧室隔热屏的设计难度很大。F100发动机在投产后的相当长的时间内约有50%的故障是加力故障，其中最主要是隔热屏，曾出现多次被烧毁故障。

隔热屏一般安装在加力筒体内，与筒体内壁面之间形成环形通道，其中通有从发动机外涵引入的冷却气流，将高温燃气与外机匣隔离，保护机匣不会被烧蚀。通常隔热屏上分布有大量的小孔或开有缝槽，在隔热屏内侧核心流高温燃气的压制下，冷却气流从孔和缝槽流出后，会沿着隔热屏内壁面贴壁流动，形成冷却气膜，一方面可将高温燃气同屏壁表面隔开，以避免高温气流直接对壁面进行对流换热和辐射，起到"隔热作用"；另一方面可将屏壁从高温燃气接收的热量带走一部分，起到"冷却作用"。环腔内的冷却气流对屏壁也起散热作用，其中一部分用于隔热屏的自身冷却，剩余的部分要供给后方喷管的冷却使用。

加力燃烧室隔热屏所处的工作环境比较复杂，主要有以下几个特点。

（1）隔热屏外侧为冷却空气，对于涡扇发动机，加力冷却空气（风扇后外涵空气）的温度一般不超过300℃；对于涡喷发动机，加力冷却空气（涡轮后燃气）的温度一般在500~800℃；隔热屏内侧为高温燃气，燃气总温可高达1800℃以上。两股气流的温差很大，加力隔热屏的表面温度最高可近1000℃，甚至更高，沿轴向和径向温度梯度很大，对隔热屏的热变形协调能力要求较高。

（2）隔热屏在发动机工作过程中，主要承受由内、外侧气流压差产生的径向压力和气流脉动等引起的振动力、机动飞行产生的机动载荷、制造过程中的残余应力、温度梯度和热变形不协调造成的热应力等载荷，随着加力接通/切断和飞行状态的周期性循环变化，隔热屏的壁温、载荷也会发生周期性的变化，其损伤程度和寿命主要取决于这种工作循环载荷谱。

（3）加力燃烧室内部处于低压、高速气流环境中，燃烧组织条件恶劣，易产生不稳定燃烧，气流的脉动较强；隔热屏为大直径薄壁构件，刚性较弱，在大的激振载荷作用下，会产生振动和变形。

2. 隔热屏的冷却方式

加力燃烧室的隔热屏设计最初为简单的平板圆筒结构，后续发展为横向波纹和纵向波纹结构，波纹结构兼具较高的强度和抗屈曲变形能力，以及较好的冷却性能，因此得到广泛应用。对于更加先进的发动机加力燃烧室，采用层板结构是一种趋势，冷却气消耗量进一步减小，冷却效率更高。加力燃烧室的隔热屏冷却性能通过冷却效率来表征。冷却效率又称为冷却系数，是冷却系统在高温气流中因冷却作用而使壁温下降的能力。冷却效率 η_c 在绝热条件下，遵循如下关系式：

$$\eta_c = \frac{T_r - T_W}{T_r - T_C} \tag{7.8}$$

式中，T_r 为燃气温度，℃；T_C 为冷却气流温度，℃；T_W 为隔热屏壁的温度（非常靠近壁面一层气体的温度），℃。

由此可知，隔热屏壁的温度是来流燃气温度、冷却气流温度以及冷却效率的函数。

综合各种加力燃烧室隔热屏的冷却结构，其冷却方式主要有气膜冷却、发散冷却和层板冷却三类。

1）气膜冷却

气膜冷却是广泛应用于燃气轮机热端部件热防护的一种高效冷却方式，采用总压进气，其中气膜孔的结构形状和冷却型面结构是影响气膜冷却效率的重要因素。气膜冷却结构包括搓板式（又称百叶窗式）、波纹屏式、轴向进气式和小孔缝隙式等，如图 7.8 所示。这几类隔热屏冷却结构，气膜冷却效率偏低，冷却气流量

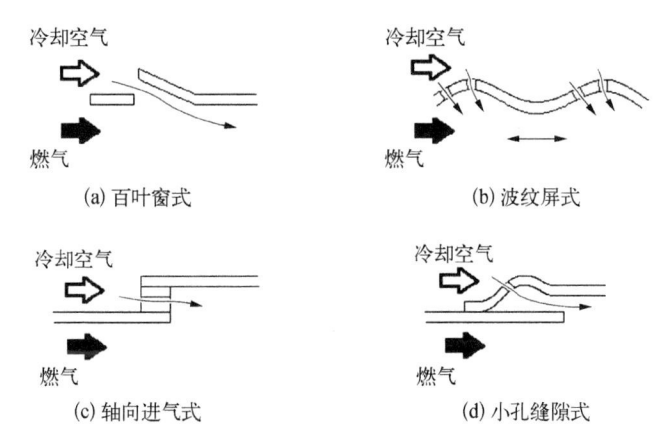

图 7.8　几种气膜冷却结构示意图

需求较大。加力燃烧室的隔热屏常用波纹屏式,国内外研究人员针对此类结构优化、提高气膜冷却效率、降低气膜孔流动损失等方面开展了大量工作。

2) 发散冷却

发散冷却是利用隔热屏两侧的静压差,通过许多小孔进气进行冷却,是冷却方式中最节省冷气的一种,非常适合大面积冷却的结构,通常与气膜冷却配合使用,如图 7.9 所示。冷却空气通过壁体进入热燃气一侧,在壁体内的微细小孔内形成大量的对流通道,提供非常大的表面积使冷却空气与壁面进行充分的对流换热。

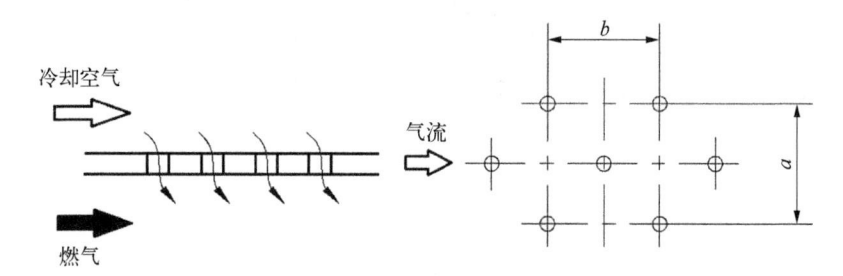

图 7.9 发散冷却结构示意图

理想情况下,微细小孔均匀地弥散在隔热屏壁体内,微细的冷却气流射入燃气侧就立即相互合并,在屏壁表面形成均匀的发散冷气保护层,使燃气与壁面的对流换热完全阻隔,只接受燃气辐射。但必须要求多孔材料有很好的传热性能及壁厚足够大,且微细小孔还存在积炭和表面氧化、易阻塞的问题,因此在实际应用中受到一定的限制。

3) 层板冷却

层板冷却是冷却效率高且用气量少的一种方案,是一种新型的冷却方式,其消耗的冷却气量可为当前采用的气膜冷却方案的 40% 左右。目前在主燃烧室设计中已有应用,但因其结构复杂、成本高、增重较多等,从经济性方面考虑,在加力燃烧室中尚未得到广泛应用。典型的层板冷却结构,如英国 Rolls - Royce 公司推出的 Transply 型多层壁专利,如图 7.10 所示,已应用在 Spey 燃烧室上;美国 AADC 公司研制的 Lamilloy 三层层板冷却结构,如图 7.11 所示,已在 GMA500、TF41 等型号的燃烧室中得到应用。层板传热的特点为,冷却气从上层板小孔进气后冲击到下一

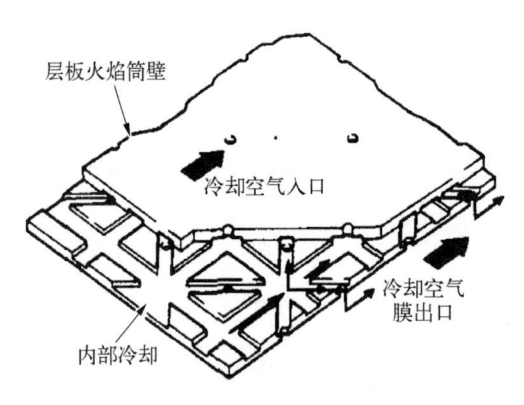

图 7.10 英国 Rolls - Royce 公司的 Transply 型多层壁

层板形成冲击冷却,并在层板间通道中形成对流冷却,使壁内换热大大增强,然后冷气在高温燃气侧壁面流出形成全气膜冷却。

在某典型发动机加力燃烧室中,应用的冲击加多斜孔双层壁复合冷却技术是一种效率更高的冷却方式,如图7.12所示,其主要特点是冷却空气先通过冲击板对多斜孔冷气侧进行冲击冷却,气流再进入多斜孔冷却板,流入燃气侧进行二次冷却。可满足其高热负荷、低可探测性加力燃烧室的使用需求。

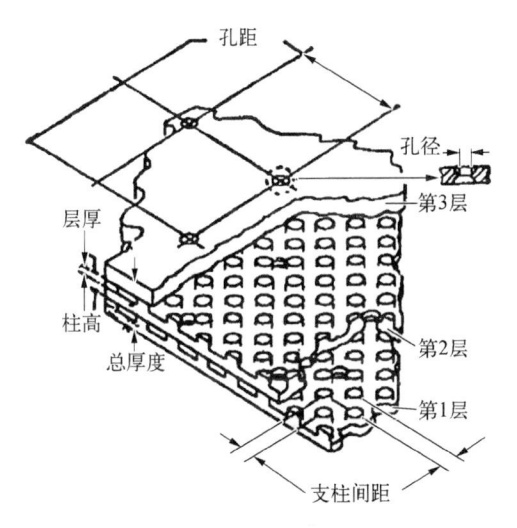

图 7.11 美国 AADC 的 Lamilloy 三层层板冷却结构示意图

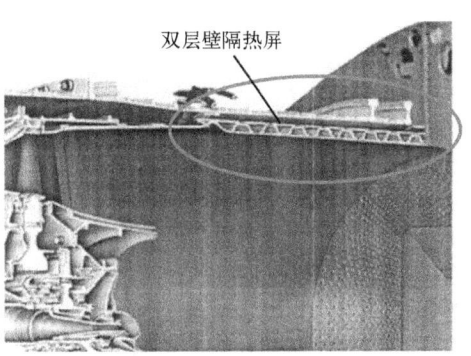

图 7.12 典型发动机加力燃烧室双层壁隔热屏结构示意图

7.3.4 隔热屏设计要点

针对目前应用比较广泛的波纹防振隔热屏,其主要的设计要点有以下几个方面。

1. 隔热屏直径

在加力燃烧室机匣直径确定的情况下,防振隔热屏的直径决定了冷却气流通道的高度,影响冷气流侧的对流换热及冷却孔处的压差,为保证冷却系统有适量的冷却气流,隔热屏的直径应根据防振屏的吸振性能和隔热屏的冷却性能计算,以及实际使用经验确定。通常防振隔热屏的进口直径增大,冷却通道内的冷却气量会减小,使隔热屏壁温增高;而直径过小,冷气量可增大,但会使加力燃烧室参与燃烧的空气量减少,同时隔热屏壁面偏近燃气流侧易发生烧蚀。隔热屏出口直径的大小决定了留给喷管的冷却气量,同时影响各段隔热屏的冷气流量分配。一般加力冷却气量可为加力燃烧室总进气量的7%~10%;隔热屏出口的冷却气量一般可为加力燃烧室进口总气量的2%~3%。

2. 隔热屏冷却孔的确定

隔热屏冷却孔的孔径和数量决定了气膜孔的面积,与冷却孔的形式和位置分布共同影响着气膜冷却的效果,主要根据使用经验和冷却计算结果择优确定。通常情况下,气膜孔的面积应小于隔热屏表面积的 10%,而总开孔面积与冷却通道出口面积之和应小于进口冷却通道面积的 50%。冷却孔的分布应根据隔热屏的结构形式和壁温分布情况确定,在局部壁温较高、冷却气量小的位置,开孔数量应适当增加。对于有涂层的隔热屏,设计时还应考虑在喷涂热障涂层或隐身涂层之后孔径有缩小的现象,因此孔径应适当放大。

隔热屏常见的开孔形式有平孔、斜孔、搓板孔和发汗孔等,如图 7.13 所示。各种开孔形式的对比情况如表 7.1 所示。

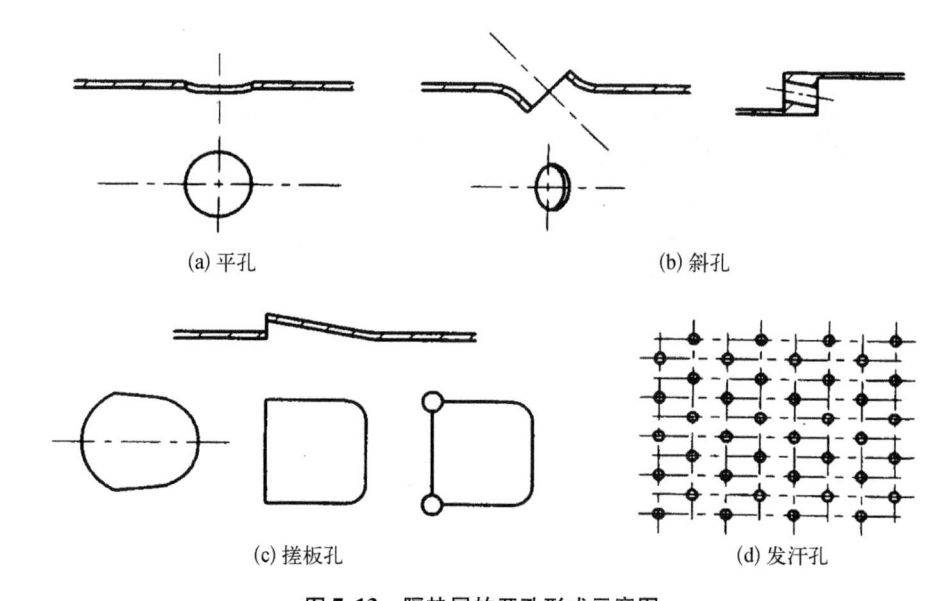

(a) 平孔　　(b) 斜孔

(c) 搓板孔　　(d) 发汗孔

图 7.13　隔热屏的开孔形式示意图

表 7.1　隔热屏的开孔形式比较

开孔形式	结构特点	优　点	缺　点	采用机种
平孔	孔与隔热屏表面垂直,静压进气	加工简便,冷却效率较高	—	广泛采用
斜孔	孔与隔热屏表面不垂直,进气方式介于总压进气和静压进气之间	钣金件加工方便,无应力集中	气膜面积小,冷却效率低	P-29
		机加工件刚性好,冷却效率高	加工困难,重量大	RB199

续 表

开孔形式	结构特点	优 点	缺 点	采用机种
搓板孔	开口为缝隙形,开口前缘可为直线或弧线。为防止裂纹,开口两端可加开小孔。总压进气	进气量大,单孔气膜面积大,工艺方便	冷却效率低,开口两端容易产生裂纹	J79、J85
发汗孔	隔热屏表面布满小孔,普通板材受工艺方法限制一般只能近似为发汗孔	开孔量大,冷却效率高	加工量大,孔若过小有可能堵塞	广泛采用

3. 隔热屏波纹尺寸

隔热屏常用的波纹形状主要有平底形、峰谷对称形和峰谷非对称形等几种形式,如图 7.14 所示。几种波纹形状结构的优缺点及应用情况如表 7.2 所示。要确定隔热屏波纹尺寸,主要包括波纹数量和波纹高度两个方面。

(a) 平底形　　(b) 峰谷对称形　　(c) 峰谷非对称形

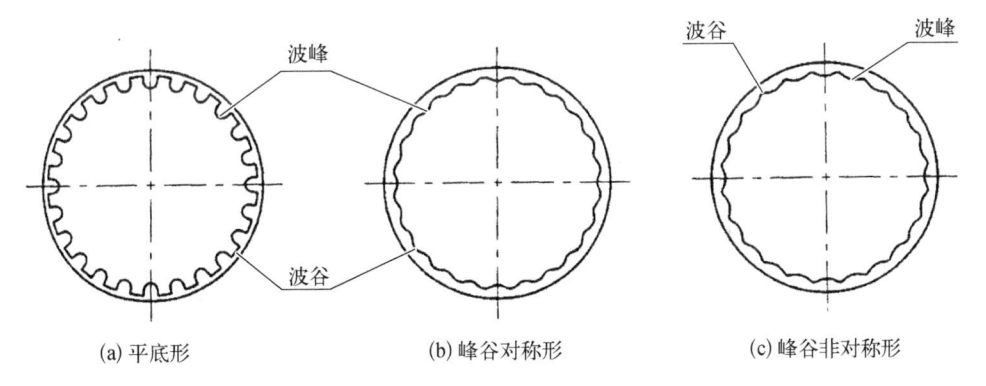

图 7.14　隔热屏常用的波纹形状示意图

表 7.2　隔热屏波纹形状的优缺点比较

波 形	形状特点	优 点	缺 点	采用机种
平底形	波峰为圆弧,波谷为平行于外壁的平底	波纹刚性好,冷却性能稳定,波形加工精度高,安装孔位置精度高,安装应力小,便于装配	峰谷处的冷却气流量相差较大,隔热屏和筒体壁温分布不均	涡喷 C、涡喷 E、АЛ-31Ф
峰谷对称形	波峰、波谷的曲率半径相同,宽度相同	峰谷的冷却通道面积较小,隔热屏与筒体的壁温分布较均匀	波纹刚性较差,峰谷的形状尺寸受安装孔位置影响,安装孔处易产生装配附加应力	阿塔、J79、斯贝
峰谷非对称形	波峰的曲率半径大于波谷的曲率半径	波谷对应的冷却通道面积小的部分比例小,峰处的温度分布均匀,冷却气利用率高	波谷处的曲率半径小,受力情况较差	J85

1) 波纹数量的确定

隔热屏固定点通常设定在波纹的波峰或波谷位置，因此隔热屏的波纹数量限定了固定点的数量和布局。对于纵向波纹隔热屏，波纹数量主要由隔热屏的总长及隔热屏分段确定，对隔热屏沿周向固定点的确定基本无影响；而对于横向波纹隔热屏，波纹数量主要由隔热屏的直径及与加力燃烧段前后构件的匹配确定，其决定了沿圆周方向固定点的数量。两种形式隔热屏的波纹数量对沿轴向固定点的确定影响均较小。

隔热屏固定点的数量及布局对隔热屏的工作有很大影响，固定点少，隔热屏的刚性弱，容易变形，从而使其冷却系统受到破坏，冷却气膜有可能被削弱或消失，甚至会使燃气倒流进冷却通道，从而引起隔热屏烧蚀。但固定点过多，会使结构复杂，重量加大，而且会增加冷却通道内的阻力，使气流损失增大，冷气流量减小，从而导致冷却效率降低，隔热屏和机匣壁温升高。因此，隔热屏的波纹数量应结合冷却计算和强度计算结果综合确定。

2) 波纹高度的确定

波纹高度影响隔热屏的结构刚性，刚性增加，可使波纹在高温下保持稳定的几何形状，隔热屏有良好的冷却隔热性能。但波纹高度过大，在冷却通道内流过波峰和波谷位置的冷气流动情况相差较大，会使隔热屏峰谷处及相应的外壁处的壁温差增加。一般情况下，波谷处冷却气量少而壁温较波峰处高，但若波纹高度过高，则会使波峰触及火焰，进而使该处的隔热屏壁温升高甚至被烧蚀。因此，波纹高度是波纹隔热屏的重要参数，应根据使用经验和设计具体条件选取，一般可为 10 mm 左右。

此外，对于应用比较广泛的纵向波纹隔热屏，国内外学者也提出了很多新型的波纹结构，采用"冲击+气膜"的复合冷却方式，具有简易层板冷却的功能，以进一步挖掘隔热屏的冷却潜力。图 7.15 为美国专利中的两种隔热屏结构，波纹形式为非对称结构，迎着气流开孔有助于进气，并在每个波纹增加了一段气流导引唇边，强化气膜孔的冷却效果。

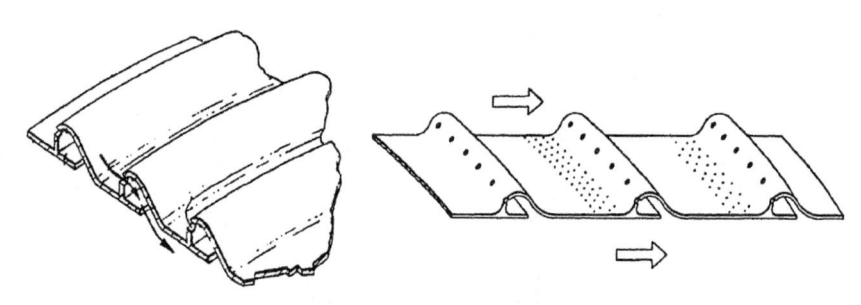

(a) 专利No.4833881中的隔热屏结构　　(b) 专利No.5483794中的隔热屏结构

图 7.15　两种新型波纹隔热屏的结构示意图

4. 隔热屏固定方式

隔热屏通过固定点与加力筒体连接,并得以支撑保持其正确的几何形状和良好的冷却性能。隔热屏的固定点位置与波纹的数量和形式密切相关,在保持结构稳定性的情况下应尽量减少固定支点的排数。

隔热屏是加力燃烧室中工作温度最高的构件,在加力温度为 2 000 K 时,隔热屏壁温可达 900~1 000℃。隔热屏一般为薄壁板材,虽然工作中承受多种载荷,但总体上受力并不大,在如此高温下工作,若固定点过少或位置不合适,则很容易产生屈曲变形,从而破坏冷却气膜,造成冷却系统失效,壁温升高,甚至产生烧蚀现象。为确保隔热屏的稳定工作,在隔热屏设计时应进行屈曲变形计算,由此确定固定点的尺寸。在设计初期,可根据具体结构和使用经验初步确定固定点的数量和位置。

针对屈曲变形常采取如下技术措施:

(1) 采取简支梁结构;
(2) 缩短两排支承固定点之间的间距;
(3) 增加支承固定点的总排数;
(4) 调整连接固定结构的安装间隙。

此外,隔热屏工作中温度梯度变化大,会产生较大的热应力,若不能得到有效的协调或释放,则可能产生隔热屏较大的翘曲变形、裂纹甚至烧蚀故障。因此,在设计固定方式时,需要考虑热变形的协调问题,通过合理设置固定点位置、预留膨胀间隙、增加柔性结构等措施,尽量减小应力集中,防止产生应力破坏。

常见的隔热屏固定方式如图 7.16 所示,各种结构的优缺点对比如表 7.3 所示。

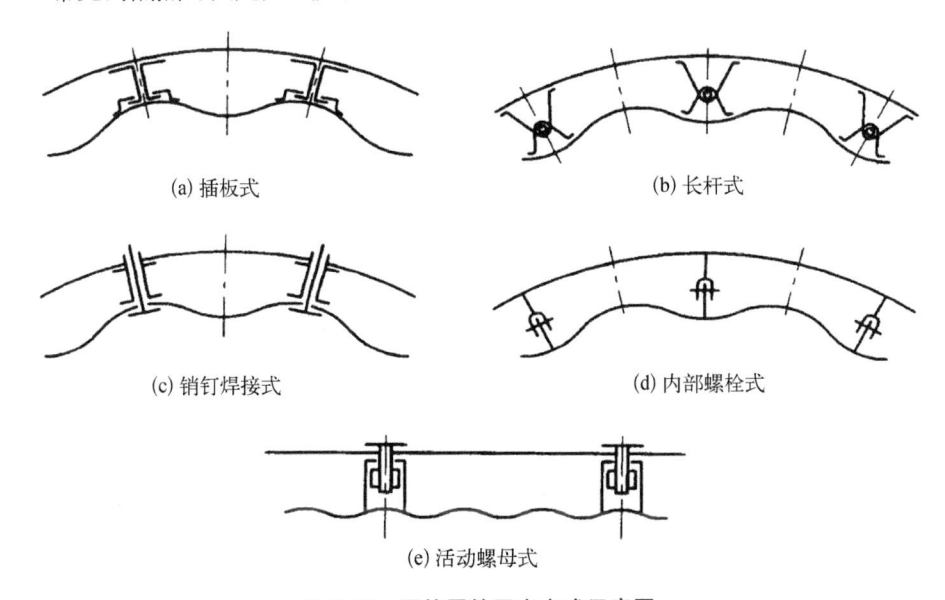

(a) 插板式

(b) 长杆式

(c) 销钉焊接式

(d) 内部螺栓式

(e) 活动螺母式

图 7.16　隔热屏的固定方式示意图

表 7.3 隔热屏固定形式的优缺点比较

固定形式	结 构 特 点	优 点	缺 点	采用机种
插板式	在筒体内表面和隔热屏外表面分别焊有插板和槽，装配时插入后再进行轴向固定	结构简单，便于热膨胀	加工精度要求较高，装配较为困难	J79
长杆式	沿圆周用若干根长杆，各长杆分别穿过隔热屏外表面和筒体内表面支架的孔，并将长杆进行轴向固定	结构简单，便于装配和热膨胀	只能用于母线无转折和锥度小的筒体	斯贝
销钉焊接式	筒体内表面焊有安装座，销钉穿过隔热屏和安装座焊于座的外端，隔热屏靠安装座定位并保证通道高度	由机械加工的安装座定位，容易保持冷却通道高度。在方案选择和初步试验时用螺钉代替销钉，便于装配分解	安装座数量多，机械加工和安装工作量大，冷却通道内的气流压力损失大	涡喷 C、P-29
内部螺栓式	在冷却通道内的前端用螺栓将隔热屏固定于筒体内壁上	加力燃烧室内的燃气流动损失小	冷却气流损失大，使用有局限性	J79
活动螺母式	隔热屏外表面装有可以活动的螺母，螺栓从筒体外部穿入隔热屏固定	螺母可以活动，可降低加工精度	螺母活动给装配带来困难	АЛ-31Ф

5. 隔热屏的分段

对于轴向尺寸较短的加力燃烧室，防振隔热屏可制成一体，不必分段，这样可以简化加工和装配。对于较长的加力燃烧室，沿轴向直径收敛较大；对于中间有转折角度的加力燃烧室，为便于安装，可将隔热屏制成分段形式。分段的数目和每段的长度可根据加力燃烧室机匣的具体结构而定。

隔热屏分段后，每段的轴向长度减小，热膨胀量可以缩小，工作更加安全、可靠。但各段之间的间隙如何确定也是隔热屏设计时需要关注的问题之一，一般在两段之间可以不留间隙，但考虑加工公差和方便装配，以及冷却气膜设计的需要，通常会留有一定的间隙，可根据冷却计算结果确定。

7.3.5 材料和工艺

1. 材料选择

加力燃烧室防振隔热屏的主要功能是防振、冷却和隔热，一般并不作为承力构件。隔热屏的工作环境很复杂，工作温度可达 900~1 000℃，甚至更高，为保证隔热屏能够稳定可靠地工作，必须保持其结构形状。因此，在隔热屏的材料选择方面应更加注意影响冷热疲劳的一些因素，如塑性、组织稳定性和缺口敏感性等，应选择耐温性能和抗腐蚀性能好、高温蠕变强度高的材料，如 GH3128、GH4099 等。对于连接固定且暴露在火焰中的零件,如销钉、铆钉等,可选熔点高的高温合金,如GH3030、GH3044等。此外,兼有金属性能和陶瓷性能、高温性能优于镍基高温合金的金属间化合物Ni3Al等新材料,以及陶瓷基复合材料等,也正在发展成为航空发动机热端部件良好的替换材料,可用于加力燃烧室。

随着加力燃烧室工作温度的不断提高,隔热屏的热负荷也在增大,材料的耐热温度和隔热屏的冷却效率效果是有限的,因此热障涂层材料已被广泛应用于加力燃烧室的隔热屏上,如二氧化锆(ZrO_2)、用氧化镁稳定的二氧化锆即锆酸镁($MgO \cdot ZrO_2$)、用氧化钇稳定的二氧化锆即锆酸钇($ZrO_2 \cdot Y_2O_3$)等。选择热障涂层的材料应具备热导率低、膨胀系数与金属基材接近等特点,并具有高温稳定性、高温耐腐蚀性以及耐磨损等基本性能。此外,对于有隐身需求的发动机,在加力燃烧室隔热屏内壁上可以喷涂雷达吸波涂层,能将入射的雷达波能量转换成热能而耗散或通过谐振效应使之消除或减弱,达到有效吸收和衰减的目的。

2. 工艺方法

当前加力燃烧室的防振隔热屏主要采用高温合金板材加工,涉及焊接、铆接、钣金成型等工艺。通常情况下,成型和焊接后应进行真空热处理,以消除残余应力。隔热屏上的冷却孔由于数量较多,机械加工效率较低,通常采用激光打孔。

隔热屏热障涂层的喷涂方法常用的有等离子体喷涂、电子束气相沉积等方法。由于隔热屏为大型薄壁零件,为保证涂层与基体的牢固结合,涂层厚度不宜过大,一般为0.2~0.3 mm。雷达吸波涂层的喷涂方法主要有涂敷和贴片两类。涂敷法有气压喷涂和涂刷两种方式,其中气压喷涂有利于在复杂型面上得到较为均匀的涂层;涂敷法通常要求多层涂敷,每层都需要进行固化。贴片方法是将涂层预先制成薄片状,施工时利用黏结剂一次贴成,这在形状复杂的表面比较困难。要避免隔热屏的涂层剥落,涂层的质量控制是关键,必须从材料的纯度、工艺的稳定、喷涂时壁温的限制、涂层的物理性质和检测手段等多方面进行综合控制。

7.4 防振隔热屏冷却计算

加力燃烧室的防振隔热屏与相连固定的加力机匣共同组成加力冷却系统,通过冷却计算,可以评估防振隔热屏的冷却功能是否满足设计要求,并选择最优化的隔热屏结构,在冷却气流量尽可能小的条件下保证加力燃烧室的安全工作和喷管冷却所需。通常冷却计算可得到加力隔热屏和机匣的壁温分布情况,以及冷却空气的流量分配和气流沿冷却流路的压降等。加力燃烧室用于冷却的空气比例一般为7%~10%。

加力冷却系统通常设计成轴对称结构,对于隔热屏型面比较简单的结构,可采取一维或二维冷却计算方法,通过联立求解燃气通道和冷却气通道的流动、换热方程进行计算；对于复杂的冷却系统结构，需要综合考虑冷却系统进口流场的不均匀性、出口与喷管的连接结构等，并采取三维冷却计算方法。

采用一维冷却计算时，物理模型可将加力燃烧室分为核心燃烧区和冷却通道两个区，对两个区分别建立流量方程和动量方程，考虑气体温度的变化、流道堵塞和气体在堵塞物之间的流动。在静压差的作用下，气体通过隔热屏的孔从冷却通道流入燃烧区。边界条件包括两个区的进口气体总压、总温，以及出口静压的平衡方程。

采用二维冷却计算时，首先给定几个简化假设条件：

（1）加力冷却系统为轴对称结构，来流为完全发展的湍流，雷诺数 $Re > 10^5$，定常流动，将整个流场假定为二维定常湍流反应流场；

（2）来流为均匀贫油预混气，给定来流速度、温度、浓度和湍流参数等；

（3）燃烧遵循简单化学反应系统假设，即燃料与氧化剂按一定质量比例进行一步反应快速完成，忽略所有中间反应，各组分的湍流输运性质相同。

数学计算模型包括湍流模型、湍流燃烧模型、热辐射模型等。防振隔热屏壁面的内外侧均有气流流动，屏壁面与流体界面处有对流热流，同时两侧气流温度相差很大，隔热屏内外壁面还存在导热换热，因此计算隔热屏壁温时，除了考虑高温热辐射的影响，还必须综合考虑导热和对流换热。

第8章
加力筒体设计

8.1 概　　述

加力筒体是加力燃烧室重要传力承力部件，形成燃烧空间以保证加力燃烧室充分组织燃烧，温度高、冷热变化强烈、温度不均匀、温差很大、热负荷大，同时承受很大的气动力、振动，易产生裂纹、变形、烧蚀等故障。因此，在加力筒体设计过程中，除了需要满足发动机总体对加力筒体安装接口和外轮廓尺寸的要求，还需要具备足够的刚性，保证工作时不变形、不失稳。

加力燃烧室的燃气流温度相当高，可达 2 000 K 以上，流速也很大，高温燃气流通过对流、辐射和热传导等方式将大量热量传递给加力筒体，使壁温超过筒体材料所能承受的温度，同时又会引起飞机内发动机舱的蒙皮温度超过允许范围。因此，为保证加力燃烧室的可靠工作寿命和满足飞机对发动机的要求，就必须对加力筒体进行冷却、隔热，使其壁温不超过允许值，保证飞机内发动机舱的蒙皮不会烧伤，同时应遵循热端部件和薄壁类构件一般设计原则，提高其可靠性、耐久性和持久性，确保自身安全、可靠工作，达到寿命要求。

8.1.1 加力筒体热分析

对于涡喷发动机加力燃烧室，其加力筒体的冷却方式可分为内冷、外冷以及内外复合冷却。内冷方式的冷却气流引自加力燃烧室前的气流，即涡轮后的较低温度的燃气，或者引自比压气机温度更低的高压气流；外冷方式的冷却气流引自飞机舱内的冷却空气，使其流过加力筒体外壁与外罩之间的通道进行冷却。此外，外冷方式还可以在加力筒体外表面包裹隔热效果较好的隔热层。涡喷发动机仅采用内冷或外冷方式，加力筒体外壁温度比较高，最高可达 1 050℃。尤其是在采用单晶涡轮叶片后，涡轮后燃气温度提高，加力筒体壁温会更高。内外复合冷却，壁温会下降，最高达 900℃ 左右。内冷加隔热屏，壁温会大幅度下降。这是因为隔热屏对加力燃烧室中的核心热流起隔热作用，避免对加力筒体内壁进行对流和辐射换热，加力筒体内壁的受热量减小，进而壁温下降。

对于涡扇发动机的加力燃烧室,外涵空气温度较低,其加力筒体的冷却方式仅采用内冷方式,即引用外涵未参加燃烧的低温空气既可以冷却加力筒体外壁,又可以冷却隔热屏,将未参加燃烧的外层气流引入加力筒体内壁与隔热屏之间进行冷却。由于外涵空气温度较低,冷却效果明显,加力筒体的壁温能控制在500℃以下,可以很好地满足加力燃烧室自身和飞机后机身的稳定、安全工作要求。

8.1.2 避免局部过热

局部温度过高会导致加力筒体屈曲变形,甚至产生烧蚀故障。消除加力筒体局部过热的重要措施是合理设计冷却隔热系统。此外,加工是否有超差同样非常重要。例如,某型发动机的加力筒体冷却隔热系统设计不合理导致飞行后出现鼓包,后来改进隔热冷却系统使鼓包消除;某型发动机的加力燃烧室隔热屏局部烧蚀,冷却空气大量流失,造成燃气倒灌流入冷却通道,导致该处加力筒体局部过热产生屈曲变形,经分析发现各段隔热屏连接处和隔热屏出口缝隙严重超差,后经设计和工艺改进故障排除。

8.1.3 重视刚性和稳定性设计

加力筒体为重要的薄壁类构件,设计时必须重视稳定性设计,保证各工作状态下不失稳。

变形是加力筒体常见的故障,一般由构件刚性差,材料屈服极限、蠕变和持久强度低,热应力过大、局部过热等导致。因此,加力筒体必须有足够的刚性,保证工作时不失稳。增强加力筒体刚性的常见措施有合理设置加强筋、采用栅格结构等。

8.1.4 分散集中负荷

加力筒体为加力燃烧室重要的承力构件,需要固定作动筒、可调喷管、外部管路、发动机的辅助吊挂等,它们会带来较大的集中载荷,若不进行分散,则会产生过大的局部应力,导致局部变形,甚至出现裂纹故障。分散集中负荷的常见措施有借助刚性强的轮箍、承力环等。

8.2 设 计 要 求

8.2.1 设计依据

加力筒体设计依据有以下几方面:
(1) 发动机总体对加力筒体安装接口的要求;

(2) 发动机总体对加力燃烧室外廓尺寸的要求;
(3) 加力燃烧室的安装要求;
(4) 发动机加力燃烧室结构方案图。

8.2.2 设计要求

加力筒体设计的主要技术指标和要求如下:

(1) 加力筒体外廓和安装接口满足发动机总体对加力筒体安装接口和外轮廓尺寸要求;

(2) 加力筒体必须有足够的刚性,保证工作时不变形、不失稳;

(3) 加力筒体最低点应设置漏油孔,确保加力切断后加力燃烧室腔内无燃油堆积;

(4) 消除热应力,加力筒体结构应能自由膨胀;

(5) 重视加力筒体冷却方案设计,尽可能满足加力筒体自身和飞机后机身的稳定、安全工作要求;

(6) 符合发动机"六性"大纲相关要求。

8.3 设 计 过 程

8.3.1 加力筒体各段长度和直径的确定

加力筒体长度和直径的选取必须同飞机和喷管的结构尺寸要求进行综合考虑,仔细分析、多次协调、计算优化得出。加力筒体一般由多段组成,筒体各段长度的选取依赖于喷管的安装、液压作动筒系统的类型、固定方式以及与飞机后机身的匹配,因此需要进行方案设计、协调、修改,最终确定各段的长度和直径。

加力筒体后段出口直径应比喷管的最大喉道直径至少大 20 mm,以便减小筒体内的流动损失,以及确保筒体内安装隔热屏后其截面仍大于喷管喉道面积。筒体中段和锥段的直径主要与飞机后机身发动机舱的内径以及发动机喷管液压系统的安装有关,通过模拟加力燃烧室与飞机后机身的安装过程来确定。

在飞机尺寸允许的条件下,加力燃烧室设计应尽可能增大燃烧区的直径,以减小总压损失和提高燃烧效率。筒体前段直径在台架状态应使筒体进口气流的 $\lambda = 0.2 \sim 0.26$,对于小加力比的发动机可选范围也是 $0.2 \sim 0.26$,可以往上限取值。从加力燃烧室的燃烧效率考虑,燃烧段长度与燃烧区直径之比一般选取 $1.5 \sim 2$。

加力筒体长度一般在 $800 \sim 1\,600$ mm,可根据飞机安装要求,筒体长度适当加长。表 8.1 为一些典型发动机加力筒体长度。

表 8.1　一些典型发动机加力筒体长度

机　种	涡喷 A	涡喷 B	涡喷 C	涡喷 D	涡喷 E	涡喷 F	F404	J75	P－29
筒体长度/mm	2 360	2 597	1 738	2 288	1 738	2 288	1 383	1 955	1 543

典型发动机加力筒体外形轮廓如图 8.1 所示。几种典型发动机的加力燃烧室筒体各段长度及直径如表 8.2。

(a) 典型涡喷发动机加力筒体

(b) 典型涡扇发动机加力筒体

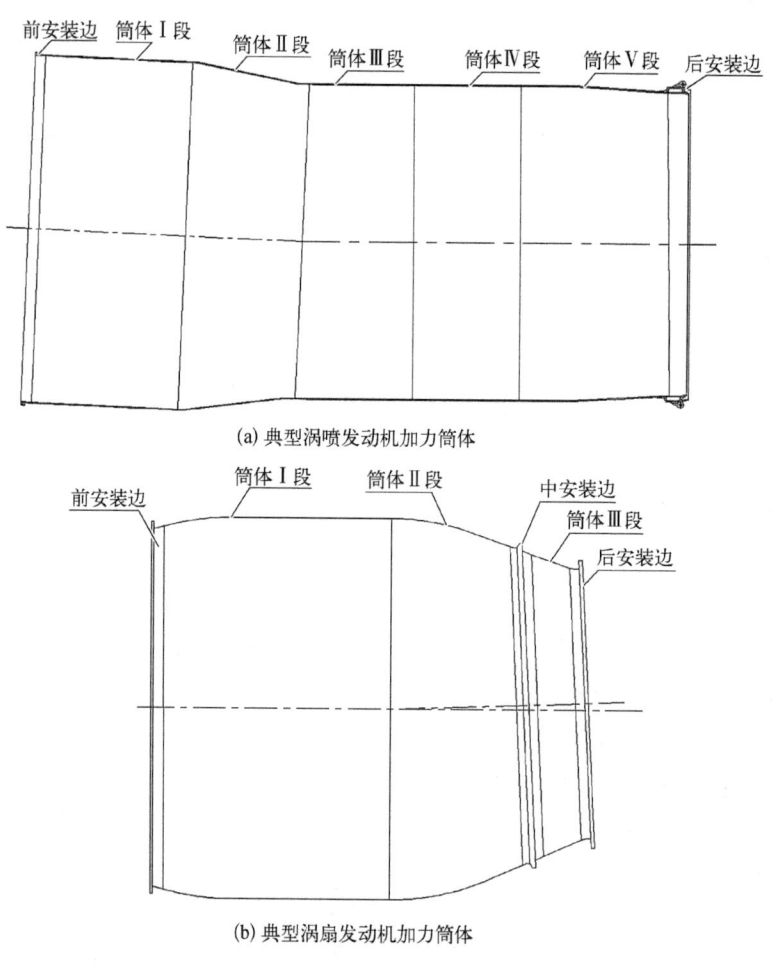

图 8.1　典型发动机加力筒体外形轮廓示意图

8.3.2　加力筒体结构设计

1. 加力筒体前段结构设计

加力筒体前段常见的安装方式有快卸环和螺栓连接两种。

表 8.2　几种典型发动机的加力燃烧室筒体尺寸　　　　　（单位：mm）

加力筒体	筒体Ⅰ段 长度	筒体Ⅰ段 直径	筒体Ⅱ段 长度	筒体Ⅱ段 直径	筒体Ⅲ段 长度	筒体Ⅲ段 直径	筒体Ⅳ段 长度	筒体Ⅳ段 直径	筒体Ⅴ段 长度	筒体Ⅴ段 直径
涡喷 D	408.1	φ884	299	φ800~φ844	583	φ800	562	φ799	438	φ770~φ779
涡喷 E	389	φ884	306	φ800~φ844	434	φ800	142	φ799	355	φ759~φ779
P-29	133	φ995~φ1 052	518	φ1 052	498	φ1 052	491	φ913~φ1 052	—	—
某涡扇发动机	447	φ965~φ1 000	267	φ879~φ1 000	75	φ789~φ847	—	—	—	—

第一种典型的加力筒体前段结构是前端焊有不带螺栓孔的安装边,与扩散器后安装边通过快卸环相连接,如图 8.2 所示。这种结构通常用于涡喷发动机,如涡喷 C、涡喷 D、P-29、涡喷 E 等发动机。其优点是加力筒体与扩散器的安装拆卸方便快捷、允许相互窜动、可补偿加力筒体和后机身的加工误差。其缺点是可靠性不如螺栓连接,而且加力筒体上还必须设置导轨或吊耳等辅助支点,以便将加力筒体固定在飞机上。这种安装边的尺寸设计和选材都很考究,选材时应参照现有机种来选取,还要考虑相连零件热膨胀的相容性。几种典型发动机快卸环连接处的选材如表 8.3 所示。

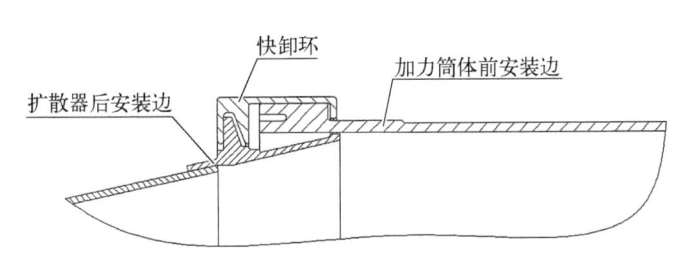

图 8.2　加力筒体的快卸环连接结构示意图

表 8.3　几种典型发动机快卸环连接处的选材

机　种	扩散器外壁	扩散器后安装边	快卸环	喷筒前安装边	喷筒前壁
涡喷 D	GH3039	GH3030	GH36	GH3030	GH3039
涡喷 E	GH16	GH16	GH36	GH16	GH3044
P-29	GH3044	GH3044	GH2696	GH3044	GH99

第二种典型结构是带螺栓连接安装边的加力筒体前段,由带孔的安装边与加力筒体焊接而成,在这种加力筒体前安装边上有许多孔,用于同扩散器相连接。其优点是与扩散器连接的可靠性高、能承受大机动过载和气动力。其缺点是加力筒体与扩散器安装拆卸不如快卸环方便快捷、要求加力筒体和后机身的加工精度高。带收敛扩散喷管的涡扇发动机均采用这种结构,如 F100、F110、F101、RD93、F404、M88、EJ2000、F119、F135 等涡扇发动机。

螺栓连接的安装边可以设计成如图 8.3 所示的结构,特点是在前安装边上钻有 $\phi 6$ mm 的孔 D,用于穿过固定防振屏的销子,待防振屏安装定位调整好后,再将销子焊接在凸台的外表面上。这种结构的优点是避免了在钛合金筒体上焊接固定防振屏安装座太困难,消除了每个安装座单独焊接时所造成的焊接误差,提高了安装孔 D 的位置精度,有利于防振屏的安装,防止产生大的安装应力,并能减少焊接时气体保护的工作量。为了进一步提升加力筒体的可装配性和维护性,自锁螺母+螺栓逐渐取代螺母+锁片+螺栓的连接方式。同时,为了满足发动机安装和吊装要求,一般在加力筒体上设置辅助安装节,典型结构如图 8.4 所示。

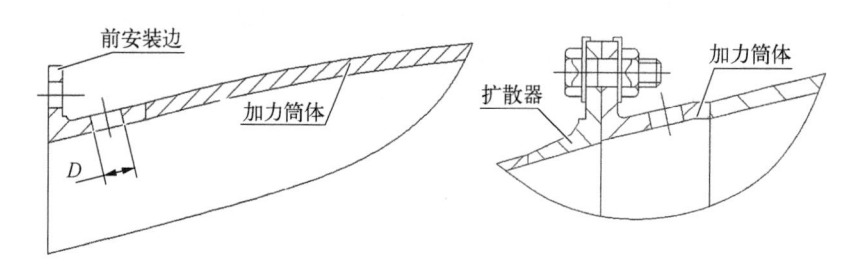

图 8.3 加力筒体前安装边示意图

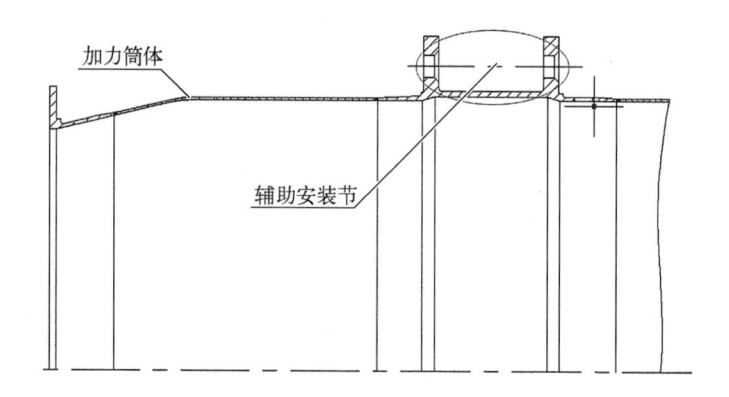

图 8.4 典型加力筒体辅助安装节示意图

通常在安装边上作用有压力载荷、向后的轴向力和惯性弯矩,结构设计时应进行强度计算,主要计算 $A—A$ 和 $B—B$ 两个截面处的应力,如图 8.5 所示。在这两个截面上,内压力 q 的作用影响很小,可略去不计,而计算轴向力 F 和弯矩 M_i 同时作用下在 A—A 和 B—B 截面上产生的弯曲应力,其方法是把轴向力 F 和弯矩 M_i 的当量轴向力相加,得到总的轴向力。

$$F_{总} = F + \frac{4M_i}{D_m} \tag{8.1}$$

式中,$F_{总}$ 为总的轴向力;F 为加力筒体和喷管产生的轴向力;M_i 为惯性过载产生的弯矩;D_m 为加力筒体壁的平均直径。

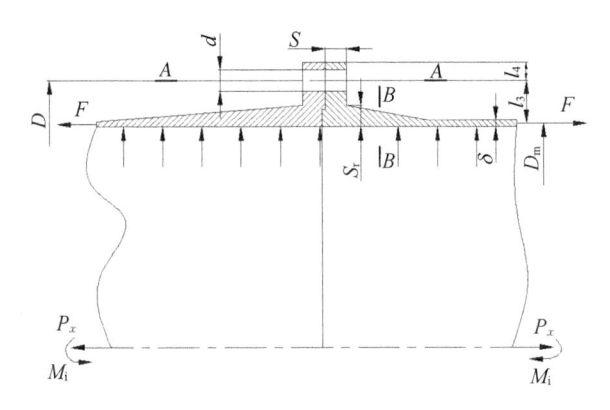

图 8.5 加力筒体的安装边载荷计算图

按式(8.1)计算出总的轴向力后,计算截面 A—A 上的弯矩:

$$M_A = \eta F_{总} l_3 \tag{8.2}$$

式中,l_3 为安装边螺栓孔中心到加力筒体比平均直径的距离;η 为弹性修正系数,按式(8.3)近似计算。

$$\eta = \frac{1 + 0.72 \frac{\sqrt{(\delta D_m/2)}}{l_3} \left[\frac{2S}{(S_r + \delta)}\right]^3 \frac{\pi D - N_b d}{\pi D_m}}{2 + 0.72 \frac{\sqrt{(\delta D_m/2)}}{l_3} \left[\frac{2S}{(S_r + \delta)}\right]^3 \frac{\pi D - N_b d}{\pi D_m}} \tag{8.3}$$

式中,δ 为加力筒体壁厚;S 为安装边厚度;S_r 为安装边根部厚度;D 为安装边螺栓孔中心所在圆直径;d 为螺栓孔直径;N_b 为螺栓孔数量。

A—A 截面的弯曲应力:

$$\sigma_{A-A} = \frac{6M_A}{(\pi D - N_b d)S^2} \tag{8.4}$$

B—B 截面的弯矩：

$$\sigma_{B-B} = (1-\eta)F_{总}l_3 \tag{8.5}$$

B—B 截面的弯曲应力：

$$\sigma_{B-B} = \frac{6M_B}{\pi D\left(\dfrac{S_r+\delta}{2}\right)^2} \tag{8.6}$$

当工作压差为 0.2~0.8 MPa，螺栓所在圆直径为 D = 100~1 300 mm，安装边的材料为结构钢或高温合金时，图 8.6 中的尺寸通常设计在下列范围内：

$$S = (3 \sim 5) + 0.002\,5D \tag{8.7}$$

$$d = (1.25 \sim 20)S \tag{8.8}$$

$$l = (5 \sim 8)d \tag{8.9}$$

式中，S 为安装边厚度；D 为安装为螺栓孔中心线所在圆直径；d 为螺栓孔直径；l 为螺栓孔的孔距。

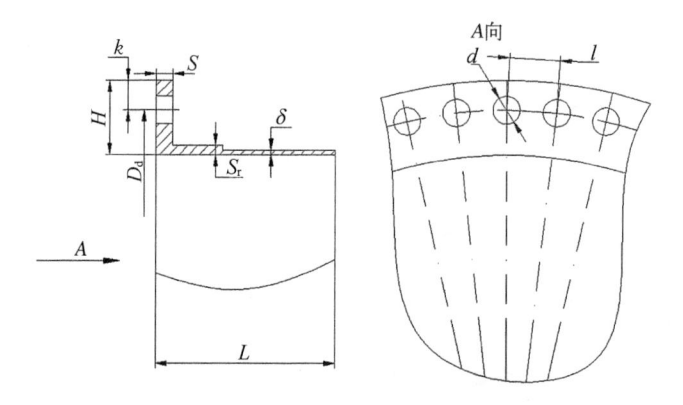

图 8.6 安装边尺寸示意图

对于螺栓孔的孔距 l，当严格密封时，有

$$l = 2.5d \tag{8.10}$$

当对密封要求不高时，有

$$l = 10d \tag{8.11}$$

螺栓连接应防止脱开或松动，需要进行静强度校核，可按下面两种情况进行

计算。

第一种情况是在筒体安装边仅受轴向力 F 作用的情形下,对螺栓进行静强度校核。螺栓的安全系数和预紧系数如表 8.4 和表 8.5 所示。

表 8.4 螺栓的安全系数

材料	静/变载荷对应的安全系数	
	静载荷	变载荷
碳素钢	4~3	10~6.5
合金钢	5~4	7.5~5

表 8.5 螺栓的预紧系数 C_0

连接情况	静/变载荷对应的预紧系数 C_0	
	静载荷	变载荷
紧固	1.2~2	2~4

加力筒体安装边连接一般采用 M6~M8 的螺栓,因此安全系数一般取大的数值。

第二种情况是在筒体安装边仅受横向载荷作用的情形下,对螺栓进行静强度校核。

加力筒体前段直径一般比后段直径大,又为薄壳结构,因此在外压力、横向惯性力及脉动气动压力作用下有可能发生屈曲变形或振动疲劳,根据加力筒体前段的受力特点设计时可进行以下四方面的计算:

(1) 筒体在外压力作用下发生的弹性屈曲;
(2) 筒体在横向力作用下发生的弹性屈曲;
(3) 筒体的固有频率计算;
(4) 筒体的应力计算。

2. 筒体后段结构设计

加力筒体后段的典型结构示意图如图 8.7 所示。加力筒体的前段为圆柱筒体,后段通常为圆锥筒体,并按实际需要在筒体上焊接和安装其他各种零件。对于非矢量舰载机发动机,为满足舰载机的特殊装机要求,加力燃烧室出口相对于发动机轴线上翘或下翘偏折一定角度,偏折角度通过筒体转接段实现,如图 8.8 所示。对于带二元矢量喷管的加力燃烧室,加力筒体的后段为圆锥转方过渡结构。

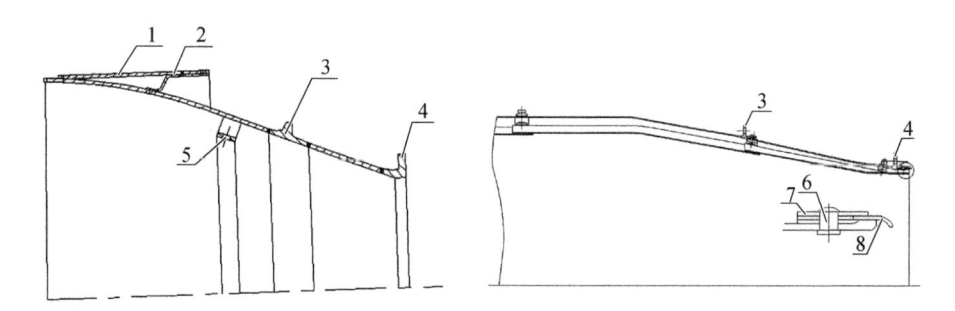

图 8.7 加力筒体后段典型结构示意图

1—整流罩；2—支撑环；3—中安装边；4—后安装边；5—环；6—铆钉；7—垫片；8—板片

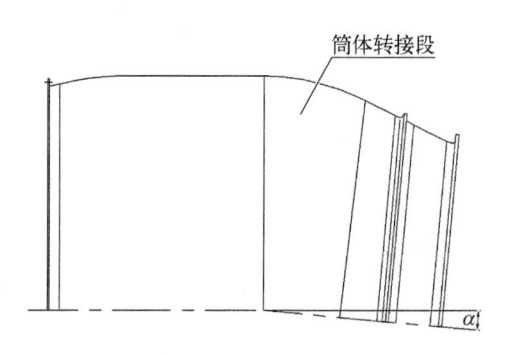

图 8.8 加力筒体偏折示意图

3. 加力筒体局部加强结构设计

加力筒体除了受内压或外压，局部地方还受集中载荷，如喷管、作动筒、吊挂等传来的集中力，对其安装部位常采用下列方法加强。

1）在筒体后端设置安装边

几种典型筒体后端安装边结构示意图如图 8.9 所示。

(a) 涡喷A加力筒体后端安装边结构　　(b) 涡喷B加力筒体后端安装边结构

(c) 涡喷C加力筒体后端安装边结构　　(d) 涡喷D加力筒体后端安装边结构

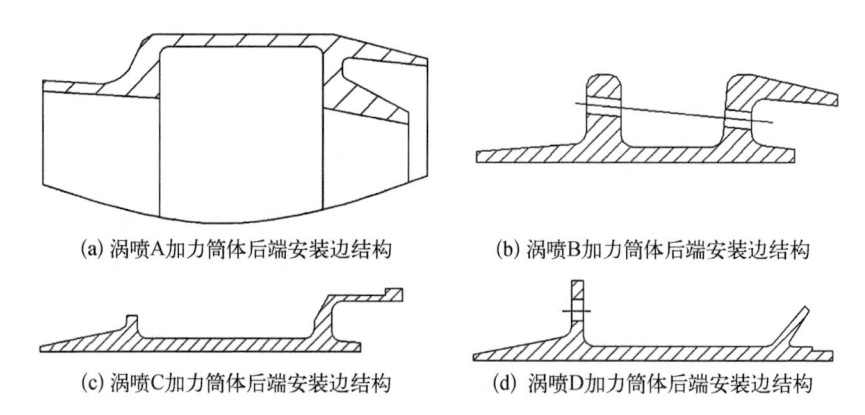

图 8.9 几种典型的加力筒体后端安装边结构示意图

2) 在承力座处设置轮箍

轮箍结构有几种形式，典型的第一种轮箍结构如图 8.10 所示。其尺寸较大，厚度为 2.2 mm，用于承受作动筒传来的集中载荷，并固定加力筒体的吊挂，与加力筒体之间采用铆接，与固定座和吊挂之间也采用铆接。铆钉孔与筒体上的孔一起配钻，铆钉直径可取 4±0.08 mm，端头直径为 8 mm。

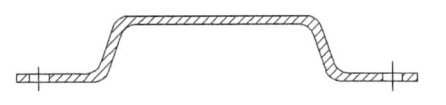

图 8.10　第一种轮箍结构

第二种轮箍结构如图 8.11 所示。其宽度属中等，高度较高，且两边不等，用于同锥壁相连接，可采用焊接或铆接，其两侧开孔时能承受中等载荷的集中力。该结构上面铆有承力支架或承力盒，沿圆周可固定十几个喷管作动筒，并支撑固定喷管弹性过渡段，扩散调节片和外调节片的部分作用力亦经此轮箍传到加力筒体上。

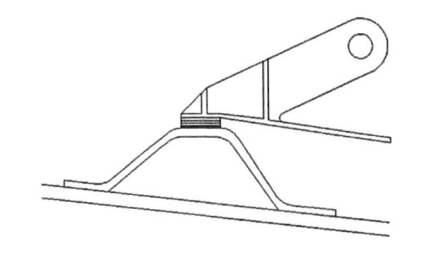

图 8.11　第二种轮箍结构　　**图 8.12　第三种轮箍结构**

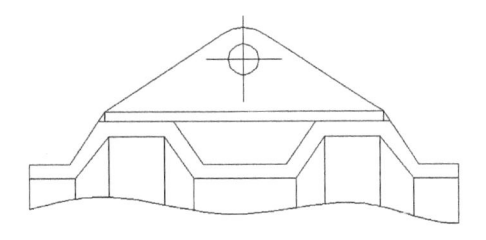

第三种轮箍结构如图 8.12 所示。这种结构具有双峰的特点，轴向尺寸较宽，高度中等仅为 9 mm，外廓尺寸较小，而刚度较大，用于固定加力筒体的吊挂，拉杆将加力筒体与飞机相连接，使筒体在集中载荷（惯性力）作用下不会失稳或产生大的变形。它与加力筒体之间采用 3 条搭接缝焊，其焊缝宽度为 5~6 mm，对应滚轮宽度为 6~7 mm。

3) 筒体上受集中载荷的吊挂、耳座的设计

耳座、吊挂结构示意图如图 8.13 所示。

吊挂用销钉承受的最大弯矩为

$$M_{\max} = \frac{F}{6}(l_1 + l_2) \tag{8.12}$$

式中，F 为吊挂承受最大拉力；l_1 为吊挂厚度的 1/2；l_2 为耳座厚度。

最大弯曲应力为

$$\sigma_{\max} = \frac{M_{\max}}{W} = \frac{32F(l_1 + l_2)}{6\pi d^3} = \frac{16F(l_1 + l_2)}{3\pi d^3} \leqslant 0.3\sigma_{\mathrm{b}} \tag{8.13}$$

式中，d 为销钉直径；W 为吊挂的宽度。

(a) 耳座、吊挂安装示意图

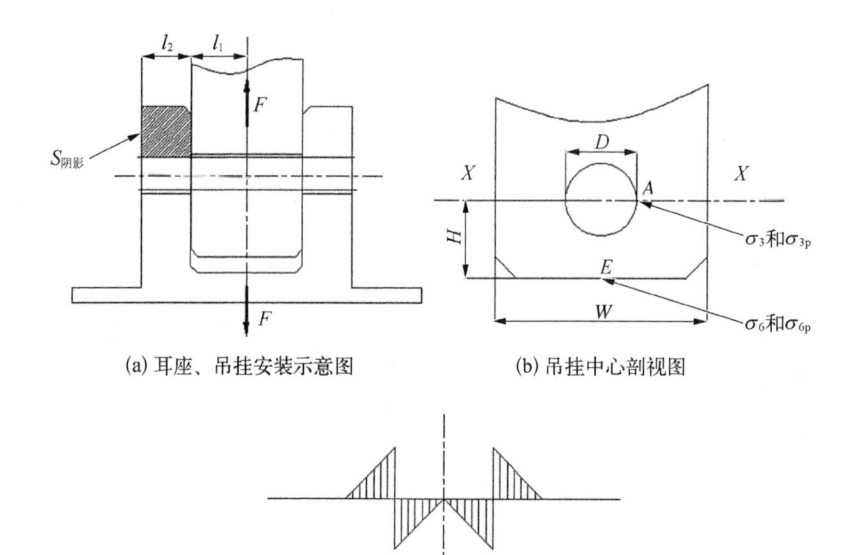

(b) 吊挂中心剖视图

(c) 耳座、吊挂载荷示意图

图 8.13 耳座、吊挂结构示意图

受剪平面内销钉的斜率按式(8.14)计算:

$$\frac{Fl_1}{24EJ}(3l_1 + 4l_2) = \frac{64Fl_1}{24E\pi d^4}(3l_1 + 4l_2)$$

$$= \frac{8Fl_1}{3E\pi d^4}(3l_1 + 4l_2) \leqslant 0.003 \text{ mm/mm} \tag{8.14}$$

吊耳或拉杆在 X—X 截面上名义拉伸应力按式(8.15)计算:

$$\sigma_{\text{nom}} = \frac{F}{2l_1(W-D)} \leqslant 0.25\sigma_b \tag{8.15}$$

式中,D 为销孔直径。

吊耳或拉杆的峰值拉伸应力发生在图 8.13 中 A 点和 E 点处,按式(8.16)~式(8.19)计算:

$$\sigma_3 = K\sigma_{\text{nom}} \tag{8.16}$$

$$\sigma_{3P} = 1.25\sigma_3 \leqslant 1.3\sigma_b \tag{8.17}$$

$$\sigma_6 = B\sigma_3 \tag{8.18}$$

$$\sigma_{6P} = 1.25\sigma_6 \leqslant 0.8\sigma_b \tag{8.19}$$

式中,σ_3 为 A 点峰值应力的平均值;σ_{3P} 为 A 点峰值应力的最大值;σ_6 为 E 点峰值应力的平均值;σ_{6P} 为 E 点峰值应力的最大值;K 为销孔应力集中系数;B 为销孔破裂比。

销孔应力集中系数 K 的变化曲线如图 8.14 所示,销孔破裂比 B 变化曲线如图 8.15 所示。

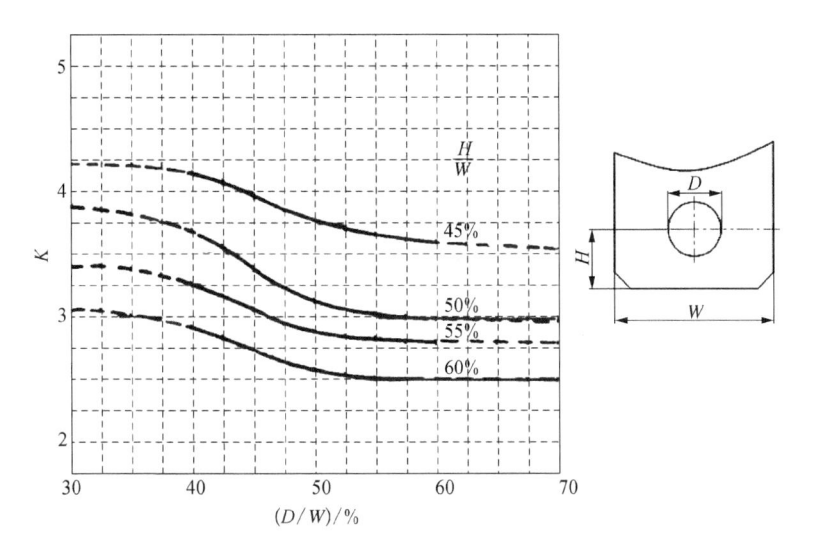

图 8.14 销孔应力集中系数 K

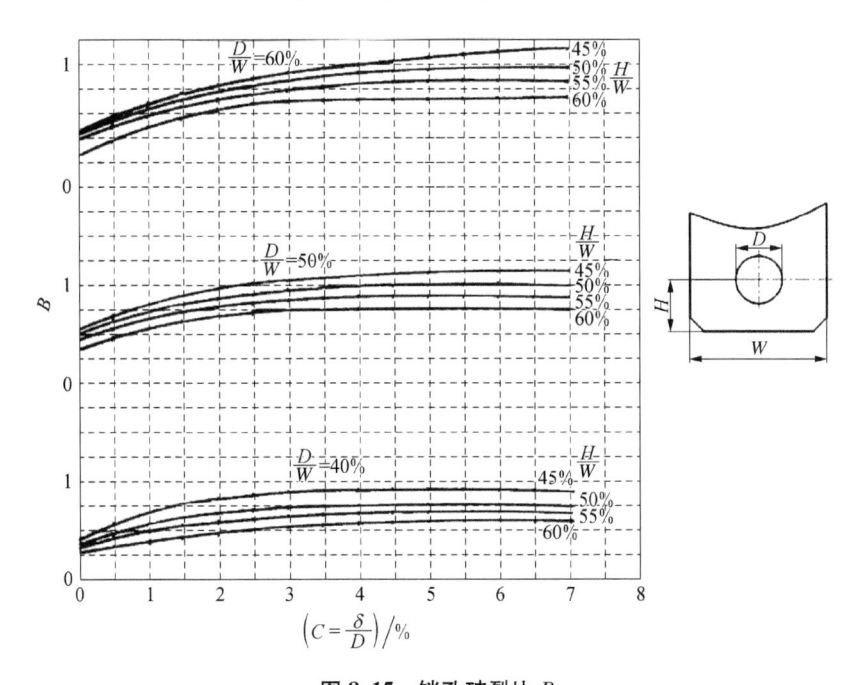

图 8.15 销孔破裂比 B

图 8.15 中的 δ 为销子的直径间隙,即等于孔径减去销子的直径。由图可以看出,销子的直径间隙越大,销孔处的破裂比越大,对受力不好;反之,若直径间隙过

小,则不易安装,并在安装后产生大的装配应力,增大销孔处的应力集中,因此对销子直径间隙的选取应全面考虑,一般配合按间隙配合。

耳座的破坏应力如下:

$$\sigma_\mathrm{f} = \frac{F}{1.5 \times S_{阴影} \times 2} \leqslant 0.45\sigma_{0.1} \tag{8.20}$$

式中,$S_{阴影}$为图8.13所示阴影面积。

当耳座的宽度为W,高度为H时,则耳座在$X—X$截面上的名义拉伸应力计算如下:

$$\sigma'_\mathrm{nom} = \frac{F}{2l_2(W-D)} \tag{8.21}$$

耳座的峰值应力的平均值和最大值为

$$\sigma'_3 = K\sigma'_\mathrm{nom} \tag{8.22}$$

$$\sigma'_{3P} = 1.25\sigma'_3 \leqslant 1.3\sigma_\mathrm{b} \tag{8.23}$$

$$\sigma'_6 = B\sigma'_3 \tag{8.24}$$

$$\sigma'_{6P} = 1.25\sigma'_6 \leqslant 0.8\sigma_\mathrm{b} \tag{8.25}$$

4)栅格加强筋的设计

第四代及以上航空发动机的加力筒体均采用栅格加强筋结构,一般采用分段环锻件数控机加工后焊接,如图8.16所示。机加工件精度较高,焊接接口尺寸匹配较好,可以提高焊接质量。

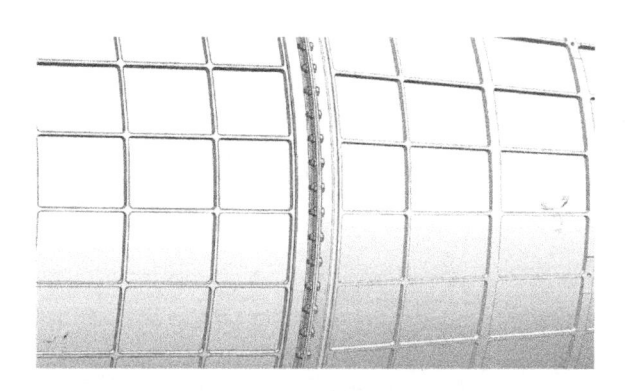

图8.16 栅格加强筋结构示意图

5)筒体直径变化、轴线转折或受集中力作用处的设计

筒体直径变化、轴线转折或受集中力作用部位受力较复杂,设计时可采用ADINA、NASTRAN、ANSYS等程序进行受力计算,根据应力大小进行适度加强,满足结构准则的要求。

当发动机假起动或起动失败和加力切断时,加力筒体会累积燃油和滑油混合物,若不排除,发动机起动成功后燃油和滑油混合物则会在加力筒体内产生爆燃,导致筒体变形或损坏。因此,应在加力筒体最低位置处设置漏油孔,漏油孔具体结构形式由飞机漏油接口确定。漏油孔结构通常为放油接嘴、堵盖和压紧螺母;放油接嘴。

另外,加力筒体外壁上为了固定隔热屏(含防振屏),在结构上还有许多安装座或支架,一些典型发动机加力筒体上的安装座或支架数如表 8.6 所示。

表 8.6 一些典型发动机加力筒体上的安装座或支架数

发动机	安装座或支架排数	每排个数	总数
斯贝 MK202	24	32	768
P-29	10	36	360
AЛ-31Φ	5	44	220
涡喷 C	9	24	216
F110-GE-129	3	15,48	15+48×2=111
涡喷 E	7	30	210
涡喷 F	11	15,30	15×2+30×9=300
RD33	5	30	150

8.3.3 加力筒体的壁温计算

加力筒体壁温计算常用方法有一维的半经验半理论计算方法和数值仿真分析方法。本节主要介绍半经验半理论计算方法,对加力筒体外壁分别建立热平衡方程,求解壁温。

1) 假设条件

假设条件有以下几个:

(1) 不考虑喷管作动筒、拉杆等部件的换热特性;
(2) 所有壁面均未涂隔热层;
(3) 冷却通道的气流流动为一维定常的紊流;
(4) 冷却通道的进口总压等于防振屏出口的总压;
(5) 冷却通道的进口气流静温等于防振屏出口的静温;
(6) 冷却通道内在正常条件下静温升很小,不超过 50℃;
(7) 筒体壁温在内外冷却条件下等于某一定值,即假定等于材料允许温度;

（8）加力燃烧室的燃烧温度随着轴向距离的增大而升高,升高规律是按经验公式确定的;

（9）计算点为地面台架上的全加力状态,加力燃烧室的流量不变。

2）隔热屏

对于隔热屏,有如下热平衡方程:

$$q_{R1} + q_{C1} = q_{R2} + q_{C2} \tag{8.26}$$

式中,q_{R1} 为燃气向隔热屏的辐射换热量;q_{C1} 为燃气与隔热屏的对流换热量;q_{R2} 为隔热屏向筒体内壁的辐射换热量;q_{C2} 为隔热屏与冷却气之间的对流换热量。其中,

$$q_{R1} = \sigma \frac{1+e_b}{2} e_f T_{t,f}^{1.5} (T_{t,f}^{2.5} - T_b^{2.5}) \tag{8.27}$$

式中,玻尔兹曼常数 $\sigma = 5.67 \times 10^{-8}$;隔热屏壁面的黑度 $e_b = 0.7$;$T_{t,f}$ 为燃气温度;T_b 为隔热屏壁温。

燃气的黑度 e_f 由以下经验关系式确定:

$$e_f = 1 - e^{[-0.9 \times 10^4 P_{s,f}(D_b q^{-1})^{0.5} T_{t,f}^{-1.5}]} \tag{8.28}$$

式中,$P_{s,f}$ 为燃气通道静压;D_b 为隔热屏直径;q 为燃气向隔热屏的辐射换热量。

燃气与隔热屏的对流换热量 q_{C1} 表达式为

$$q_{C1} = h_1(T_{ab} - T_b) \tag{8.29}$$

式中,h_1 为对流换热系数;T_b 为隔热屏壁温;T_{ab} 为隔热屏的绝热壁温。

3）加力筒体外壁

对于加力筒体外壁,有如下热平衡方程。

（1）无外罩:

$$q_{R2} + q_{C3} = q_{Rout} + q_{C4} \tag{8.30}$$

式中,q_{C3} 为冷却气与筒体外壁间的对流换热量;q_{Rout} 为加力筒体外壁向外界大气的辐射换热量;q_{C4} 为加力筒体外壁与外冷却气的对流换热量。

（2）有外罩:

$$q_{R2} + q_{C3} = q_{R4} + q_{C4} \tag{8.31}$$

式中,q_{R4} 为加力筒体外壁向外罩的辐射换热量。

4）方程组中各项关系式说明

（1）隔热屏燃气侧对流换热系数,可由式(8.32)确定:

$$h_1 = 0.023 \frac{\lambda_s}{\mu_s^{0.8}} \left(\frac{W_s}{gF_s}\right)^{0.8} \frac{1}{s} Pr^{0.4} \tag{8.32}$$

式中，λ_s 为气膜冷却气流的导热系数；μ_s 为气膜冷却气流的黏性系数；W_s 为气膜冷却射流流量；F_s 为孔或缝隙的有效截面积；s 为气膜气流入口处的有效当量高度。

（2）对流换热关系式中的 T_{ab} 为冷却气膜的绝热壁温，与冷却效率 η 有关：

$$T_{ab} = T_{t,f} - \eta(T_{t,f} - T_{s,f}) \tag{8.33}$$

冷却效率 η 与冷却射流孔（或缝隙）几何尺寸及气流参数有关，可由式（8.34）确定：

$$\eta = \frac{1}{1 + C_m \dfrac{x}{m s}} \tag{8.34}$$

式中，C_m 为紊流混合系数；x 为冷却气膜有效长度；s 为孔（或缝隙）当量高度；m 为冷却射流与燃气射流的重量流量比。

冷却射流与燃气射流的重量流量比 m 的表达式为

$$m = \frac{r_s \omega_s}{r_f \omega_f} \approx \frac{\varphi_\omega W_s F_f}{\mu_s W_f \sum F_s} \tag{8.35}$$

式中，φ_ω 为速度系数；W_f 为主燃气流流量；F_f 为隔热屏截面积；$\sum F_s$ 为冷却射流孔（或缝隙）出口的总有效截面积。

冷却射流的流量可由式（8.36）和式（8.37）确定。

对于小孔：

$$W_s = \mu_s \sqrt{2\rho(p_{t,s} - p_{s,s})} \sum F_s \tag{8.36}$$

对于缝隙：

$$W_s = \mu_s \sqrt{2\rho(p_{t,s} - p_{t,f})} \sum F_s \tag{8.37}$$

式中，$p_{t,s}$、$p_{s,s}$ 分别为冷却射流气流的出口的总压、静压；$p_{t,f}$ 为主燃气流的总压。

冷却小孔的当量高度可由式（8.38）确定：

$$s = \frac{\sum F_s}{\pi(D_b - s)} = \frac{n d_s^2}{4(D_b - s)} \tag{8.38}$$

（3）隔热屏向筒体内壁的辐射换热量 q_{R2}。

q_{R2} 与隔热屏壁和筒体壁的黑度 e_b、e_w 有关，即

$$q_{R2} = \sigma \left[\frac{e_b e_w}{e_w + e_b(1-e_w)\dfrac{D_b}{D_w}} \right] (T_b^4 - T_w^4) \tag{8.39}$$

式中，D_w 为加力筒体直径；T_w 为加力筒体壁温。

(4) 隔热屏与冷却气间的对流换热量 q_{C2}：

$$q_{C2} = h_2(T_b - T_s) \tag{8.40}$$

式中，T_s 为隔热屏冷却通道侧绝热壁温。h_2 可根据上述方法推得

$$h_2 = 0.023 \frac{\lambda_1}{\mu_1^{0.8}} \frac{W_1^{0.8}}{gF_1} \frac{1}{H_1} Pr^{0.4} \tag{8.41}$$

式中，λ_1 为内冷却气流的导热系数；μ_1 为内冷却气流的黏性系数；W_1 为内冷却气流的流量；F_1 为内冷却通道的有效截面积；H_1 为内冷却通道的有效当量高度。

(5) 冷却气与筒体外壁间的对流换热 q_{C3}：

$$q_{C3} = h_2'(T_w - T_s) \tag{8.42}$$

式中，T_s 为隔热屏冷却通道侧绝热壁温。

h_2' 可由式(8.43)推得

$$h_2' = 0.023 \frac{\lambda_1}{\mu_1^{0.8}} \frac{W_1^{0.8}}{gF_1} \frac{1}{H_1} Pr^{0.4} \tag{8.43}$$

因此，$h_2 = h_2'$。

(6) 筒体外壁向外的辐射换热量 q_{R4}：

$$q_{R4} = \sigma \left[\frac{e_p e_w}{e_p + e_w(1-e_p)\dfrac{D_w}{D_p}} \right] (T_w^4 - T_p^4) \tag{8.44}$$

式中，e_p 为外罩的黑度系数；T_p 为外罩的壁温。

(7) 筒体外壁向外界大气的辐射换热量 q_{Rout}：

$$q_{Rout} = 5.67 \times 10^{-8} \times e_w \times (T_w^4 - T_\beta^4) \tag{8.45}$$

式中，T_β 为外腔的空气温度。

(8) 筒体外壁与外冷却气的对流换热量 q_{C4}：

$$q_{C4} = h_3(T_w - T_\alpha) \tag{8.46}$$

式中，T_W 为加力筒体外表面温度；T_α 为加力筒体外表面冷却气温度；h_3 为筒体外壁与外冷却气的对流换热系数。

筒体外壁与外冷却气的对流换热系数 h_3 表达式为

$$h_3 = 0.023 \frac{\lambda_\alpha}{\mu_\alpha^{0.8}} \left(\frac{W_\alpha}{gF_\alpha}\right)^{0.8} \frac{1}{H_\alpha} Pr^{0.4} \tag{8.47}$$

式中，λ_α 为外冷却气流的导热系数；μ_α 为外冷却气流的黏性系数；W_α 为外冷却气流的流量；F_α 为外冷却通道的有效截面积；H_α 为外冷通道有效当量高度。

将式(8.26)~式(8.47)联立迭代求解，即可求出筒体外壁的温度。

8.3.4 加力筒体的强度计算

加力筒体在工作中承受的载荷主要有下面两种。

（1）由发动机工作产生的载荷：包括机匣内外表面的气体静压力差、由后段机匣传来的气动轴向力、由温度不均匀所引起的热应力。

（2）由飞机的机动飞行产生的载荷：惯性力。

加力筒体进行强度验算，确定其结构尺寸，以保证其具有足够的安全系数。

1. 计算状态及输入参数

选取以下两个状态作为强度验算点：

（1）发动机台架状态（$H=0\,\mathrm{km}$，$Ma=0$）的全加力状态；

（2）发动机最大气动负荷状态（$H=0\,\mathrm{km}$，$Ma=Ma_{\max}$）的全加力状态（取最大过载系数 $n_y=8$）。

需要的输入参数有：

（1）两个计算状态的气动参数（$P_{t,1}$、$P_{t,4}$、$T_{t,4}$、$P_{t,9}$、$T_{t,9}$、$W_{g,4}$、$W_{g,6}$）及喷口直径 D_9；

（2）相关零组件（扩散器组件、可调喷口壳体前段、调节环、喷口液压操作系统组件、可调喷口壳体后段、调节片及密封片）的质量。

2. 计算方法

（1）沿轴向变化的总压 $P_{t,x}$：

$$P_{t,x} = P_{t,i} - \frac{P_{t,i} - P_{t,o}}{l_{i,o}} x \tag{8.48}$$

式中，$P_{t,i}$、$P_{t,o}$ 分别为计算段进口、出口截面的总压；$l_{i,o}$ 为计算段轴向长度。

（2）总温。

① 在扩散器内总温不变，即

$$T_{t,x} = T_{t,4} \tag{8.49}$$

② 燃烧区总温沿轴长度按正弦规律变化,即

$$T_{t,x} = T_{t,4} + \sin\left(\frac{\pi}{2}\frac{x}{l_t}\right)(T_{t,9} - T_{t,4}) \tag{8.50}$$

在计算轴向力及惯性力时,根据固定点的情况将加力燃烧室的机匣分为 A 区(扩散器)、B 区(可调喷口壳体前段)和 C 区(可调喷口壳体后段)三个计算区。

(3) 径向压差及周向应力。

① 径向压差:

$$\Delta P = P_\text{内} - P_\text{外} \tag{8.51}$$

式中,$P_\text{内}$ 为通道内计算截面的气流静压;$P_\text{外}$ 为发动机外的当地大气压。

② 周向应力:

$$\sigma_2 = \frac{r\Delta P}{h} \tag{8.52}$$

式中,h 为机匣壁厚。

(4) 轴向力及轴向应力。

截面所受的轴向力 F:

$$\begin{cases} F = \sum F_f + \sum F_{cx} + F_{NO} \\ F_f = q(V_i - V_o) + (P_i - P_o) \cdot \pi \cdot r^2 \\ F_{cx} = \int_i^o \Delta P(x) \, dA(x) \sin\varphi \\ dA(x) = \pi D(x) dx = \pi \left[D_i - \frac{x(D_i - D_o)}{l_{io}} \right] dx \\ \Delta P(x) = \frac{(P_o - P_\text{外}) - (P_i - P_\text{外})}{l_{io}} x + (P_i - P_\text{外}) \end{cases} \tag{8.53}$$

式中,$\sum F_f$ 为计算区内所求截面之后的平直段摩擦力之和;$\sum F_{cx}$ 为计算区内所求截面之后锥段上气动力的轴向分力;$\sum F_{NO}$ 为尾喷管所受气动力的轴向分力;V_i 为平直段进口截面的气流速度;P_i 为平直段进口截面的气流静压;V_o 为平直段出口截面的气流速度;P_o 为平直段出口截面的气流静压;φ 为锥段的半锥角。

轴向力最终通过固定节点将力传递到飞机上,因此力的求和只在一个计算区内进行。

由轴向力引起的轴向应力:

$$\sigma_1 = \frac{F}{2\pi rh} \tag{8.54}$$

(5) 惯性力载荷。

加力筒体会受到沿筒体表面均布的横向惯性力和端面均布的横向惯性力。

对于扩散器外壁和加力筒体,根据安装情况可视为简支,因此可认为该两区域筒体仅受到沿筒体表面均布的横向惯性力。对于可调喷口,根据安装情况可视为悬臂,产生的惯性力认为是端面均布的横向惯性力,因此该区域筒体将受到沿筒体表面均布的横向惯性力和端面均布的横向惯性力。

① 沿壳体表面均布的横向惯性力及所产生的各向应力。

作用于壳体表面的总横向惯性力:

$$Q = mgn_y \tag{8.55}$$

式中,m 为计算区的总质量;n_y 为发动机水平方向的过载系数;g 为重力加速度。

单位面积上的横向惯性力:

$$p = \frac{Q}{2\pi rl} \tag{8.56}$$

式中,l 为计算区的长度。

由此引起的最大主应力和剪应力为

$$\begin{cases} \sigma_1 = \pm \dfrac{pl^2}{rh} \\ \sigma_2 = \pm \dfrac{rp}{h} \\ \tau = \pm \dfrac{2pl}{h} \end{cases} \tag{8.57}$$

② 端面均布的横向惯性力及所产生的各向应力。

作用于端面的总横向惯性力:

$$Q = mgn_y \tag{8.58}$$

沿截面周长单位长度上的力:

$$p = \frac{Q}{2\pi r} \tag{8.59}$$

由此引起的最大主应力和剪应力为

$$\begin{cases} \sigma_1 = \pm \dfrac{2pl_x}{rh} \\ \sigma_2 = 0 \\ \tau = \pm \dfrac{2p}{h} \end{cases} \tag{8.60}$$

式中，l_x 为计算截面与端面的距离。

(6) 总的应力情况及强度储备。

截面各向应力的总应力为径向压差、轴向力以及惯性力所产生的应力之和，即

$$\sigma_1 = \sigma_{11} + \sigma_{12} + \sigma_{13} \tag{8.61}$$

$$\sigma_2 = \sigma_{21} + \sigma_{22} + \sigma_{23} \tag{8.62}$$

$$\tau = \tau_2 + \tau_3 \tag{8.63}$$

当量应力：

$$\sigma_{eq} = \sqrt{\sigma_1^2 + \sigma_2^2 - \sigma_1\sigma_2 + 3\tau^2} \tag{8.64}$$

强度储备系数：

$$n = \frac{\sigma_{0.2}}{\sigma_{eq}} \tag{8.65}$$

(7) 稳定性分析。

在影响壳体稳定性的因素中，壳体内外表面的径向压差起主要作用，而其余负荷的影响很小。因此，稳定性的计算主要是求解加力燃烧室机匣的临界余压及其稳定性储备系数。

临界余压：

$$q_{cr} = \frac{2\pi}{3\sqrt{6}}(1-\mu^2)^{-\frac{3}{4}}\frac{h^2 E}{rl}\sqrt{\frac{h}{r}} \approx 0.918\frac{h^2 E}{rl}\sqrt{\frac{h}{r}} \tag{8.66}$$

当计算段为平直段时，r 为平直段的半径；当计算段为锥段时，r 为锥段的折合半径 r_{cp}；h 为计算段的壁厚，当计算段为加强环时，壁厚为折合壁厚 h_{cr}；l 为计算段的长度。

锥段的折合半径 r_{cp}：

$$r_{cp} = \frac{r_{max} + r_{min}}{2\cos\varphi} \tag{8.67}$$

式中，φ 为锥段的半锥角；r_{max} 为锥段的最大半径；r_{min} 为锥段的最小半径。

折合壁厚 h_{cr}：

$$h_{cr} = \sqrt[3]{\frac{12J}{l}} \tag{8.68}$$

式中，J 为加强环(图 8.17)对截面形心(O 点)x 轴的惯性矩；l 为计算段的长度。

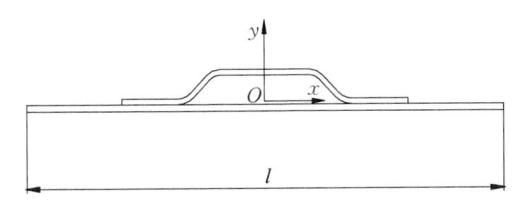

图 8.17 加强环截面

稳定性储备系数：

$$n_s = \frac{q_{cr}}{\Delta P} \tag{8.69}$$

式中，ΔP 为壳体内外表面的径向压差。

8.4 材料和工艺

加力筒体是加力燃烧室的重要承力件，不仅要传递轴向力、惯性力和振动载荷，还要具有足够的强度和刚度。同时，加力燃烧室的工作不连续，工作范围和工作温度变化大，还要求其材料具有足够的抗冷热疲劳性能。对于涡喷发动机，加力筒体壁温相对较高，一般选用高温合金板材，如 GH3030、GH3128、GH3044、GH3039等；对于涡扇发动机，加力筒体壁温相对较低，一般选用钛合金板材或锻件，如 TA15 等。

第三代航空发动机的加力筒体大多由锥段板材卷焊与锻件安装边组合焊后机加安装边、安装接口而成，这样加力筒体的几何外形、尺寸精度很难保证。为了保证加力筒体的形状、尺寸，减小变形，增加刚性，第四代航空发动机的加力筒体大多采用分段环锻件机加后自动氩弧焊组焊。

8.5 加力筒体的常见故障

8.5.1 加力筒体裂纹故障

裂纹常出现部位如下。

（1）加力筒体前安装边、后安装座与筒体壁的焊接处、筒体壁各段的周向及纵向焊接处的焊缝裂纹。设计时，要注意对焊缝质量提出严格要求，或者采用可焊性更好的材料代替。

（2）加力筒体后安装座转接 R 处的裂纹。设计时，R 数值应足够大，一般为 $R4 \sim R5$，这样可以减小应力集中值，但不能影响装配，相应的支座转接 R 应协调一致。

（3）防振隔热屏屏板、固定用孔、冷却小孔的边缘裂纹。这些裂纹是由局部高温、振动过大引起的。设计时,应与前方加力燃油系统和稳定器的布局设计进行匹配,要求燃油浓度场分布均匀,靠壁面浓度小一些,使温度均匀,壁面温度降低;另外,对于防振屏结构,可采用弹性支承、改变固定点距离等方法减小振动。

(4) 外部固定支架处裂纹。这些裂纹是由结构刚性差和振动引起的。设计时,对罩体增加加强筋或加强垫片,提高构件刚性。螺钉固定点可变动其安装位置,以达到减小振动的目的。

8.5.2 变形

(1) 加力筒体前、后安装边变形,前、后收敛筒体壁局部鼓包变形。

这些故障都是筒体刚性不足的表现。在设计时,应注意在筒体外壁增加焊接加强轮箍,增强刚性,防止薄壳失稳;或者增加壁厚,采用持久强度性能更高的合金材料制造筒体。

另外,与前方加力燃油系统和稳定器结构进行协调,改变喷嘴尺寸和稳定器尺寸布局,避免局部高温条带的产生,减小局部变形产生的可能性。

需要特别强调的是前安装边设计,要确保其有足够的刚性,以避免变形量过大。涡喷发动机一般采用收敛尾喷管,加力筒体用快卸环与扩散器连接,筒体前安装边变形或者设计不当,容易使快卸环脱开,这是不允许的。快卸环脱开还与加力筒体导轨安装点(发动机后辅助支点)的位置有很大关系。在与飞机协调确定导轨安装节的位置后,设计加力筒体时,应注意使该位置成为整个可调喷管联合单元体的(包括加力筒体、尾喷管和液压操纵系统)的重心,即当可调喷管在此点支撑时,能保持水平平衡状态,否则会影响快卸环正常工作,使快卸环脱开,设计时应特别注意此点。前安装边的尺寸设计,应有原准机作为参考;零件的热线膨胀性,要与快卸环、扩散器后安装边相适应。

(2) 防振屏和隔热屏局部发生翘曲、鼓包,各段搭接处的缝隙变大、变小不一致。

这些故障都是由温度不均匀、局部过热引起的。设计时应注意给出足够的裕度,即增强沿各段的冷却气流,注意隔热屏内的冷却气流和燃气主流压力差的计算,防止燃气倒流入冷却通道内,加温或者挂火燃烧,使隔热屏的局部温度升高,发生翘曲、鼓包;采用高温持久强度更好的材料制造防振屏、隔热屏;在各段搭接处增加连接的固定点,增强刚性;屏板轴向固定点设计时,应避免冷热膨胀协调,即有多个固定点时只需设计部分固定死的点,其余应设计成长椭圆孔,使隔热屏能自由热胀冷缩;在周向也应有足够的固定点,避免跨度过大,防止壳体失稳。适当缩小固定点的跨度,增强构件的刚度,防止变形。

设计隔热屏波棱时,要注意其高度、宽度应能足够起到热膨胀的补偿作用。

8.5.3 过热和烧蚀

(1) 防振屏、隔热屏固定销钉过烧和烧蚀。

固定销钉头凸出屏板内壁,处在燃烧主气流中,在其后形成气流旋涡,容易挂火,使销钉过烧和烧蚀。

设计时,应在销钉头的前方一段适当距离的屏板上开冷却孔,引入冷气,吹除旋涡,避免挂火;或者减薄钉头厚度,减轻旋涡强度,避免挂火,过烧和烧蚀钉头。

(2) 加力筒体局部过烧和烧蚀。

研制经验表明,加力筒体局部过烧和烧蚀可能与隔热屏设计有一定的关系。曾发生过因第一段隔热屏进口处前端发生过烧和烧蚀,产生变形翘曲,在该处挂火燃烧,进而发生加力筒体局部过烧和烧蚀。将隔热屏进口端向前方伸长后,隔热屏和筒体的局部过烧和烧蚀故障被排除。因此,设计时,应注意火焰前锋面(由理论计算或试验确定)不能设置在隔热屏进口截面,可以增长隔热屏,使隔热屏进口端面处在火焰前锋处的前方低温区,进而使燃气沿平直方向无障碍流动,不会在隔热屏进口端面处挂火燃烧,避免加力筒体局部过烧和烧蚀。

加力筒体局部过烧和烧蚀,还可能与燃油浓度场不均匀而产生高温带有一定的关系。这需要对燃油总管喷嘴流量分布进行设计调整,高温条带对应的喷嘴应减小燃油流量,减小高温条带对应的局部燃油浓度,这样有助于排除加力筒体局部过烧和烧蚀问题。

另外,对于径向火焰稳定器,可以调整布局设计,对应高温带处的稳定器,应减小端头外径,使火焰前锋远离加力筒体壁面,进而使壁面有充分的未燃气体冷却,从而排除局部过烧和烧蚀问题。

第 9 章
加力燃烧室数值模拟仿真和试验验证

9.1 加力燃烧室数值模拟仿真

加力燃烧室内的气流流动伴随着航空煤油的燃烧,同时还涉及热量的传递以及质量的交换过程。随着计算机技术的发展,现代计算机的运算能力有了巨大进步,计算流体力学和数值仿真技术大量应用到加力燃烧室湍流燃烧过程的数值模拟工作中。

湍流燃烧过程的数值模拟方法主要有雷诺平均 Navier-Stokes(Reynolds averaged Navier-Stokes, RANS)数值模拟、大涡模拟(large eddy simulation, LES)和直接数值模拟(direct numerical simulation, DNS)三种。其中,直接数值模拟直接对瞬态 N-S 方程进行求解,其不引入任何湍流模型进行简化,因此精确度较高。但由于直接模拟湍流所需网格数目巨大,求解所需的运算量十分庞大;由于现代计算机运算能力的限制,现阶段直接数值模拟很难应用于高雷诺数复杂流动的模拟。大涡模拟所需的计算工作量较直接数值模拟要小得多,该方法可以得到比较真实的瞬态流场,因此这种方法的应用面较为广泛。现阶段,大涡模拟与直接数值模拟相比,大涡模拟具有更大的工程应用前景。实际上,目前大部分工程问题只需要对湍流统计平均量进行预测,而对预测湍流脉动量的需求甚少,因此可采用雷诺平均数值模拟方法。该方法的基本思想是对 N-S 方程进行雷诺平均,用低阶的关联量和统计平均量来模拟未知的高阶关联量,通过建立湍流模型对雷诺方程中未知的脉动关联项加以模化,从而使雷诺方程组封闭。虽然该方法只能得到各参数的统计平均量,但其预测精度能够满足工程实际的需要;此外,雷诺平均数值模拟方法数值模拟可使用尺度较大的网格,大大降低了计算时间和计算工作量,具有较好的经济性,因此在燃烧工程问题上得到了普遍应用,已成功应用到各型加力燃烧室燃烧流场计算中。

数值仿真对加力燃烧室的设计具有重要作用,主要概括为:① 获得加力燃烧室详细的湍流燃烧相互耦合过程,从而揭示加力燃烧室的两相喷雾燃烧过程,特别是加力燃烧室的点熄火与过渡态等非稳态燃烧过程;② 进行加力燃烧室设计方案的优化设计,根据多方案计算结果的对比分析,进行加力燃烧室方案的选型,并为局部优化设计提供依据;③ 研究各参数对加力燃烧室燃烧性能的影响规律,根据数值计算结果,大幅度减小试验工作量,降低试验成本,缩短设计周期;④ 针对加力燃烧室遇到的各种故障,开展相关的数值仿真,利用数值仿真结果分析故障原因,指导加力燃烧室的排故;⑤ 在某些特定情况下替代非常困难或者昂贵的加力燃烧室试验。

9.1.1 基于 RANS 方法的加力燃烧室两相喷雾燃烧数学模型

湍流燃烧过程遵循湍流流动过程的一般规律,即满足湍流过程中的基本方程。基本方程中各变量随时刻和空间位置的变化具有随机性,因此可对瞬时量进行时间平均:

$$\bar{\phi} = \lim_{x \to \infty} \frac{1}{T} \int_0^T \phi(t) \, \mathrm{d}t \tag{9.1}$$

式中,以 T 为时间尺度进行时间平均。通过湍流模式理论,湍流瞬时量能够分解为两个部分,即 $\phi = \bar{\phi} + \phi'$。其中,$\bar{\phi}$ 为平均量,ϕ' 为脉动量,而脉动量的平均值为零,即 $\overline{\phi'} = 0$。

将湍流控制方程内的各变量按湍流模式理论分解,通过统计平均方法将方程中各项转化为时间平均项,最终组成控制方程的时间平均形式。在密度变化不大的流场中,密度和其他物理量的关联以及密度脉动可忽略,交换系数和相应物理量梯度的脉动值的关联也可忽略。最终简化为雷诺平均控制方程组:

$$\begin{cases} \dfrac{\partial}{\partial x_j}(\rho \bar{u}_j) = 0 \\ \dfrac{\partial}{\partial x_j}(\rho \bar{u}_i \bar{u}_j) = -\dfrac{\partial P}{\partial x_i} + \dfrac{\partial}{\partial x_j}\left[\mu_1\left(\dfrac{\partial \bar{u}_i}{\partial x_j} + \dfrac{\partial \bar{u}_j}{\partial x_i}\right) - \rho \overline{u'_i u'_j}\right] \\ \dfrac{\partial}{\partial x_j}(\rho \bar{u}_j \bar{m}_s) = \dfrac{\partial}{\partial x_j}\left(\dfrac{\mu_1}{S_C}\dfrac{\partial \bar{m}_s}{\partial x_j} - \rho \overline{u'_j m'_s}\right) - \bar{R}_s \\ \dfrac{\partial}{\partial x_j}(\rho \bar{u}_j \bar{h}) = \dfrac{\partial}{\partial x_j}\left(\dfrac{\mu_1}{Pr}\dfrac{\partial \bar{h}}{\partial x_j} - \rho \overline{u'_j h'}\right) + \bar{R}_s Q_s \end{cases}, \quad i,j = 1,2,3 \tag{9.2}$$

式中,μ_1 为层流黏性系数;$\bar{R}_s$ 为平均化学反应速率;$\bar{u}_j$ 为速度分量;Pr 为普朗特数;Q_s 为平均放热量;m_s 为燃油浓度;$\bar{h}$ 为焓;P 为压力。

式(9.2)中存在由脉动量组成的相关项:$-\rho\overline{u'_i u'_j}$、$-\rho\overline{u'_j m'_s}$ 和 $-\rho\overline{u'_j h'}$。组分方程转化为时均形式后,$\bar{R}_s$ 中也存在与脉动相关联的项。这些项均是未知的,造成时均方程组不封闭,因此需要建立合适的湍流模型和湍流燃烧模型对未知关联项进行模化,使方程组封闭,最终得到由时均量组成的控制方程组。

在19世纪70年代,Boussinesq提出了Boussinesq假设,在方程组(9.2)中引入湍流黏性系数,并假设其具有各向同性。通过Boussinesq假设可以得到

$$\begin{cases} -\rho \overline{u'_i u'_j} = \mu_t \left(\dfrac{\partial \bar{u}_i}{\partial x_j} + \dfrac{\partial \bar{u}_j}{\partial x_i} \right) \\ -\rho \overline{u'_i m'_s} = \dfrac{\mu_t}{S_C} \left(\dfrac{\partial \bar{m}_s}{\partial x_j} \right) \\ -\rho \overline{u'_i h'_j} = \dfrac{\mu_t}{S_C} \left(\dfrac{\partial \bar{h}_j}{\partial x_j} \right) \end{cases} \quad (9.3)$$

将式(9.3)代入方程组(9.2)中,有

$$\begin{cases} \dfrac{\partial}{\partial x_j}(\rho \bar{u}_i \bar{u}_j) = -\dfrac{\partial P}{\partial x_i} + \dfrac{\partial}{\partial x_j}\left[\mu_e \left(\dfrac{\partial \bar{u}_i}{\partial x_j} + \dfrac{\partial \bar{u}_j}{\partial x_i} \right) \right] \\ \dfrac{\partial}{\partial x_j}(\rho \bar{u}_j \bar{m}_s) = \dfrac{\partial}{\partial x_j}\left(\dfrac{\mu_e}{S_C} \dfrac{\partial \bar{m}_s}{\partial x_j} \right) - \bar{R}_s \\ \dfrac{\partial}{\partial x_j}(\rho \bar{u}_j \bar{h}) = \dfrac{\partial}{\partial x_j}\left(\dfrac{\mu_e}{Pr} \dfrac{\partial \bar{h}}{\partial x_j} \right) + \bar{R}_s Q_s \end{cases} \quad (9.4)$$

式中,$\mu_e = \mu_l + \mu_t$,因此对雷诺时均方程组的求解还需要对湍流黏性μ_t和湍流燃烧化学反应速率$\bar{R}_s$进行求解,即建立合适的湍流模型和湍流燃烧模型来封闭方程组。

1. 湍流模型

目前,燃烧的数值模拟工作中常使用$k-\varepsilon$模型、RNG(renormalization-group)$k-\varepsilon$模型等来实现对湍流黏性的预测。

湍流黏性系数定义为$\mu_t = \rho l_0^2/t_0$。其中,l_0为湍流特征长度,t_0为特征时间。μ_t也可表示为

$$\mu_t = \rho C_\mu k^2 / \varepsilon \quad (9.5)$$

式中,C_μ表示模型系数;k为湍流动能;ε为湍流动能耗散率。因此,可通过对k和ε的求解,得到湍流黏性系数。

20世纪80年代中期,Yakhot和Orszag等采用RNG方法系统地对湍流流场进行了分析,改善了对涡团耗散的模拟,在理论上得到了RNG $k-\varepsilon$模型。RNG $k-\varepsilon$模型为标准$k-\varepsilon$模型的变形,其来源于严格的统计技术,它相似于标准$k-\varepsilon$模型,在标准$k-\varepsilon$模型的基础上对ε方程增加了一个条件,有效地提高了计算精度。

圆柱坐标系下,湍流动能k的控制方程为

$$\frac{\partial}{\partial x}(\rho u k) + \frac{\partial}{r\partial r}(r\rho v k) + \frac{\partial}{r\partial\theta}(\rho w k) = \frac{\partial}{\partial x}\left(\Gamma_e^k \frac{\partial k}{\partial x}\right) + \frac{\partial}{r\partial r}\left(r\Gamma_e^k \frac{\partial k}{\partial r}\right) \\ + \frac{\partial}{r\partial\theta}\left(\Gamma_e^k \frac{\partial k}{r\partial\theta}\right) + G_k - \rho\varepsilon \quad (9.6)$$

圆柱坐标系下,湍流动能耗散率 ε 的控制方程为

$$\frac{\partial}{\partial x}(\rho u \varepsilon) + \frac{\partial}{r\partial r}(r\rho v \varepsilon) + \frac{\partial}{r\partial\theta}(\rho w \varepsilon) = \frac{\partial}{\partial x}\left(\Gamma_e^\varepsilon \frac{\partial \varepsilon}{\partial x}\right) + \frac{\partial}{r\partial r}\left(r\Gamma_e^\varepsilon \frac{\partial \varepsilon}{\partial r}\right) 1.42 \\ + \frac{\partial}{r\partial\theta}\left(\Gamma_e^\varepsilon \frac{\partial \varepsilon}{r\partial\theta}\right) + \frac{\varepsilon}{k}(C_1 G_k - C_2 \rho\varepsilon) \quad (9.7)$$

式(9.6)和式(9.7)中的交换系数 $\Gamma_e^k = \mu_e/\sigma_k$, $\Gamma_e^\varepsilon = \mu_e/\sigma_\varepsilon$。模型系数 $C_\mu = 0.085$, $C_1 = 1.42 - \dfrac{\eta(1-\eta/\eta_0)}{1+\beta\eta^3}$, $C_2 = 1.68$, $\sigma_k = 0.7179$, $\sigma_\varepsilon = 0.7179$。其中, $\eta = Sk/\varepsilon$, $S = (G/\mu_t)^{1/2}$, $\eta_0 = 4.38$, $\beta = 0.015$。

相比于标准 k-ε 模型中 ε 方程的模型系数 C_1(常数),RNG k-ε 模型在 C_1 中引入了一个附加产生项。该项主要对流体流动过程中的不平衡应变进行了考虑,并且在某种程度上对湍流的各向异性情况进行了模拟,提高了对复杂湍流的数值预估能力。

2. 湍流燃烧模型

在加力燃烧室内的气流流动过程中,航空煤油同时进行着燃烧反应。遵照 Arrhenius 定律,燃烧反应进行时,化学反应速率应满足:

$$R_{\text{fu}} = \rho \frac{\text{d}m_{\text{fu}}}{\text{d}t} = A_0 \rho^2 m_{\text{fu}} m_{\text{ox}} \exp(-E/RT) \quad (9.8)$$

式中,A_0 为指数前因子;ρ 为燃油浓度;m_{ox} 为氧气浓度;E 为活化能;R 为理想气体通用常数。通常可以假设 E/R 为常数,以简化计算。由于化学反应速率是瞬时量,为了实现时均控制方程组的封闭,需要对化学反应速率进行时间平均,得到平均反应速率:

$$\overline{R_{\text{fu}}} = \overline{A_0 \rho^2 m_{\text{fu}} m_{\text{ox}} \exp(-E/RT)} \quad (9.9)$$

方程(9.9)在进行雷诺分解和平均后,有未知的脉动关联项产生,因此还需要建立数学方程式来实现对化学反应速率运算的简化,称为湍流燃烧模型。在湍流燃烧模型中,最简单、常用的模型是由 Spalding 提出的涡旋破碎(eddy break-up,EBU)模型。

该模型认为湍流燃烧区中包含未燃混气微团和高温燃气微团,燃烧反应是在这两种微团的交界面上进行的,微团间的接触交界面越大,反应速率就越快。随着

湍流强度增大，大尺度涡团更容易破碎成小尺度微团，发生化学反应的微团接触交界面也相应增加。由此可认为化学反应速率的快慢与未燃烧大尺度涡团碎裂成小尺度微团的快慢有关。而气团碎裂的快慢与湍流脉动动能的衰变速率存在线性函数关系。因此，R_fu 也可写为

$$R_{\text{fu, EBU}} = -C_R g^{1/2} \rho \varepsilon / k \tag{9.10}$$

式中，燃油浓度脉动方均值 $g = \overline{m'^2_\text{fu}}$，可通过微分方程或代数方程求解。$C_R$ 为模型系数。该式是常用的 EBU 模型。

温度会影响反应物的活化能，间接影响反应速率，但 EBU 模型未考虑这点。根据上述 EBU 假设，在气流速度梯度大、温度低的区域会出现比较大的反应速率，这并不符合实际情况。因此，Mason 等向其中引入了 Arrhenius 公式，以克服这一缺陷，即形成了 EBU – Arrhenius 模型。在 EBU – Arrhenius 模型中有

$$\overline{R_\text{fu}} = -\min(|\overline{R_{\text{fu, EBU}}}|, |\overline{R_{\text{fu, Arrhenius}}}|) \tag{9.11}$$

式中，$\overline{R_{\text{fu, EBU}}} = -C_R g^{1/2} \rho \varepsilon / k$；$\overline{R_{\text{fu, Arrhenius}}} = -A_0 P^2 m_\text{fu} m_\text{ox} \exp(-E/RT)$。

该模型除了综合考虑了湍流与化学动力学的影响，还考虑了燃油浓度脉动的影响，而且形式简单、利于使用，因此目前在许多工程问题上得到了应用。

3. 颗粒轨道模型

加力燃烧室内使用的燃料为液态燃油，燃油通过喷嘴进入燃烧室或加力燃烧室后，会形成液雾。在航空发动机的燃烧过程中，伴随着这些油滴在气流中雾化、蒸发、掺混和燃烧的过程。因此，进行气液两相流动与燃烧模拟时必须对两相流进行研究，建立两相流动模型来简化计算过程。本节采用颗粒轨道模型来模拟液滴的相关参数。其颗粒相在拉格朗日坐标系下进行处理，气相在欧拉坐标系下进行处理，并在气体控制方程中加入由液滴引起的源项，实现二者之间的耦合。

在液体的雾化、蒸发过程中，气体和液体间互相影响，V_g 表示气流速度，V_p 表示液滴速度。在考虑 Stokes 力的情况下，液滴运动方程在圆柱坐标系下可以表示为

$$\begin{cases} \dfrac{\text{d}u_\text{p}}{\text{d}t} = \dfrac{1}{\tau_\text{p}}(u_\text{p} - u_\text{g}) \\[6pt] \dfrac{\text{d}v_\text{p}}{\text{d}t} = \dfrac{w_\text{p}^2}{r_\text{p}} - \dfrac{1}{\tau_\text{p}}(v_\text{p} - v_\text{g}) \\[6pt] \dfrac{\text{d}w_\text{p}}{\text{d}t} = -\dfrac{v_\text{p} w_\text{p}}{r_\text{p}} - \dfrac{1}{\tau_\text{p}}(w_\text{p} - w_\text{g}) \end{cases} \tag{9.12}$$

式中，液滴弛豫时间 $\tau_\text{p} = \dfrac{\rho_l d_\text{p}^2}{18 \mu_\text{g}} \dfrac{24}{C_D Re}$；$u_\text{p}$、$v_\text{p}$、$w_\text{p}$ 为液滴的速度分量；u_g、v_g、w_g 为气

流速度分量。液滴的直径是 d_p，液滴的密度是 ρ_1，气体黏性是 μ_g。液滴的阻力系数 C_D 通过式(9.13)确定：

$$\begin{cases} C_D = 27Re^{-0.94}, & 0 < Re \leqslant 80 \\ C_D = 0.27/Re^{0.217}, & 80 < Re \leqslant 10^4 \\ C_D = 2.0, & Re > 10^4 \end{cases} \quad (9.13)$$

通过对液滴运动方程进行积分，可以得到液滴的运动轨迹：

$$x_p = \int u_p \mathrm{d}t, \quad r_p = \int v_p \mathrm{d}t, \quad \theta_p = \int w_p/r_p \mathrm{d}t \quad (9.14)$$

当液滴未达到蒸发温度时，考虑气体与液体间的热量交换，液滴的温度与时间存在函数关系：

$$\frac{\mathrm{d}T_p}{\mathrm{d}t} = 6\frac{\lambda_g(T_g - T_p)}{d_p^2 \rho_p c_{pp}}(2 + 0.6Re^{1/2}Pr^{1/3}) + 6\frac{\varepsilon_p \sigma(T_g^4 - T_p^4)}{d_p \rho_p c_{pp}} \quad (9.15)$$

则液滴的直径与时间的函数关系为

$$\frac{\mathrm{d}D_p}{\mathrm{d}t} = -\frac{C_b}{2D_p}(1 + 0.23Re^{0.5}) \quad (9.16)$$

式中，C_b 为蒸发常数，由式 $C_b = \frac{8\lambda}{\rho_1 c_{pg}}\ln\left[1 + \frac{C_{pg}}{L}(T_g - T_d)\right]$ 确定；下标 g 代表气体；下标 p 代表液体；T 为温度；c_p 为比定压热容；λ 为导热系数；ρ 为密度；T_d 为液滴的蒸发温度；L 为液滴的汽化潜热。

由式(9.12)、式(9.15)和式(9.16)进行计算，能够获得液滴的速度、温度以及粒径，进一步计算后得到控制体内液滴动量、质量以及能量的变化，从而得到液滴的源项，单个控制体内两相相互作用的源项通过对各个尺寸液滴的源项叠加得到，然后把两相间相互作用的源项添加进气相控制方程中，以此来表示气液两相之间的质量、动量以及能量的交换。

4. 辐射传热模型

加力燃烧室中燃烧温度通常在 2 000 K 以上，在如此高温下，有较大一部分的热量会通过热辐射形式进行热量传递。影响辐射传热的因素很多，如火焰中介质的温度、介质的辐射吸收系数和散射系数等都与火焰热辐射有关。若想要了解辐射换热过程，则需要对辐射的传递过程进行分析。如图 9.1 所示，对于某一单色辐射，其传播方向为 S，由微元体内辐射能量的守恒，再考虑到灰体介质的吸收、发射以及散射特性可推导得到辐射传递方程：

$$\frac{dI_\lambda}{ds} = -(k_a + k_s)I + k_a I_b + \frac{k_s}{4\pi}\int_{4\pi}\phi(\Omega, \Omega')d\Omega' \tag{9.17}$$

式中，I_λ 为辐射强度；λ 为单色辐射波长；k_a 为吸收系数；k_s 为散射系数；I_b 为黑体辐射强度。式(9.17)表示微元体内的辐射强度梯度与介质的吸收、自身发射以及散射间的函数关系。对于工程应用，因为区域复杂无法对辐射传递方程完全求解。因此，在工程实际中通常建立辐射模型来简化辐射问题，以便于通过数值方法对传递方程进行求解。通常采用离散坐标法(discrete-ordinates method，简称DOM)来模拟燃烧过程中的辐射。

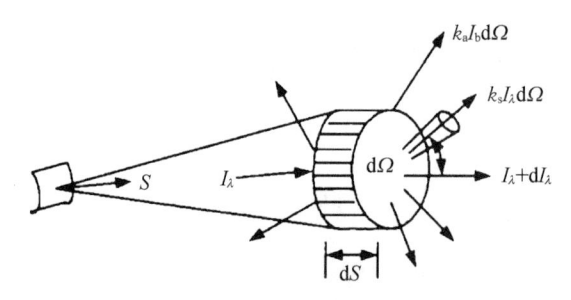

图9.1 沿 S 方向的辐射强度 I_λ 的变化率

在离散坐标法中，假设辐射强度在一定空间的立体角内具有各向同性。通过离散坐标法将式(9.17)改写成空间坐标形式。辐射传递方程在圆柱坐标系下有如下表达式：

$$\xi_m\frac{\partial I_m}{\partial x} + \frac{\mu_m}{r}\frac{\partial I_m}{\partial r} + \frac{\eta_m}{r}\frac{\partial I_m}{\partial \theta} - \frac{1}{r}\frac{\partial(\eta_m I_m)}{\partial \phi} = -(k_a + k_s)I_m + k_a I_b + \frac{k_s}{4\pi}\int_{4\pi}P(\Omega, \Omega')I_{m'}d\Omega' \tag{9.18}$$

离散坐标法将 4π 空间角划分成 M 个方向，即分成 M 个立体角，根据假设，在同一立体角内，其辐射强度相等。式(9.18)中能够通过对 M 个方向求和代替其积分项，假设 m 是其中一个离散方向，在该方向上有方向余弦 μ_m、ξ_m、η_m，以及 m' 方向的加权因子，则有

$$\xi_m\frac{\partial I_m}{\partial x} + \frac{\mu_m}{r}\frac{\partial I_m}{\partial r} + \frac{\eta_m}{r}\frac{\partial I_m}{\partial \theta} - \frac{1}{r}\frac{\partial(\eta_m I_m)}{\partial \phi} = -\beta I_m + k_a I_b + \frac{k_s}{4\pi}\sum_{m'=1}^{M}w_{m'}\phi_{m,m'}I_{m'} \tag{9.19}$$

式中，β 为衰减系数，且有 $\beta = k_a + k_s$，$\phi_{m,m'}$ 为散射相函数。通常将散射相函数考虑为在各方向保持一致，可取为 $\phi_{m,m'} = 1/(4\pi)$，单位为 sr^{-1}，sr 为球面度。

在微元控制体上对方程(9.19)进行积分可得

$$\xi_m(A_{ei}I_{m,ei} - A_{wi}I_{m,wi}) + \mu_m(B_{nj}I_{m,nj} - B_{sj}I_{m,sj}) + \eta_m(C_{tk}I_{m,tk} - C_{bk}I_{m,bk})$$
$$- (B_{nj} - B_{sj})\frac{\alpha_{m+1/2}I_{m+1/2} - \alpha_{m-1/2}I_{m-1/2}}{w_m} = -\beta I_m V_p + k_a I_b V_p + V_p \frac{k_s}{4\pi}\sum_{m'=1}^{M} w_{m'}\phi_{m,m'}I_{m'}$$
(9.20)

式中,A 表示微元体在 x 轴方向上界面的面积,下标 e、w 为微元体在 x 轴方向上辐射传递的上、下游界面;B 表示微元体在 y 轴方向上界面的面积,下标 n、s 为微元体在 y 轴方向上辐射传递的上、下游界面;C 表示微元体在 z 轴方向上界面的面积,下标 t、b 为微元体在 z 轴方向上辐射传递的上下游界面;V_p 代表微元体体积。

在有限体积法中,通常将源项线性化处理以促进收敛,则有

$$\begin{aligned}&-\beta I_m V_p + k_a I_b V_p + V_p \frac{k_s}{4\pi}\sum_{m'=1}^{M} w_{m'}\phi_{m,m'}I_{m'}\\ &= -\beta' I_m V_p + k_a I_b V_p + V_p \frac{k_s}{4\pi}\sum_{m'=1,m'\neq m}^{M} w_{m'}\phi_{m,m'}I_{m'}\end{aligned}$$
(9.21)

式中,$\beta' = \beta - \dfrac{k_s}{4\pi}w_m\phi_{m,m}$。

假设微元体中心处和边界处的辐射强度间有某种函数关联,即能将其组成某种空间差分格式:

$$\begin{aligned}I_m &= f_{m,i}I_{m,ei} + (1 - f_{m,i})I_{m,wi}\\ &= f_{m,j}I_{m,nj} + (1 - f_{m,j})I_{m,sj}\\ &= f_{m,k}I_{m,tk} + (1 - f_{m,k})I_{m,bk}\end{aligned}$$
(9.22)

式(9.22)中通过改变差分因子 f,能够构造出不同形式的差分格式,通常采用如下的指数格式:

$$f_{x_i} = \frac{1}{1 - \exp(-\tau_{x_i})} - \frac{1}{\tau_{x_i}}, \quad \tau_{x_i} = \frac{\beta_p \Delta x_i}{|\mu_{m,i}|}$$

将式(9.22)代入式(9.20)可得

$$\xi_m\left[A_{ei}\frac{I_m - (1 - f_{m,i})I_{m,wi}}{f_{m,i}} - A_{wi}I_{m,wi}\right] + \mu_m\left[B_{nj}\frac{I_m - (1 - f_{m,j})I_{m,sj}}{f_{m,j}} - B_{sj}I_{m,sj}\right]$$
$$+ \eta_m\left[C_{tk}\frac{I_m - (1 - f_{m,k})I_{m,bk}}{f_{m,k}} - C_{bk}I_{m,bk}\right] - (B_{nj} - B_{sj})\frac{\alpha_{m+1/2}I_{m+1/2} - \alpha_{m-1/2}I_{m-1/2}}{w_m}$$
$$= -\beta' I_m V_p + k_a I_b V_p + V_p \frac{k_s}{4\pi}\sum_{m'=1,m'\neq m}^{M} w_{m'}\phi_{m,m'}I_{m'}$$
(9.23)

令

$$A = A_{ei}(1 - f_{m,i}) + A_{wi}f_{m,i}, \quad B = B_{nj}(1 - f_{m,j}) + B_{sj}f_{m,j}, \quad C = C_{tk}(1 - f_{m,k}) + C_{bk}f_{m,k}$$

$$E = (B_{nj} - B_{sj})\frac{\alpha_{m+1/2}I_{m+1/2} - \alpha_{m-1/2}I_{m-1/2}}{w_m}, \quad F = k_a I_b V_p + V_p \frac{k_s}{4\pi} \sum_{m'=1, m' \neq m}^{M} w_{m'} \phi_{m,m'} I_{m'}$$

$$(9.24)$$

将式(9.24)代入式(9.23)，整理得

$$I_m = \frac{\xi_m A f_{m,j} f_{m,k} I_{m,wi} + \mu_m B f_{m,i} f_{m,k} I_{m,sj} + \eta_m C f_{m,i} f_{m,j} I_{m,bk} + f_{m,i} f_{m,j} f_{m,k} (E + F)}{\xi_m A_{ei} f_{m,j} f_{m,k} + \mu_m B_{nj} f_{m,i} f_{m,k} + \eta_m C_{tk} f_{m,i} f_{m,j} + f_{m,i} f_{m,j} f_{m,k} \beta' V_p}$$

在固壁处，因其表面不透明，且属于漫反射，则在此处有边界条件：

$$x = x_E: I_m = \varepsilon_w I_{b,w} + \frac{1 - \varepsilon_w}{\pi} \sum_{m', \xi_{m'} \leq 0} w_{m'} \xi_{m'} I_{m'}, \quad x = x_W: I_m = \varepsilon_w I_{b,w} + \frac{1 - \varepsilon_w}{\pi} \sum_{m', \xi_{m'} \geq 0} w_{m'} \xi_{m'} I_{m'}$$

$$r = r_N: I_m = \varepsilon_w I_{b,w} + \frac{1 - \varepsilon_w}{\pi} \sum_{m', \mu_{m'} \leq 0} w_{m'} \mu_{m'} I_{m'}, \quad r = r_S: I_m = \varepsilon_w I_{b,w} + \frac{1 - \varepsilon_w}{\pi} \sum_{m', \mu_{m'} \geq 0} w_{m'} \mu_{m'} I_{m'}$$

$$\theta = \theta_T: I_m = \varepsilon_w I_{b,w} + \frac{1 - \varepsilon_w}{\pi} \sum_{m', \mu_{m'} \leq 0} w_{m'} \eta_{m'} I_{m'}, \quad \theta = \theta_B: I_m = \varepsilon_w I_{b,w} + \frac{1 - \varepsilon_w}{\pi} \sum_{m', \mu_{m'} \geq 0} w_{m'} \eta_{m'} I_{m'}$$

其中，对方向余弦及加权因子进行取值时，应符合下列要求：

（1）点 (μ_m, ξ_m, η_m) 落在半径为 1 的球面上，即 $\mu_m^2 + \xi_m^2 + \eta_m^2 = 1$；

（2）具有对称性，即若 (μ_m, ξ_m, η_m) 是一离散方向，则 $(\pm\mu_m, \pm\xi_m, \pm\eta_m)$ 都应是其中的离散方向，其权值相同；

（3）$\sum_{m=1}^{M} w_m = 4\pi$，加权因子 w_m 应为正值。

由于离散方向 M 的个数差异，离散坐标法有多种离散形式，如 S_2、S_4、S_6、S_8 等。

9.1.2 基于 LES 方法的加力燃烧室两相喷雾燃烧数学模型

湍流流动是由不同尺度的涡旋组成的，其中大尺度的涡旋对流动的影响较大，而小尺度的涡旋主要起能量耗散的作用。大涡模拟的基本思想就是对大尺度脉动通过控制方程直接求解，而对小尺度脉动通过亚网格模型模化。

1. 滤波函数与控制方程

实现大涡模拟的第一步是把小尺度的脉动过滤掉，即对原始的 N-S 方程进行空间过滤操作，将物理量局部加权平均，从而可以得到可解尺度（大尺度脉动）的控制方程。在 LES 方法中通过滤波函数来实现空间过滤操作，定义如下：

$$\tilde{\phi}(x,t) = \int_{-\infty}^{\infty}\int_{-\infty}^{\infty}\int_{-\infty}^{\infty} \phi(x',t) G(x,x',\Delta) \mathrm{d}x_1' \mathrm{d}x_2' \mathrm{d}x_3' \tag{9.25}$$

式中，$\phi(x',t)$ 为流场中的原始变量；G 为过滤函数；Δ 为过滤截断尺度；$\tilde{\phi}(x,t)$ 为过滤后的可解尺度变量。流场中的实际物理量可由过滤值与脉动值的和来表示，即 $\phi(x,t) = \tilde{\phi}(x,t) + \phi'(x,t)$。

在 LES 方法中，常用的过滤函数有以下几种。

(1) 盒式滤波 (Box filter)：

$$G(x,x',\Delta) = \begin{cases} 1/\Delta^3, & |x-x'| \leq \Delta/2 \\ 0, & |x-x'| > \Delta/2 \end{cases} \tag{9.26}$$

(2) 高斯滤波 (Gaussian filter)：

$$G(x,x',\Delta) = \left(\frac{\gamma}{\pi\Delta^2}\right)^2 \mathrm{e}^{-\gamma\frac{|x-x'|^2}{\Delta^2}} \tag{9.27}$$

式中，γ 一般取 6。

(3) 频谱截断滤波 (spectral cutoff filter)：

$$G(x,x',\Delta) = \prod_{i=1}^{3} \frac{\sin[(x_i - x_i')/\Delta]}{x_i - x_i'} \tag{9.28}$$

在有限体积法下，LES 方法的过滤函数一般采用盒式滤波，滤波截断尺度 Δ 是用来区分大尺度结构和小尺度结构的特征尺寸，理论上可取任意值，但在有限体积法下取值小于网格尺寸没有意义，因此通常将滤波截断尺度取为当地网格尺寸，如 $\Delta = (\Delta x \Delta y \Delta z)^{1/3}$。

对三维瞬态控制方程采用过滤操作后即可得到在笛卡儿坐标系下的 LES 控制方程：

$$\begin{cases} \dfrac{\partial \bar{\rho}}{\partial t} + \dfrac{\partial}{\partial x_j}(\bar{\rho}\tilde{u}_j) = 0 \\ \dfrac{\partial}{\partial t}(\bar{\rho}\tilde{u}_i) + \dfrac{\partial}{\partial x_j}(\bar{\rho}\tilde{u}_i\tilde{u}_j) = -\dfrac{\partial \bar{P}}{\partial x_i} + \dfrac{\partial}{\partial x_j}\left[\mu\left(\dfrac{\partial \tilde{u}_i}{\partial x_j} + \dfrac{\partial \tilde{u}_j}{\partial x_i}\right) - \bar{\rho}(\widetilde{u_i u_j} - \tilde{u}_i\tilde{u}_j)\right] \\ \dfrac{\partial}{\partial t}(\bar{\rho}\tilde{Y}_k) + \dfrac{\partial}{\partial x_j}(\bar{\rho}\tilde{Y}_k\tilde{u}_j) = \dfrac{\partial}{\partial x_j}\left[\bar{\rho}D_k\dfrac{\partial \tilde{Y}_k}{\partial x_j} - \bar{\rho}(\widetilde{u_j Y_k} - \tilde{u}_j\tilde{Y}_k)\right] + \bar{\dot{\omega}}_k \\ \dfrac{\partial}{\partial t}(\bar{\rho}\tilde{h}_s) + \dfrac{\partial}{\partial x_j}(\bar{\rho}\tilde{h}_s\tilde{u}_j) = \dfrac{\partial P}{\partial t} + \dfrac{\partial}{\partial x_j}\left[\lambda\dfrac{\partial \tilde{T}}{\partial x_j} - \bar{\rho}(\widetilde{u_j h_s} - \tilde{u}_j\tilde{h}_s)\right] \end{cases}$$

$$\tag{9.29}$$

式中，Y_k 为第 k 个组分的质量分数；μ 为层流黏性系数；D_k 为扩散系数；w_k 为化学反应速率;λ 为导热系数。

N-S 方程经过滤后出现了未封闭项:① 亚网格雷诺应力项,$\tau_{ij} = \bar{\rho}(\widetilde{u_i u_j} - \tilde{u}_i \tilde{u}_j) = \bar{\rho}\widetilde{u_i' u_j'}$;② 亚网格标量通量,$\bar{\rho}(\widetilde{u_j Y_k} - \tilde{u}_j \tilde{Y}_k)$ 与 $\bar{\rho}(\widetilde{u_j h_s} - \tilde{u}_j \tilde{h}_s)$;③ 过滤的化学反应源项 $\bar{\dot{\omega}}_k$。与 RANS 方法类似,对于不可解亚网格通量项,需要构建亚网格尺度模型来模化,而对于化学反应源项,则需要通过亚网格燃烧模型来求解。下面分别介绍 LES 方法中常用的亚网格尺度模型与燃烧模型。

2. 亚网格尺度模型

亚网格应力是过滤掉的小尺度脉动和可解尺度湍流间的动量输运。Smagorinsky 提出假定过滤掉的小尺度脉动是各向同性的,则可引入 Boussinesq 涡黏假设,从而将亚网格雷诺应力改写为

$$\tau_{ij} = \bar{\rho}(\widetilde{u_i u_j} - \tilde{u}_i \tilde{u}_j) = -2\bar{\rho}\nu_t \left(\tilde{S}_{ij} - \frac{1}{3}\delta_{ij}\tilde{S}_{kk}\right) + \frac{1}{3}\delta_{ij}\tau_{kk} \qquad (9.30)$$

式中,ν_t 为亚网格黏性系数,是亚网格应力模型的核心;$\tilde{S}_{ij}$ 为应变率张量,由可解尺度求得,即

$$\tilde{S}_{ij} = \frac{1}{2}\left(\frac{\partial \tilde{u}_i}{\partial x_j} + \frac{\partial \tilde{u}_j}{\partial x_i}\right) \qquad (9.31)$$

1) Smagorinsky-Lilly 模型

Smagorinsky 于 1963 年基于普朗特混合长度理论提出了亚网格涡黏模型,由量纲分析可以得到亚网格黏性系数 ν_t 为

$$\nu_t = (C_S \Delta)^2 |\tilde{S}| = (C_S \Delta)^2 (2\tilde{S}_{ij}\tilde{S}_{ij})^{1/2} \qquad (9.32)$$

式中,C_S 为模型常数,Lilly 通过分析均匀各向同性湍流,建议取值为 0.17~0.21,但是对于大多数湍流流动问题,C_S 并非定值,可能是雷诺数或其他无量纲参数的函数,需要根据流动问题的不同调整其取值。

Smagorinsky-Lilly 模型的形式简单,易于实现,在大涡模拟研究中得到了广泛应用。但是在实际使用过程中研究者发现该模型耗散效应过大,尤其是在近壁区域和层流到湍流的过渡阶段,且不适用于各向异性较强的湍流流动问题。

2) WALE 模型

对于近壁面处的湍流,由于壁面对湍流亚网格黏性的影响,采用 Smagorinsky 模型不能得到满意的结果。Nicoud 等提出了壁面适应局部涡黏模型(wall-adapting local eddy viscosity,WALE),针对近壁面的流动优化了亚网格黏性系数的计算方式,其亚网格黏性系数的定义形式为

$$\nu_t = (C_W\Delta)^2 \frac{(S_{ij}^d S_{ij}^d)^{3/2}}{(\tilde{S}_{ij}\tilde{S}_{ij})^{5/2} + (S_{ij}^d S_{ij}^d)^{5/4}} \tag{9.33}$$

式中，S_{ij}^d 为速度梯度张量 $\tilde{g}_{ij}$ 平方的无迹部分；上标 d 为 deviatoric 单词缩写。

$$S_{ij}^d = \frac{1}{2}(\tilde{g}_{ij}^2 + \tilde{g}_{ji}^2) - \frac{1}{3}\delta_{ij}\tilde{g}_{kk}^2$$

$$\tilde{g}_{ij}^2 = \frac{\partial \tilde{u}_i}{\partial x_j} = \frac{1}{2}\left(\frac{\partial \tilde{u}_i}{\partial x_j} + \frac{\partial \tilde{u}_j}{\partial x_i}\right) + \frac{1}{2}\left(\frac{\partial \tilde{u}_i}{\partial x_j} - \frac{\partial \tilde{u}_j}{\partial x_i}\right) = \tilde{S}_{ij} + \tilde{\Omega}_{ij} \tag{9.34}$$

由式(9.34)可以看出，WALE 模型同时考虑了可解尺度的应变率张量和转动张量的影响，在近壁处湍流亚网格黏性系数自动衰减：$\nu_t \sim O(y^3)$。对于 WALE 模型的模型常数 C_W，Nicoud 等建议的取值为 0.5，但经过大量的研究表明，取 0.325 可以得到较好的结果。

3) 动态 Smagorinsky‑Lilly 模型

针对前面提到的 Smagorinsky‑Lilly 模型中的模型常数取值无法适应当地湍流流动情况的问题，Germano 等提出了动态亚网格模型，其思想如图 9.2 所示，通过已知的大尺度涡旋来预测小尺度涡旋的耗散，即通过可解尺度涡旋的局部特性来确定小尺度涡旋的模型系数。

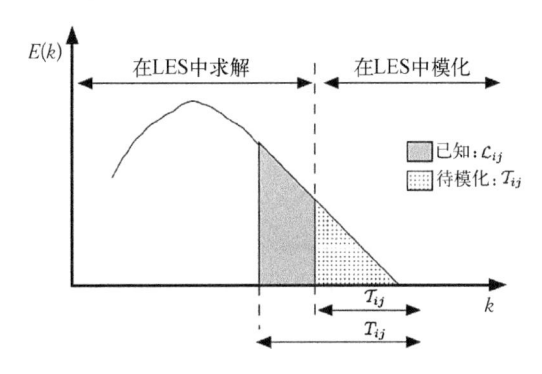

图 9.2　动态 Smagorinsky‑Lilly 模型在湍动能谱中的示意图

动态 Smagorinsky‑Lilly 模型通过对流场分别在网格过滤尺度 Δ 和测试过滤尺度 $\hat{\Delta}$ 下进行两次过滤操作来动态确定 Smagorinsky 模型系数，通常测试过滤尺度要大于网格过滤尺度。公式中，上标"~"表示 LES 网格尺度下的初次过滤，上标"^"表示测试过滤尺度下的二次过滤。

LES 网格过滤尺度下的亚网格应力为

$$\tau_{ij} = \widetilde{u_i u_j} - \tilde{u}_i \tilde{u}_j \tag{9.35}$$

将 N-S 方程在测试过滤尺度下进行二次过滤,可得到测试网格尺度下的亚网格应力为

$$T_{ij} = \widehat{\tilde{u}_i \tilde{u}_j} - \hat{\tilde{u}}_i \hat{\tilde{u}}_j \tag{9.36}$$

对式(9.35)进行二次过滤,并结合式(9.36)可得到 Germano 等式:

$$\mathcal{L}_{ij} = T_{ij} - \hat{\tau}_{ij} = \widehat{\tilde{u}_i \tilde{u}_j} - \hat{\tilde{u}}_i \hat{\tilde{u}}_j \tag{9.37}$$

对上述的亚网格雷诺应力应用 Smagorinsky 模型,并令 $C = C_s^2$,可以得到

$$\tau_{ij} - \frac{1}{3}\delta_{ij}\tau_{kk} = -2C\Delta^2 |\tilde{S}| (\tilde{S}_{ij} - \frac{1}{3}\delta_{ij}\tilde{S}_{kk}) = -2C\alpha_{ij} \tag{9.38}$$

$$T_{ij} - \frac{1}{3}\delta_{ij}T_{kk} = -2C\hat{\tilde{\Delta}}^2 |\hat{\tilde{S}}| (\hat{\tilde{S}}_{ij} - \frac{1}{3}\delta_{ij}\hat{\tilde{S}}_{kk}) = -2C\beta_{ij} \tag{9.39}$$

从而 Germano 等式可以进一步写为

$$\mathcal{L}_{ij}^d = \mathcal{L}_{ij} - \frac{1}{3}\delta_{ij}\mathcal{L}_{kk} = C(2\hat{\alpha}_{ij} - 2\beta_{ij}) = CM_{ij} \tag{9.40}$$

其中,

$$\begin{cases} \alpha_{ij} = -\Delta^2 |\tilde{S}| (\tilde{S}_{ij} - \frac{1}{3}\delta_{ij}\tilde{S}_{kk}) \\ \beta_{ij} = -2\hat{\Delta}^2 |\hat{\tilde{S}}| (\hat{\tilde{S}}_{ij} - \frac{1}{3}\delta_{ij}\hat{\tilde{S}}_{kk}) \\ M_{ij} = 2(\hat{\alpha}_{ij} - \beta_{ij}) \end{cases} \tag{9.41}$$

式(9.40)中 $\mathcal{L}_{ij}$ 与 M_{ij} 为已知量,可分别通过对速度场按照式(9.37)与式(9.41)进行过滤计算得到。式(9.40)中 C 为待求解量,但有五个独立代数方程,因此该式为超定方程,无法直接求解得到系数 C。Lilly 提出采用最小二乘法使得式(9.40)左右两边的误差最小,定义误差 ε 为

$$\varepsilon = (\mathcal{L}_{ij}^d - CM_{ij})^2 \tag{9.42}$$

令一阶导数为 0($\partial\varepsilon/\partial C = 0$),同时二阶导数 $\partial^2\varepsilon/\partial^2 C = 2M_{ij}^2 > 0$,从而使得误差最小,可得模型系数 C 为

$$C = \frac{\mathcal{L}_{ij}^d M_{ij}}{M_{ij}M_{ij}} \tag{9.43}$$

在实际计算中,式(9.43)计算得到的系数可能存在负值或者分母过小,从而导致求解不稳定。通常采用平均系数的方法避免该问题:

$$C = \frac{\langle \mathcal{L}_{ij}^d M_{ij} \rangle}{\langle M_{ij} M_{ij} \rangle} \tag{9.44}$$

4) Sigma 模型

Nicoud 等于 2011 年提出了 Sigma 模型,通过速度梯度张量的奇异值来构建亚网格涡黏模型,其形式为

$$\nu_t = (C_\sigma \Delta)^2 \frac{\sigma_3(\sigma_1 - \sigma_2)(\sigma_2 - \sigma_3)}{\sigma_1^2} \tag{9.45}$$

式中,σ_i 为速度梯度张量的奇异值,对于模型常数 C_σ,Nicoud 等通过计算各向同性湍流,建议取值为 1.35。

在实际计算中,首先通过已求解的速度场构建矩阵 $G = g_{ij}^t g_{ij}$,其中 $g_{ij} = \partial u_i / \partial x_j$,可知矩阵 G 为对称半正定矩阵,求解该矩阵的特征值 λ_i 并使得 $\lambda_1 > \lambda_2 > \lambda_3 > 0$;从而速度梯度张量 g 的奇异值 $\sigma_1 = \sqrt{\lambda_1}$,$\sigma_2 = \sqrt{\lambda_2}$,$\sigma_3 = \sqrt{\lambda_3}$。

3. 亚网格标量通量模型

与 RANS 方法相同,对于不可解的亚网格标量通量,通常采用梯度扩散假设,表示为

$$\bar{\rho}(\widetilde{u_i \phi_k} - \tilde{u}_i \tilde{\phi}_k) = -\bar{\rho} D_t \frac{\partial \tilde{\phi}_k}{\partial x_i} \tag{9.46}$$

式中,D_t 为扩散系数,如对于组分方程取为 $D_t = \nu_t / Sc_k$、对于焓方程取为 $D_t = \nu_t / Pr_t$,其中 Sc_k 与 Pr_t 分别为湍流施密特数与湍流普朗特数。

4. 亚网格燃烧模型

在加力燃烧室中,航空煤油通过燃油喷嘴喷入燃烧室中,受强烈湍流流动与高温燃气作用破碎雾化并蒸发为燃油蒸气与空气混合燃烧。加力燃烧室中的两相喷雾燃烧是一个非常复杂的过程,涉及湍流流动、油雾破碎、燃油/空气相互作用、湍流/化学反应相互作用以及辐射传热等物理化学过程。因此,在数值模拟加力燃烧室的两相喷雾燃烧流场时需要准确的数学模型来表征喷雾特性、气液耦合以及燃烧过程。

由于湍流脉动对燃烧的影响,滤波后的化学反应速率源项会带来脉动参数的高阶非线性项,并不能直接使用过滤的流场物理量按照 Arrhenius 公式求解,而是需要通过亚网格燃烧模型进行模化。对此,国内外许多学者做了大量的研究工作,基于不同的思想发展了多种 LES 亚网格湍流燃烧模型:① 涡破碎(EBU)、涡耗散概念(eddy dissipation concept, EDC)模型;② 输运概率密度函数(transported probability density function, TPDF)模型;③ 条件矩封闭(conditional moment closure, CMC)模型;④ 人工增厚火焰模型(artificially thickened flame, ATF)模型;⑤ 火焰

面模型(flamelet model)。LES 方法下的 EBU/EDC 模型与 RANS 方法下的 EBU/EDC 模型类似,可参考 9.1.1 节对该模型的介绍。输运概率密度函数模型与条件矩封闭模型复杂且计算量较大,尚不适用于工程应用中加力燃烧室的大涡模拟。因此,本节只介绍人工增厚火焰模型和火焰面模型。

1) 人工增厚火焰模型

人工增厚火焰模型的基本思想是通过人为引入增厚因子改变组分方程中的扩散系数和化学反应源项,在不改变层流火焰传播速度的基础上人为地增加火焰厚度,从而使得 LES 的网格尺度能够捕捉到火焰结构。该模型首先由 Butler 在研究层流预混火焰时提出,随后研究者将其扩展到了非预混燃烧、部分预混燃烧以及两相喷雾燃烧的模拟中。

对于层流预混火焰,火焰传播速度 s_L 和火焰厚度 δ_L^0 可以表示为

$$s_L^0 \propto \sqrt{D_{th}B}, \quad \delta_L^0 \propto \frac{D_{th}}{s_L^0} = \frac{D_{th}}{B} \tag{9.47}$$

式中,D_{th} 为扩散系数;B 为阿伦尼乌斯反应速率的指前因子。扩散系数乘以增厚因子 F 的同时使指前因子除以增厚因子 F,可在使得火焰厚度增大的同时保证火焰传播速度不变,从而使增厚过的火焰锋面可以被 LES 的网格尺度求解:

$$s_L^0 \to s_L^0, \quad \delta_L^0 \to F\delta_L^0 \tag{9.48}$$

人工增厚火焰模型的化学反应源项仍表示为阿伦尼乌斯反应速率公式,但是火焰被人为增厚以后,改变了湍流与化学反应之间的相互作用:Damkohler 数(Da)减小并且火焰褶皱减弱。为解决这个问题,Colin 等引入了有效函数 E(亚网格褶皱因子)来弥补因人为增厚火焰所减弱的亚网格火焰褶皱,由此扩散系数和化学反应速率的指前因子如下:

$$D_{th} \xrightarrow{\text{增厚}} FD_{th} \xrightarrow{\text{褶皱}} EFD_{th} \tag{9.49}$$
$$B \longrightarrow B/F \longrightarrow EB/F$$

从而湍流火焰传播速度 s_T^0 与火焰厚度 δ_T 为

$$s_T^0 = Es_L^0, \quad \delta_T = F\delta_L^0 \tag{9.50}$$

在引入增厚因子和有效函数后,ATF 模型中的组分方程改写为

$$\frac{\partial}{\partial t}(\rho Y_k) + \frac{\partial}{\partial x_j}(\rho u_j Y_k) = \frac{\partial}{\partial x_j}\left(\rho EFD_{th}\frac{\partial Y_k}{\partial x_j}\right) + \frac{E\dot{\omega}_k}{F} \tag{9.51}$$

需要指出的是,ATF 模型中的化学反应项仍需要通过阿伦尼乌斯公式计算,为了避免求解强刚性的化学反应方程,降低计算量,通常只耦合单步反应机理或极少

步数的简化反应机理。针对需要考虑详细化学反应机理的情况,如污染物排放(NO_x,CO)的数值模拟,研究者也发展了不同的 ATF 耦合详细化学反应机理的方法,如 ATF 耦合详细化学反应建表方法,可参考 Kuenne 等、Filho 等的论文以及张宏达、于洲等的博士论文,另一种方法是 ATF 耦合 ARC(analytically reduced chemistry,ARC)简化化学方法,可参考法国欧洲科学计算研究培训中心 Jaravel、Felden 等的论文。

2) 火焰面模型

Peters 于 1984 年针对非预混燃烧提出了层流扩散火焰面模型,认为化学反应的时间尺度远小于湍流流动特征的时间尺度,则燃料和氧化剂在化学当量比附近很薄的一维结构上反应,该化学反应薄层的厚度远小于湍流流动的 Kolmogorov 尺度,因此不受湍流流动的影响。而湍流流动对火焰的影响体现在拉伸和扭曲火焰面上,增大火焰面面积,湍流扩散火焰则被视为一系列层流小火焰面的系综,且湍流场中的平均火焰结构可由层流火焰系综进行统计平均得到。基于 Peters 提出的火焰面思想,研究者发展了多种火焰面模型,如稳态火焰面模型(steady flamelet model, SFM)、火焰面/反应进度变量模型(flamelet/progress variable model, FPV)、火焰面生成流形(flamelet generated manifold, FGM)模型、火焰固有低维流形延伸(flame prolongation of intrinsic low-dimensional Manifolds, FPI)模型等,这些模型分别适用于不同的燃烧模态,如预混燃烧、非预混燃烧、部分预混燃烧以及两相燃烧等。本部分以稳态火焰面模型为例介绍火焰面模型的理论与方法。

如图 9.3 所示,在湍流扩散火焰微元结构上,在垂直化学当量比的方向可将其视为层流对冲火焰。火焰面很薄,化学反应只受分子扩散和输运控制,因此假设在该方向上为一维结构,火焰面的内部结构只需要考虑火焰面法向方向上的标量分布。通过引入标量耗散率 χ 来表征湍流流动对火焰面的拉伸与变形的影响,从而表现在某一火焰面褶皱尺度上,所有的流场热力学参数(如温度 T、组分浓度 Y 等)仅与守恒标量(如混合分数 Z)有关。

通常在气体燃料燃烧问题中,对于碳氢燃料 C_mH_n,可将总包反应写为

$$v'_F C_m H_n + v'_{O_2} O_2 = v''_{CO_2} CO_2 + v''_{H_2O} H_2O \tag{9.52}$$

可通过燃料和氧化剂的质量分数来表示混合分数 Z:

$$Z = \frac{v Y_F - Y_{O_2} + Y_{O_2,2}}{v Y_{F,1} + Y_{O_2,2}} \tag{9.53}$$

式中,v 为反应中各组分的化学计量数;Y 为各组分质量分数;Y_{O_2} 为氧气质量分数;$Y_{F,1}$ 为来自燃料侧的燃料质量分数;$Y_{O_2,2}$ 为来自氧化剂侧的氧气质量分数。

(a) 湍流扩散火焰　　　　　　　　(b) 层流对冲火焰

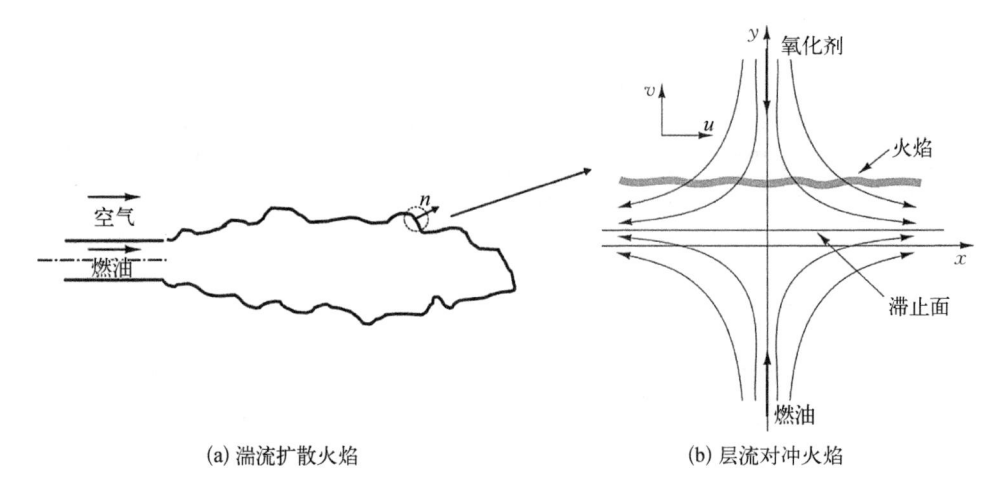

图 9.3　湍流扩散火焰与层流对冲火焰示意图

$v = v'_{O_2} W_{O_2}/(v'_F W_F)$，表示化学当量条件下氧化剂与燃料的质量比。

Bilger 根据燃烧过程中化学元素的质量分数守恒，定义了更具普遍意义的混合分数：

$$Z = \frac{Z_C/(mW_C) + Z_H/(nW_H) + 2(Y_{O_2,2} - Z_O)/(v'_{O_2}M_O)}{Z_{C,1}/(mW_C) + Z_{H,1}/(nW_H) + 2Y_{O_2,2}/(v'_{O_2}M_O)} \tag{9.54}$$

式中，$Z_j = \sum_{i=1}^{n} \frac{a_{ij}W_j}{W_i} Y_j$，表示元素 j 的质量分数。结合组分方程，可推导得出混合分数 Z 的方程：

$$\frac{\partial \rho Z}{\partial t} + \frac{\partial \rho Z u_j}{\partial x_j} = \frac{\partial}{\partial x_j}\left(\rho D_Z \frac{\partial Z}{\partial x_j}\right) \tag{9.55}$$

式中，D_Z 为混合分数的扩散系数。

在物理空间，假设各组分刘易斯数为 1($Le=1$)，火焰面内的组分与温度方程满足如下输运方程：

$$\frac{\partial \rho Y_k}{\partial t} + \frac{\partial \rho Y_k u_j}{\partial x_j} = \frac{\partial}{\partial x_j}\left(\rho D_k \frac{\partial Y_k}{\partial x_j}\right) + \dot{\omega}_k \tag{9.56}$$

$$\frac{\partial \rho c_p T}{\partial t} + \frac{\partial \rho c_p T u_j}{\partial u_j} = \frac{\partial}{\partial x_j}\left(\rho c_p \lambda \frac{\partial T}{x_j}\right) - \sum_{k=1}^{n} h_k \dot{\omega}_k + q_R + \frac{\partial P}{\partial t} \tag{9.57}$$

式中，D_k 为组分 k 的扩散系数；$\dot{\omega}_k$ 为组分 k 的反应速率；h_k 为组分 k 的焓；T 为温度；c_p 为混合气体比热容；q_R 为辐射传热造成的能量损失。

湍流燃烧中,混合分数 Z 为时间和空间的函数,$Z = Z(x, t)$,选取 $Z_{st} = Z(x, t)$ 的等值面,将火焰面结构从物理空间转换到混合分数空间。在火焰面面元内引入局部坐标系 (x_1, x_2, x_3),并令 x_1 指向火焰面法向,x_2 与 x_3 在火焰面空间上。令 $Z_i = x_i$,$\tau = t$。由此温度 T 与各组分的质量分数 Y_i 可表示为混合分数 Z 的函数,并且根据定义可知,混合分数坐标 Z 在当地与 Z_{st} 平面垂直。Peters 采用 Crocco 坐标变换,将物理空间变换到混合分数空间:

$$\begin{cases} \dfrac{\partial}{\partial t} = \dfrac{\partial}{\partial \tau} + \dfrac{\partial Z}{\partial t}\dfrac{\partial}{\partial Z} \\ \dfrac{\partial}{\partial x_i} = \dfrac{\partial}{\partial Z_i} + \dfrac{\partial Z}{\partial x_k}\dfrac{\partial}{\partial Z} \quad , \quad i = 2, 3 \\ \dfrac{\partial}{\partial x_1} = \dfrac{\partial Z}{\partial x_1}\dfrac{\partial}{\partial Z} \end{cases} \tag{9.58}$$

将式(9.58)代入物理空间下的组分与温度方程式(9.56)和式(9.57),可得到混合分数空间下的组分方程与温度方程:

$$\rho\left(\frac{\partial Y_k}{\partial \tau} + u_2\frac{\partial Y_k}{\partial Z_2} + u_3\frac{\partial Y_k}{\partial Z_3}\right) - \sum_{i=2}^{3}\frac{\partial \rho D_k}{\partial x_i}\frac{\partial Y_k}{\partial Z_i}$$
$$- \rho D\left[\left(\frac{\partial Z}{\partial x_1}\right)^2\frac{\partial^2 Y_k}{\partial Z^2} + 2\sum_{i=2}^{3}\frac{\partial Z}{\partial x_i}\frac{\partial^2 Y_k}{\partial Z \partial Z_i} + \sum_{i=2}^{3}\frac{\partial^2 Y_k}{\partial Z_i^2}\right] = \dot{\omega}_k \tag{9.59}$$

$$\rho c_p\left(\frac{\partial T}{\partial \tau} + u_2\frac{\partial T}{\partial Z_2} + u_3\frac{\partial T}{\partial Z_3}\right) - \sum_{i=2}^{3}\frac{\partial \lambda}{\partial x_i}\frac{\partial T}{\partial Z_i}$$
$$- \lambda\left[(\nabla Z)^2\frac{\partial^2 T}{\partial Z^2} + 2\sum_{i=2}^{3}\frac{\partial Z}{\partial x_i}\frac{\partial^2 T}{\partial Z \partial Z_i} + \sum_{i=2}^{3}\frac{\partial^2 T}{\partial Z_i^2}\right] \tag{9.60}$$
$$= -\sum_{k=1}^{n}h_k\dot{\omega}_k + q_R + \frac{\partial p}{\partial t}$$

假设火焰面在 Z 方向上非常薄,则有如下的量级关系:

$$\frac{\partial}{Z} \gg \frac{\partial}{\partial Z_1} \sim \frac{\partial}{\partial Z_2} \tag{9.61}$$

即热力学变量在火焰面法向方向上的梯度远大于其他两个方向的梯度,根据量级分析,忽略掉 Z_1 与 Z_2 方向的相关梯度项,式(9.60)与式(9.61)可以简化为

$$\rho\frac{\partial Y_k}{\partial \tau} - \rho\left(\frac{\partial Z}{\partial x_i}\right)^2\frac{\partial^2 Y_k}{\partial Z^2} = \dot{\omega}_k \tag{9.62}$$

$$\rho c_p \frac{\partial T}{\partial \tau} - \rho c_p \left(\frac{\partial Z}{\partial x_i}\right)^2 \frac{\partial^2 T}{\partial Z^2} = -\sum_{k=1}^{n} h_k \dot{\omega}_k + q_R + \frac{\partial p}{\partial \tau} \tag{9.63}$$

Peters 引入了标量耗散率 χ 来衡量湍流脉动对火焰结构的影响,标量耗散率为混合分数 Z 的函数,标量耗散率的量纲为 $1/s$,可视为特征扩散时间尺度的倒数,表征在化学恰当比混合分数平面法向上的对流扩散效应,定义式如下:

$$\chi = 2D \left| \frac{\partial Z}{\partial x_i} \right|^2 \tag{9.64}$$

Peters 认为,火焰面方程中的非稳态时间项只在接近熄火或者湍流场引起的扰动时间尺度非常短时才会相对较大,因此在其他情况下可忽略非稳态时间相关项。可假定在火焰面内部达到平衡时热力学状态参数不随时间变化,并忽略辐射的影响,由此可以得到稳态层流火焰面方程,式(9.62)与式(9.63)可进一步简化为

$$\rho \frac{\chi}{2} \frac{\partial^2 Y_k}{\partial Z^2} + \dot{\omega}_k = 0 \tag{9.65}$$

$$\rho c_p \frac{\chi}{2} \frac{\partial^2 T}{\partial Z^2} - \sum_{k=1}^{n} h_k \dot{\omega}_k = 0 \tag{9.66}$$

由式(9.65)和式(9.66)可知,在给定边界条件后,方程的解仅与混合分数 Z 与标量耗散率 χ 有关,即火焰面中的热力学状态参数可由 Z 与 χ 唯一确定: $\phi = \phi(Z, \chi)$。

在求解火焰面方程时,通常通过给定一系列的 χ 值,在给定边界条件下求解上述两个方程,从而得到不同标量耗散率下的火焰面数据库,而每个火焰面数据库中的数据(组分质量分数、温度等)根据求解空间中的混合分数离散点离散,最终得到包含 $\phi = \phi(Z, \chi)$ 的层流稳态火焰面数据库。稳态火焰面数据库与湍流流场状态无关,仅与燃料侧与氧化剂侧的边界条件有关,因此可以预先计算生成便携式文档格式(portable document format, PDF)表,在流场求解过程中通过查表插值得到组分质量分数 Y_i 与流场温度 T。在考虑复杂化学反应机理时,传统方法需要求解所有组分的输运方程,而 SFM 仅需要求解混合分数方程,组分与温度仅需要查表插值得到,因此可大大提高计算效率。

根据 SFM 的假设,湍流扩散火焰为一系列层流火焰面系综,因此湍流扩散火焰中的热力学状态参数可由层流火焰面系综进行统计平均得到

$$\tilde{\phi} = \iint \phi(Z, \chi_{st}) P(Z, \chi_{st}) dZ d\chi_{st} \tag{9.67}$$

式中，$\tilde{\phi}$ 为湍流火焰中热力学状态参数的平均标量值；$P(Z, \chi_{st})$ 为混合分数与标量耗散率的联合概率密度。通常联合概率密度无法求解，在实际应用中一般假设混合分数与标量耗散率相互独立，则联合概率密度可以用二者边缘概率密度的乘积表示：

$$P(Z, \chi_{st}) = P(Z)P(\chi_{st}) \tag{9.68}$$

一般假定混合分数 Z 服从 β 函数分布，标量耗散率 χ_{st} 服从 δ 分布，表达式如下：

$$P(Z) = Z^{\alpha-1}(1-Z)^{\beta-1}\frac{\Gamma(\alpha+\beta)}{\Gamma\alpha\Gamma\beta} \tag{9.69}$$

$$P(\chi_{st}) = \delta(\chi_{st} - \widetilde{\chi_{st}}) \tag{9.70}$$

式中，Γ 为 Gamma 函数；α 与 β 为 β 函数分布的系数，由平均混合分数 $\tilde{Z}$ 和平均混合分数脉动均方根 $\widetilde{Z''^2}$ 确定。

$$\alpha = \tilde{Z}\left[\frac{\tilde{Z}(1-\tilde{Z})}{\widetilde{Z''^2}} - 1\right] \tag{9.71}$$

$$\beta = (1-\tilde{Z})\left[\frac{\tilde{Z}(1-\tilde{Z})}{\widetilde{Z''^2}} - 1\right] \tag{9.72}$$

在 LES 方法中，Pierce 和 Moin 建议对 $\widetilde{Z''^2}$ 与 $\tilde{\chi}_{st}$ 模化为

$$\widetilde{Z''^2} = C_Z \Delta^2 \left|\frac{\partial \tilde{Z}}{\partial x_i}\right|^2 \tag{9.73}$$

$$\tilde{\chi}_{st} = C_{\chi_{st}} \frac{\mu_{eff}}{\rho} \left|\frac{\partial \tilde{Z}}{\partial x_i}\right|^2 \tag{9.74}$$

式中，模型系数 C_Z 取 2.0；$C_{\chi_{st}}$ 取 2.0。

在得到混合分数与标量耗散率的假定概率密度后，在不同混合分数脉动均方根 Z''^2 的取值下，对式(9.67)进行积分，从而得到热力学状态参数(如组分质量分数 Y_i、温度 T 等)，在 (Z, Z''^2, χ_{st}) 下的三维湍流燃烧火焰面数据库。

对于加力燃烧室内的两相喷雾燃烧流场数值模拟，LES-稳态火焰面方程的控

制方程总结如下：

$$\begin{cases} \dfrac{\partial \bar{\rho}}{\partial t} + \dfrac{\partial}{\partial x_j}(\bar{\rho}\tilde{u}_j) = \bar{S}_m \\[6pt] \dfrac{\partial}{\partial t}(\bar{\rho}\tilde{u}_i) + \dfrac{\partial}{\partial x_j}(\bar{\rho}\tilde{u}_i\tilde{u}_j) = -\dfrac{\partial \bar{P}}{\partial x_i} + \dfrac{\partial}{\partial x_j}\left[\mu\left(\dfrac{\partial \tilde{u}_i}{\partial x_j} + \dfrac{\partial \tilde{u}_j}{\partial x_i}\right) - \tau_{ij}\right] + \bar{S}_{u_i} \\[6pt] \dfrac{\partial}{\partial t}(\bar{\rho}\tilde{Z}) + \dfrac{\partial}{\partial x_j}(\bar{\rho}\tilde{Z}\tilde{u}_j) = \dfrac{\partial}{\partial x_j}\left[\left(\dfrac{\mu}{Sc_Z} + \dfrac{\mu_t}{Sc_t}\right)\dfrac{\partial \tilde{Z}}{\partial x_j}\right] + \bar{S}_Z \\[6pt] \widetilde{Z''^2} = C_Z \Delta^2 \left|\dfrac{\partial \tilde{Z}}{\partial x_i}\right|^2 \\[6pt] \widetilde{\chi}_{st} = C_{\chi_{st}} \dfrac{\mu + \mu_t}{\rho}\left|\dfrac{\partial \tilde{Z}}{\partial x_i}\right|^2 \end{cases} \quad (9.75)$$

式中，$\bar{S}_\phi$ 为两相喷雾作用的源项；μ 为层流黏性系数；μ_t 为湍流黏性系数；Sc_Z 为层流施密特数；Sc_t 为湍流施密特数。质量源项、动量源项、混合分数源项分别如式(9.76)所示：

$$\begin{cases} \bar{S}_m = -\dfrac{1}{V_c}\sum_N \dfrac{\mathrm{d}m_p}{\mathrm{d}t} \\[6pt] \bar{S}_{u_i} = -\dfrac{1}{V_c}\sum_N \dfrac{\mathrm{d}(m_p u_{p,i})}{\mathrm{d}t} \\[6pt] \bar{S}_Z = -\dfrac{1}{V_c}\sum_N \dfrac{\mathrm{d}m_p}{\mathrm{d}t} \end{cases} \quad (9.76)$$

式中，m 为粒子质量，下标 p 代表液相燃油粒子；V_c 为网格体积；$u_{p,j}$ 为燃油粒子速度分量。

需要指出的是，液滴蒸发的作用使得混合分数不再是一个守恒标量，同时从混合分数的定义可以推出：液滴蒸发导致混合分数方程源项与质量方程的源项形式相同。

9.1.3 加力燃烧室数值计算方法

1. 基于 RANS 方法的加力燃烧室数值计算方法

由于气体流动的控制方程是微分形式，为了便于使用计算机对其进行求解，需要对气相控制方程进行离散，将控制方程由微分形式转化成代数形式。图 9.4 为控制容积示意图，控制容积中心以 P 表示，邻近控制容积中心节点以 E、W、N、S、T、B 表示，控制容积边界面以 e、w、n、s、t、b 表示。为了简单起见，取 $\Delta \xi = 1$，

$\Delta\eta = 1$，$\Delta\zeta = 1$。将气相控制方程进行体积积分，那么有

$$\int_v \left[\frac{\partial}{\partial \xi}(\rho U \phi) + \frac{\partial}{\partial \eta}(\rho V \phi) + \frac{\partial}{\partial \zeta}(\rho W \phi) \right] \mathrm{d}\xi \mathrm{d}\eta \mathrm{d}\zeta$$

$$= \int_v \left[\frac{\partial}{\partial \xi}\left(\frac{\Gamma^\phi}{rJ} q_{11} \phi_\xi \right) + \frac{\partial}{\partial \eta}\left(\frac{\Gamma^\phi}{rJ} q_{22} \phi_\eta \right) \right.$$

$$\left. + \frac{\partial}{\partial \zeta}\left(\frac{\Gamma^\phi}{rJ} q_{33} \phi_\zeta \right) \right] \mathrm{d}\xi \mathrm{d}\eta \mathrm{d}\zeta$$

$$+ \int_v S^a \mathrm{d}\xi \mathrm{d}\eta \mathrm{d}\zeta + \int_v rJ S^\phi \mathrm{d}\xi \mathrm{d}\eta \mathrm{d}\zeta \quad (9.77)$$

式中，S^a 为因网格未完全垂直带来的附加源项。

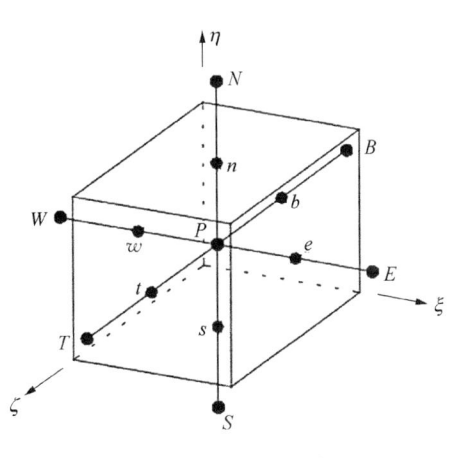

图 9.4 控制容积示意图

$$S^a = \frac{\partial}{\partial \xi}\left[\frac{\Gamma^\phi}{rJ}(q_{12}\phi_\eta + q_{13}\phi_\zeta) \right] + \frac{\partial}{\partial \eta}\left[\frac{\Gamma^\phi}{rJ}(q_{21}\phi_\xi + q_{23}\phi_\zeta) \right] + \frac{\partial}{\partial \zeta}\left[\frac{\Gamma^\phi}{rJ}(q_{31}\phi_\xi + q_{32}\phi_\eta) \right]$$
$$(9.78)$$

则积分方程可写为

$$\left[\rho U \phi - \frac{\Gamma^\phi}{rJ} q_{11} \phi_\xi \right]_e \Delta\eta\Delta\zeta - \left[\rho U \phi - \frac{\Gamma^\phi}{rJ} q_{11} \phi_\xi \right]_w \Delta\eta\Delta\zeta$$

$$+ \left[\rho V \phi - \frac{\Gamma^\phi}{rJ} q_{22} \phi_\eta \right]_n \Delta\xi\Delta\zeta - \left[\rho V \phi - \frac{\Gamma^\phi}{rJ} q_{22} \phi_\eta \right]_s \Delta\xi\Delta\zeta \quad (9.79)$$

$$+ \left[\rho W \phi - \frac{\Gamma^\phi}{rJ} q_{33} \phi_\zeta \right]_t \Delta\xi\Delta\eta - \left[\rho W \phi - \frac{\Gamma^\phi}{rJ} q_{33} \phi_\zeta \right]_b \Delta\xi\Delta\eta$$

$$= S^a \Delta\xi\Delta\eta\Delta\zeta + rJ S^\phi \Delta\xi\Delta\eta\Delta\zeta$$

由于离散方程中要用到控制容积界面处的参数值，通常界面处的变量值会近似采用相邻控制容积节点处的变量值来表示，而边界值与网格中心值间的函数关系体现为不同的差分格式。目前，常采用的差分格式有中心差分格式、迎风差分格式、混合差分格式、指数差分格式以及 QUICK 差分格式等多种形式。这里选用混合差分格式来计算微元体边界处的参数值。

依照 Peclet 数的区别，混合差分格式采用不一样的差分格式：当 $|P_e| \leq 2$ 时，取中心差分格式；当 $|P_e| > 2$ 时，取上风差分格式。其中，Peclet 数 $P_e = C/D$，C 表示对流强度，D 表示扩散强度。

经推导，可得到通用形式的离散方程：

$$a_P \phi_P = a_E \phi_E + a_W \phi_W + a_N \phi_N + a_S \phi_S + a_T \phi_T + a_B \phi_B + S_u \quad (9.80)$$

式中，S_u 为源项。

$$a_P = a_E + a_W + a_N + a_S + a_T + a_B - S_P$$
$$a_E = \left[\left|\frac{1}{2}|C_e|,D_e\right|\right] - \frac{1}{2}C_e, \quad a_W = \left[\left|\frac{1}{2}|C_w|,D_w\right|\right] + \frac{1}{2}C_w$$
$$a_N = \left[\left|\frac{1}{2}|C_n|,D_n\right|\right] - \frac{1}{2}C_n, \quad a_S = \left[\left|\frac{1}{2}|C_s|,D_s\right|\right] + \frac{1}{2}C_s \quad (9.81)$$
$$a_T = \left[\left|\frac{1}{2}|C_t|,D_t\right|\right] - \frac{1}{2}C_t, \quad a_B = \left[\left|\frac{1}{2}|C_b|,D_b\right|\right] + \frac{1}{2}C_b$$

式中，符号"[|，|]"表示求二者中的较大值。

对流强度和扩散强度的计算公式为

$$C_e = (\rho U)_e, \quad D_e = \left(\frac{q_{11}}{rJ}\Gamma^\phi\right)_e, \quad C_w = (\rho U)_w, \quad D_w = \left(\frac{q_{11}}{rJ}\Gamma^\phi\right)_w$$
$$C_n = (\rho U)_n, \quad D_n = \left(\frac{q_{22}}{rJ}\Gamma^\phi\right)_n, \quad C_s = (\rho U)_s, \quad D_s = \left(\frac{q_{22}}{rJ}\Gamma^\phi\right)_s \quad (9.82)$$
$$C_t = (\rho U)_t, \quad D_t = \left(\frac{q_{33}}{rJ}\Gamma^\phi\right)_t, \quad C_b = (\rho U)_b, \quad D_b = \left(\frac{q_{33}}{rJ}\Gamma^\phi\right)_b$$

在对式(9.80)求解时，需要将源项局部线性化。同时，要求 $S_P \leqslant 0$，以保证离散方程迭代计算的收敛：

$$\int_v S^a \mathrm{d}\xi \mathrm{d}\eta \mathrm{d}\zeta + \int_v rJS^\phi \mathrm{d}\xi \mathrm{d}\eta \mathrm{d}\zeta = S_u + S_P\phi_P \quad (9.83)$$

1) 压力修正算法

由于压力没有独立的控制方程进行描述，压力和速度之间存在互相影响，它在动量方程中是以源项的方式出现的。这就造成当采用分离式求解方法对速度场和压力场进行迭代求解时，无法直接得到改进的压力场和速度场。目前，在计算压力场时常采用压力耦合方程组的半隐式解法(semi-implicit method for pressure linked equations, SIMPLE)进行压力预测更正。

SIMPLE 算法由 Patankar 和 Spalding 提出，其计算流程如图 9.5 所示。先给定压力场 p^* 以及边界速度 u_{nb}^*、v_{nb}^* 的初值，通过动量方程获取格心点速度 u^*、v^* 的值。压力分布 p^* 是一个假设值，因此需对 u^*、v^* 及 p^* 进行修正。通过压力修正方程计算获取修正值 u'、v' 和 p'。再用修正后的速度去计算其他控制方程，如此反复迭代直至收敛。

压力修正方程推导过程如下。

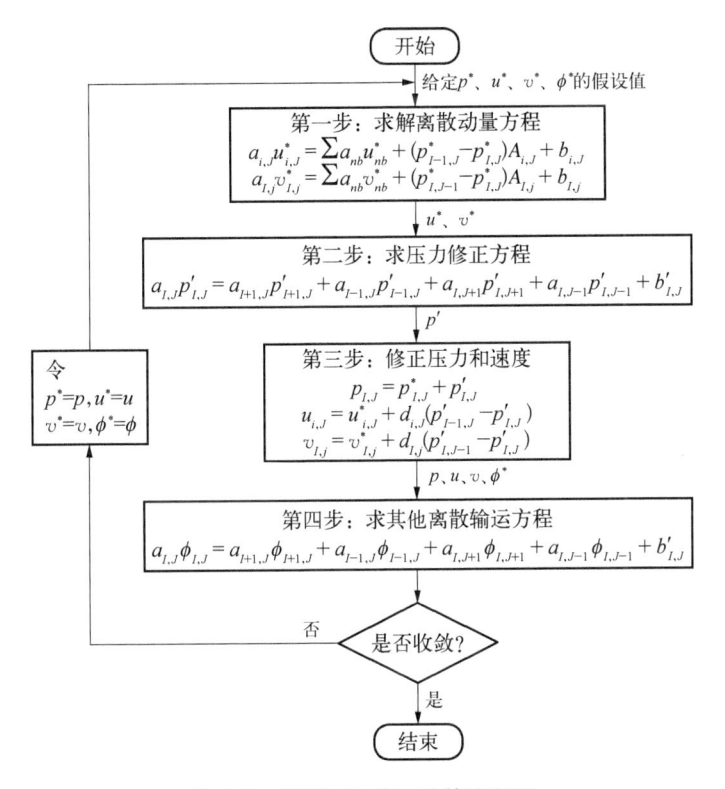

```
                    ┌──────┐
                    │ 开始 │
                    └──┬───┘
                       ↓
              给定 $p^*$、$u^*$、$v^*$、$\phi^*$ 的假设值
                       ↓
         ┌─────────────────────────────────────────┐
         │ 第一步：求解离散动量方程                │
         │ $a_{i,J}u^*_{i,J} = \sum a_{nb}u^*_{nb} + (p^*_{I-1,J}-p^*_{I,J})A_{i,J} + b_{i,J}$ │
         │ $a_{I,j}v^*_{I,j} = \sum a_{nb}v^*_{nb} + (p^*_{I,J-1}-p^*_{I,J})A_{I,j} + b_{I,j}$ │
         └─────────────────────────────────────────┘
                       ↓ $u^*$、$v^*$
         ┌─────────────────────────────────────────┐
         │ 第二步：求压力修正方程                  │
         │ $a_{I,J}p'_{I,J} = a_{I+1,J}p'_{I+1,J} + a_{I-1,J}p'_{I-1,J} + a_{I,J+1}p'_{I,J+1} + a_{I,J-1}p'_{I,J-1} + b'_{I,J}$ │
         └─────────────────────────────────────────┘
                       ↓ $p'$
         ┌─────────────────────────────────────────┐
         │ 第三步：修正压力和速度                  │
         │ $p_{I,J} = p^*_{I,J} + p'_{I,J}$         │
         │ $u_{i,J} = u^*_{i,J} + d_{i,J}(p'_{I-1,J}-p'_{I,J})$ │
         │ $v_{I,j} = v^*_{I,j} + d_{I,j}(p'_{I,J-1}-p'_{I,J})$ │
         └─────────────────────────────────────────┘
                       ↓ $p, u, v, \phi^*$
         ┌─────────────────────────────────────────┐
         │ 第四步：求其他离散输运方程              │
         │ $a_{I,J}\phi_{I,J} = a_{I+1,J}\phi_{I+1,J} + a_{I-1,J}\phi_{I-1,J} + a_{I,J+1}\phi_{I,J+1} + a_{I,J-1}\phi_{I,J-1} + b'_{I,J}$ │
         └─────────────────────────────────────────┘
                       ↓
                   ◇ 是否收敛? ◇ —— 否 → 令 $p^*=p, u^*=u, v^*=v, \phi^*=\phi$ （返回）
                       ↓ 是
                   ┌──────┐
                   │ 结束 │
                   └──────┘
```

图 9.5　SIMPLE 算法计算流程图

记 p、u、v、w、U、V、W 是相关变量的当前值，p^*、u^*、v^*、w^*、U^*、V^*、W^* 是其上一次的迭代值，p'、u'、v'、w'、U'、V'、W' 是其修正量，则有如下关系：

$$\begin{aligned} p &= p^* + p' \\ u &= u^* + u', \quad v = v^* + v', \quad w = w^* + w' \\ U &= U^* + U', \quad V = V^* + V', \quad W = W^* + W' \end{aligned} \quad (9.84)$$

动量方程的离散形式可写为

$$u_p = \frac{1}{a_p^u}\Big(\sum_{nb} a_{nb}^u u_{nb} + \tilde{S}^u\Big) + (B^u p_\xi + C^u p_\eta + D^u p_\zeta)$$

$$v_p = \frac{1}{a_p^v}\Big(\sum_{nb} a_{nb}^v v_{nb} + \tilde{S}^v\Big) + (B^v p_\xi + C^v p_\eta + D^v p_\zeta) \quad (9.85)$$

$$w_p = \frac{1}{a_p^w}\Big(\sum_{nb} a_{nb}^w w_{nb} + \tilde{S}^w\Big) + (B^w p_\xi + C^w p_\eta + D^w p_\zeta)$$

式中，nb 表示 E、W、N、S、T、B；$\tilde{S}^u$、$\tilde{S}^v$、$\tilde{S}^w$ 表示除压力的源项。系数为

$$\begin{cases} B^u = -rA_{11}/a_p^u \\ C^u = -rA_{12}/a_p^u, \\ D^u = -rA_{13}/a_p^u \end{cases} \begin{cases} B^v = -rA_{21}/a_p^v \\ C^v = -rA_{22}/a_p^v, \\ D^v = -rA_{23}/a_p^v \end{cases} \begin{cases} B^w = -rA_{31}/a_p^w \\ C^w = -rA_{32}/a_p^w \\ D^w = -rA_{33}/a_p^w \end{cases} \quad (9.86)$$

分别列出以 p^*、u^*、v^*、w^* 和 p、u、v、w 表示的动量方程,同时将两式作差,略去相邻控制体的速度修正量对 P 处修正速度的影响,则速度的修正量为

$$\begin{aligned} u'_p &= B^u p'_\xi + C^u p'_\eta + D^u p'_\zeta \\ v'_p &= B^v p'_\xi + C^v p'_\eta + D^v p'_\zeta \\ w'_p &= B^w p'_\xi + C^w p'_\eta + D^w p'_\zeta \end{aligned} \quad (9.87)$$

把速度的修正量引入任意曲线坐标系中速度的表达式,忽略交叉方向压力修正量的导数项,可获取其速度修正关系式:

$$\begin{aligned} U &= U^* + Bp'_\xi \\ V &= V^* + Cp'_\eta \\ W &= W^* + Dp'_\zeta \end{aligned} \quad (9.88)$$

式中,$B = rA_{11}B^u + rA_{21}B^v + A_{31}B^w$;$C = rA_{12}C^u + rA_{22}C^v + A_{32}C^w$;$D = rA_{13}D^u + rA_{23}D^v + A_{33}D^w$。

离散后的连续方程为

$$(\rho U)_e - (\rho U)_w + (\rho V)_n - (\rho V)_s + (\rho W)_t - (\rho W)_b = 0 \quad (9.89)$$

将逆变速度修正关系引入式(9.89),化简后能够获取压力修正量的代数方程:

$$a_P p'_P = a_E p'_E + a_W p'_W + a_N p'_N + a_S p'_S + a_T p'_T + a_B p'_B + m_p \quad (9.90)$$

式中,

$$\begin{aligned} a_P &= a_E + a_W + a_N + a_S + a_T + a_B \\ a_E &= (\rho B)_e, \ a_W = (\rho B)_w \\ a_N &= (\rho C)_n, \ a_S = (\rho C)_s \\ a_T &= (\rho D)_t, \ a_B = (\rho D)_b \\ m_p &= (\rho U^*)_e - (\rho U^*)_w + (\rho V^*)_n - (\rho V^*)_s + (\rho W^*)_t - (\rho W^*)_b \end{aligned} \quad (9.91)$$

式(9.90)为压力修正方程,m_p 为迭代过程中因速度不满足连续方程而产生的不平衡量,称为质量源,可作为评定收敛的一个判据。

2) 边界条件

在对控制方程的离散形式进行计算时,还需要给定边界处的值。常用的边界条件主要有进口条件、出口条件、周期性条件、初场条件及固壁边界条件等。

(1) 进口条件。

气流的进口参数如温度、压力、流量等直接通过赋值给定,而湍流动能及湍动能耗散率通过经验公式给定:

$$k_{in} = 0.03 u_{in}^2, \quad \varepsilon_{in} = \frac{k_{in}^{3/2}}{0.005 l} \tag{9.92}$$

式中,l 为计算区域的特征长度;k_{in} 为湍流动能;ε_{in} 为湍流动能耗散率。

(2) 出口条件。

出口处的边界条件满足该处各变量的梯度为零,并对流量进行修正,通过 U、V、W 计算得到流量修正。因此,经过反解可得气体的实际速度:

$$\begin{cases} u = \frac{1}{rJ}(x_\xi U + x_\eta V + x_\zeta W) \\ v = \frac{1}{rJ}(r_\xi U + r_\eta V + r_\zeta W) \\ w = \frac{1}{J}(\theta_\xi U + \theta_\eta V + \theta_\zeta W) \end{cases} \tag{9.93}$$

(3) 周期性条件。

在周向截面处,保证变量值相等,即在周向:$\phi_1 = \phi_{n-1}$,$\phi_n = \phi_2$。

(4) 初场条件。

在各控制方程求解前,对流动区域各物理量赋初始值,以防止不符合运算规则造成程序停止运行,因此应依照进口条件以均匀分布原则对其流场赋初始值。

(5) 固壁边界条件。

在近壁处,随着向壁面的靠近,流体黏性的影响逐渐增强,最终在壁面上形成无滑移边界。在这一区域,层流黏度起着主要作用。因此,高雷诺数的数学模型不再适用于该区域。而若在近壁区域采用低雷诺数计算模型,则需要对该区域进行加密处理以应对较大的速度梯度和温度梯度。因此,该方法需要较大的计算资源。另一种方法为在该区域采用壁面函数,优点是不需要将靠近固壁的控制容积中心点安排在层流区域,用壁面函数来表示近壁区域内的参数变化,不需要单独加密网格,从而大大节省了计算资源。通常可在近壁处边界使用两层壁面函数。

在壁面函数中规定了无量纲高度:

$$y_P^+ = \frac{\rho_P k_P^{1/2} C_\mu^{1/4}}{\mu} l_n \tag{9.94}$$

式中,靠近壁面的微元体以下标 P 标记,固壁表面与点 P 间的垂直距离为 l_n;C_μ 为模型常数;k 为湍流动能;ρ 为密度。

在两层壁面函数中,以 $y_P^+ = 11.63$ 作为分界点,其中 $0 < y_P^+ \leqslant 11.63$ 为黏性底层,湍流旺盛区范围为 $y_P^+ > 11.63$。各区域壁面的剪切应力与热流如下:

$$\tau_w = \begin{cases} \dfrac{\mu}{l_n} V^t & , y_P^+ \leqslant 11.63 \\ \dfrac{V^t \kappa \rho_P k_P^{1/2} C_\mu^{1/4}}{\ln(Ey_P^+)} & , y_P^+ > 11.63 \end{cases} \quad (9.95)$$

$$q_w = \begin{cases} \dfrac{\lambda}{l_n}(T_P - T_w) & , y_P^+ \leqslant 11.63 \\ \dfrac{Pr_l y_P^+}{Pr_t \left[\dfrac{1}{\kappa}\ln(Ey_P^+) + P_{\sigma t}\right]} \dfrac{\lambda}{l_n}(T_P - T_w) & , y_P^+ > 11.63 \end{cases} \quad (9.96)$$

式中,V^t 为切向速度;Pr_l 和 Pr_t 分别为层流和湍流普朗特数;κ 为冯·卡门常数;E 为常数;$P_{\sigma t}$ 是考虑普朗特数影响的函数。

$$P_{\sigma t} = 9.24 \left[\left(\dfrac{Pr_l}{Pr_t}\right)^{0.75} + 1\right] \quad (9.97)$$

2. 基于 LES 方法的加力燃烧室数值计算方法

有限体积法首先需要将计算对象划分为一定数量的网格(控制体),再对每个控制体求解控制方程。通常,网格系统可以分为交错网格系统和非交错网格系统。交错网格系统将温度、压力等标量存储在正常的控制体节点内,而速度矢量存储在控制体的交界面上,其可以有效地避免压力振荡的产生,但需要四套网格系统存储流场变量,计算复杂且资源消耗很大,并且对网格的正交性要求很高。本节主要介绍非交错网格系统,所有变量存储在控制体的节点内,并引入 Rhie & Chow 插值以保证压力与速度的耦合关系并抑制压力振荡。

将 LES 控制方程写为如下通用形式:

$$\dfrac{\partial(\bar{\rho}\tilde{\phi})}{\partial t} + \dfrac{\partial(\bar{\rho}\tilde{\phi}\tilde{u}_j)}{\partial x_j} = \dfrac{\partial}{\partial x_j}\left(\Gamma \dfrac{\partial \tilde{\phi}}{\partial x_j}\right) + \bar{S}_\phi \quad (9.98)$$

式中,$\tilde{\phi}$ 为控制方程的运输变量;Γ 为护散系数;$\bar{S}_\phi$ 为源项。

与 RANS 方法相同,在如图 9.2 所示的控制体网格单元内对式(9.98)进行积分:

$$\int_{CV} \dfrac{\partial(\bar{\rho}\tilde{\phi})}{\partial t} dV + \int_{CV} \dfrac{\partial \bar{\rho}\tilde{\phi}\tilde{u}_j}{\partial x_j} dV = \int_{CV} \dfrac{\partial}{\partial x_j}\left(\Gamma \dfrac{\partial \tilde{\phi}}{\partial x_j}\right) dV + \int_{CV} \tilde{S}_\phi dV \quad (9.99)$$

对于式(9.99),根据奥-高公式将控制体单元内的体积分转换为控制体单元界面上的面积分:

$$\frac{(\bar{\rho}\tilde{\phi}_P)^n - (\bar{\rho}\tilde{\phi}_P)^{n-1}}{\Delta t}\Delta V + [(F_e A_e \tilde{\phi}_e - F_w A_w \tilde{\phi}_w)$$
$$+ (F_n A_n \tilde{\phi}_w - F_s A_s \tilde{\phi}_s) + (F_t A_t \tilde{\phi}_t - F_b A_b \tilde{\phi}_b)]$$
$$= \Gamma_e A_e \left(\frac{\partial \tilde{\phi}}{\partial x}\right)_e - \Gamma_w A_w \left(\frac{\partial \tilde{\phi}}{\partial x}\right)_w + \Gamma_n A_n \left(\frac{\partial \tilde{\phi}}{\partial y}\right)_n - \Gamma_s A_s \left(\frac{\partial \tilde{\phi}}{\partial y}\right)_s$$
$$+ \Gamma_t A_t \left(\frac{\partial \tilde{\phi}}{\partial z}\right)_t - \Gamma_b A_b \left(\frac{\partial \tilde{\phi}}{\partial z}\right)_b + \tilde{S}_\phi \Delta V \quad (9.100)$$

式中，小写字母 e、w、n、s、t、b 表示控制体界面上的值；A 为面积；F 为对流通量，$F_i = \bar{\rho}\widetilde{u_i}$。

控制体界面上的值通常采用周围控制体节点上的变量值来表示，不同的表示方法会产生不同的差分格式。离散方程中每项的形式与物理意义均不同，因此通常需要采用不同的差分格式。差分格式与 RANS 方法中介绍的相同。

1) 压力修正算法

LES 方法所采用的压力修正算法（SIMPLE 算法）与 RANS 方法相似，不同的是 LES 方法求解的是瞬态 N-S 方程，因此需要考虑控制方程中的时间项。瞬态 SIMPLE 算法的步骤如下：

（1）给定流场内压力、速度及其他变量的初始值，并给定时间步长 Δt；

（2）通过给定的初值求解离散动量方程，得到新的速度场 u^*、v^*、w^*；

（3）求解压力修正方程，得到 p'；

（4）根据得到的压力修正值改进速度场；

（5）求解其他变量的离散方程；

（6）在当前时间步内重复迭代步骤（2）~（5）至当前时间步内收敛；

（7）求解下一时间步，重复步骤（2）~（6）直至计算结束。

SIMPLE 算法求解过程示意图如图 9.6

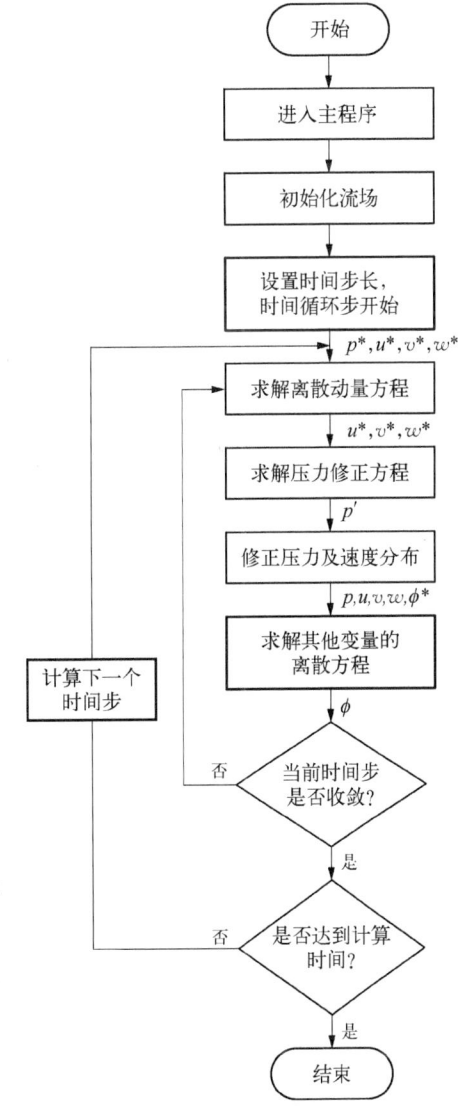

图 9.6 SIMPLE 算法求解过程示意图

所示。

2) 边界条件

在数值求解 LES 控制方程的过程中,物理边界条件和数值边界条件共同决定了流场的数值解。

(1) 进口条件。

在采用 LES 模拟湍流流场时,需要给定符合湍流统计特性的进口边界条件。目前最简单的方法是在进口的速度场加入随机脉动,如白噪声,但这种方法生成的进口速度场没有任何的时间空间关联性,而且在下游会很快被耗散。Tabor 等对近年来发展的进口条件生成方法做了详细的综述,将大涡模拟的进口条件生成方法分为了两类。第一类是合成湍流(synthetic turbulence)方法,在进口平面上通过数学方法人工生成具有湍流统计特性的类湍流随机脉动速度场,如傅里叶合成方法、本征正交分解(proper orthogonal decomposition,POD)方法、合成涡方法(synthetic eddy method)等,白噪声方法也可归入这一类。这类方法生成的脉动速度场具有时空关联性,并且能够符合要求的进口湍流统计特性,易于实现、消耗的计算资源少。但通常人工合成湍流的方法需要在进口下游一段距离之后才能发展为真实湍流,其中 Jarrin 提出的合成涡方法需要的距离最短。此外,前述的几种方法通常需要提供进口速度场的湍流统计信息,而不仅是平均速度。因此,可能会受到试验条件的限制,试验中只给出了进口的流量或速度,使得在计算时无法给定其湍流统计特性,如速度脉动均方根、雷诺应力分布、湍动能以及耗散率等,无法应用这些进口条件。第二类是预前模拟(precursor simulation)方法,将进口条件生成与流场计算分离求解,在开始计算前,通过在进口前加入独立的计算区域,并对其进出口采用周期性边界条件,以此生成充分发展的湍流流动瞬态速度场,将每个时间步的出口速度场存储到数据库中,在开始计算后通过重整(rescaling)的方式将数据库中的进口速度场加入 LES 进口条件中。

(2) 固体壁面边界条件。

湍流在近壁面区域流动时,由于壁面的作用会在壁面附近形成湍流边界层,通常通过引入 y^+ 来对湍流的边界层进行分区,定义为

$$y^+ = \frac{u_\tau y}{\nu} \tag{9.101}$$

式中,$u_\tau = \sqrt{\tau_w/\rho}$,表示壁面剪切速度,$\tau_w$ 为壁面剪切应力;ν 为黏性系数。

如图 9.7 所示,根据 y^+ 的大小将湍流边界层的内层分为黏性底层($0 \leqslant y^+ < 5$)、过渡层($5 \leqslant y^+ < 30$)以及对数律层($y^+ \geqslant 30$)。

在 LES 中通常要求近壁面的第一层网格高度满足 $y^+ < 1$,但在高雷诺数的近壁湍流问题中,这种要求会导致 LES 需要很大的网格数,因此在 LES 中通常也需

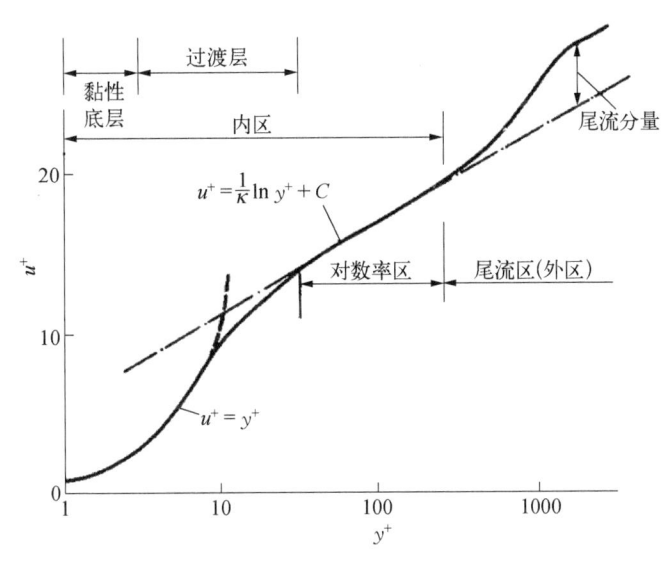

图 9.7 湍流边界层

要建立近壁面模型,如 Werner – Wengle 近壁模型,该模型假设近壁区域的速度分布由线性律和指数律决定:

$$u^+ = \begin{cases} y^+, & y^+ \leqslant 11.8 \\ A(y^+)^B, & y^+ = y_m^+ > 11.8 \end{cases} \quad (9.102)$$

式中,$A = 8.3$;$B = 1/7$;m 为两个速度分布的交点。

因此有

$$y^+ = A^{\frac{1}{1-B}} = y_m^+ \quad (9.103)$$

$$U_P = \frac{\mu}{2\rho\Delta y} A^{\frac{2}{1-B}} \quad (9.104)$$

从而,Werner – Wengle 模型对壁面剪切应力有如下计算方法:

$$\tau_w = \begin{cases} \dfrac{2\mu U_p}{\Delta y}, & U_p < U_m \\ \rho\left[\dfrac{1-B}{2}A^{\frac{1+B}{1-B}}\left(\dfrac{\mu}{\rho\Delta y}\right)^{1+B} + \dfrac{1+B}{A}\left(\dfrac{\mu}{\rho\Delta y}\right)^B U_p\right]^{\frac{2}{1+B}}, & U_p \geqslant U_m \end{cases} \quad (9.105)$$

修正靠近壁面的第一层网格内的亚网格黏性系数:

$$\mu_{\text{sgs}} = \frac{\tau_w \Delta y}{U_p} \quad (9.106)$$

此外,对于 Smagorinsky – Lilly 模型,针对近壁区域需要引入对近壁涡黏性修正的 van Driest 阻尼模型对 C_S 进行修正:

$$C_S = C_{S0}(1 - e^{-y^+/A^+})^2 \quad (9.107)$$

式中,C_{S0} 为原始的 Smagorinsky 模型系数;近壁面网格的无量纲高度 $y^+ = yu_\tau/\nu$;A^+ 为常数,一般取 25。

(3) 出口边界条件。

稳态流动问题通常在出口边界法向上对流场的各变量采用零梯度边界条件:

$$\frac{\partial \phi}{\partial n} = 0 \quad (9.108)$$

式中,ϕ 为流场内的输运变量;n 为出口边界的法向。同时需要保证没有速度回流和流量守恒,需要对出口边界上的速度进行修正。

对于非稳态流动问题,穿过出口边界的涡团会产生负速度区域,在出口边界附近形成逆压力梯度,其产生的振荡压力波会向上游传播,从而引发内流场求解的稳定性。前述的零梯度边界条件不再适用,通常采用更符合物理实际的对流出口边界条件,可写为

$$\frac{\partial \phi}{\partial t} + U \frac{\partial \phi}{\partial n} = 0 \quad (9.109)$$

式中,ϕ 为流场中的变量;U 为出口边界上的特征速度,使得出口边界的流量与入口边界的流量相同,一般可按出口流量与出口流通面积取一平均速度。该方法可有效避免出口边界产生的压力波反射到上游流场中,在 LES 方法中得到了广泛的应用。

(4) 初始条件。

在流场开始计算时,需要给定流场内各变量的初始值以启动计算,一般以进口条件中的各变量值作为初始值为整个流场均匀赋值。

9.1.4 加力燃烧室计算结果

1. 基于 RANS 方法加力燃烧室计算结果

图 9.8~图 9.11 为采用 RANS 方法计算获得的某加力燃烧室结果。图 9.8 和图 9.9 分别为某加力燃烧室中心截面上的速度矢量图和温度云图,图 9.10 和图 9.11 分别为某加力燃烧室各横截面上的温度分布云图和氧气浓度分布云图。

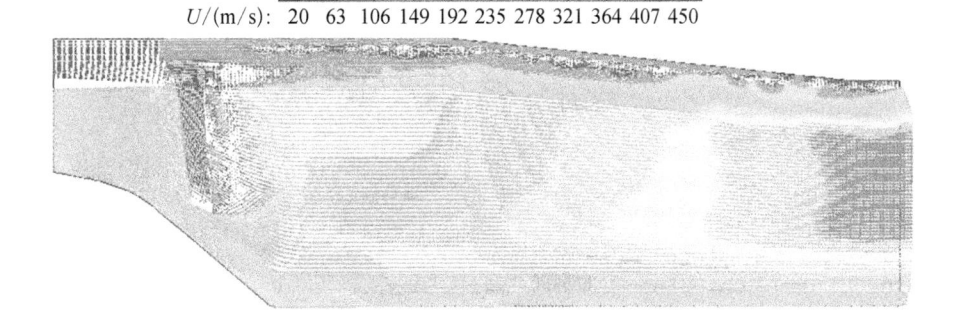

第 9 章　加力燃烧室数值模拟仿真和试验验证　223

图 9.8　某加力燃烧室中心截面速度矢量图

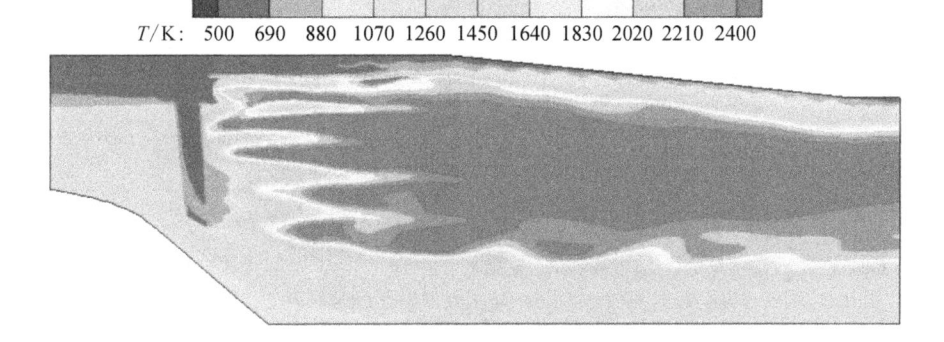

图 9.9　某加力燃烧室中心截面温度云图

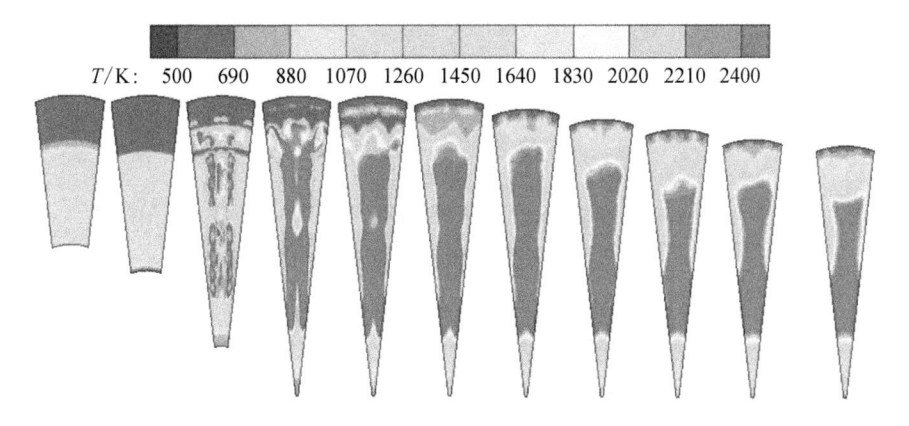

图 9.10　某加力燃烧室轴向各截面温度分布云图

图 9.11 某加力燃烧室轴向各截面氧气浓度分布云图

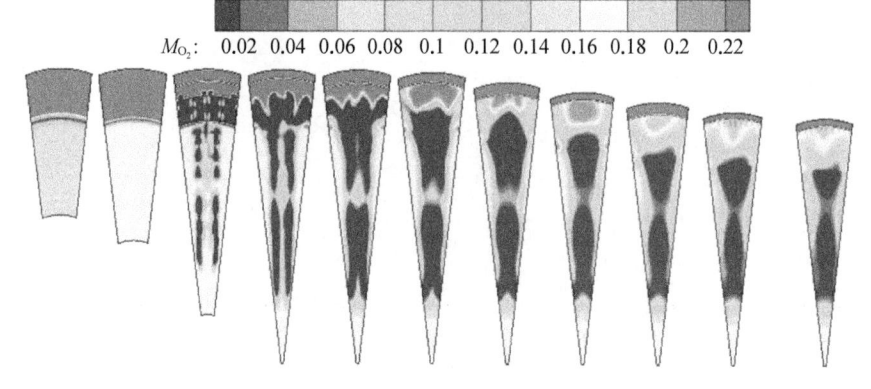

2. 基于 LES 方法的加力燃烧室计算结果

图 9.12 和图 9.13 均为采用大涡模拟获得的某一体化加力燃烧室的流场结果。图 9.12 为某加力燃烧室支板间通道截面的瞬时与时均流向速度分布云图,由图可见气流从内外涵进入燃烧室后的流动变化过程。图 9.13 为某加力燃烧室内轴向速度染色的 Q 准则等值面图,在叶片中部及尾部近壁区域逐渐出现上扬的蹄形涡结构,随着流向位置的增加,涡的尺寸逐渐增大,在叶片尾缘位置处,涡团脱离叶片,进入加力燃烧室筒体内;在加力燃烧室筒体内,大结构涡逐渐拉伸、断裂为小结构涡团,从而使得加力燃烧室筒体后端涡团尺寸明显小于叶片尾缘附近的涡团尺寸。同时,部分外涵气流通过空心叶片流入空心锥内,在空心叶片内的狭长流道内,气流与叶片壁面相互作用生成部分涡结构,并随着外涵气流流入中心锥内。在

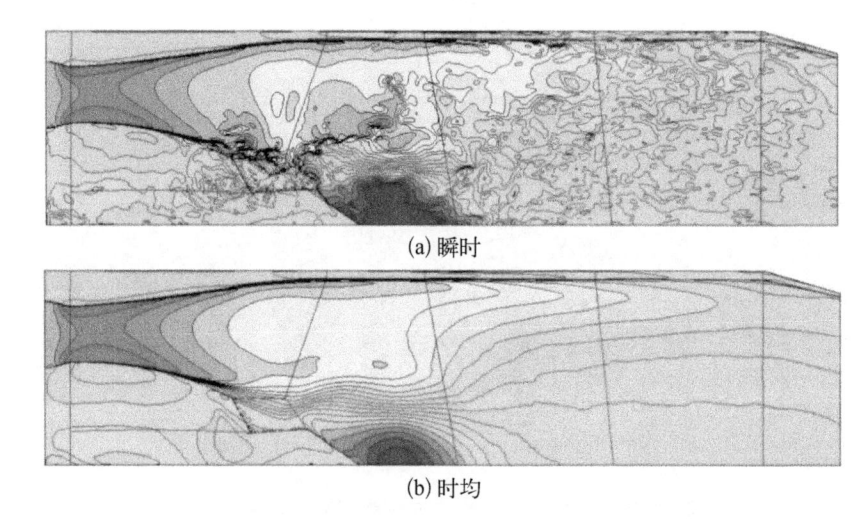

(a) 瞬时

(b) 时均

图 9.12 某加力燃烧室支板间通道截面的流向速度分布云图

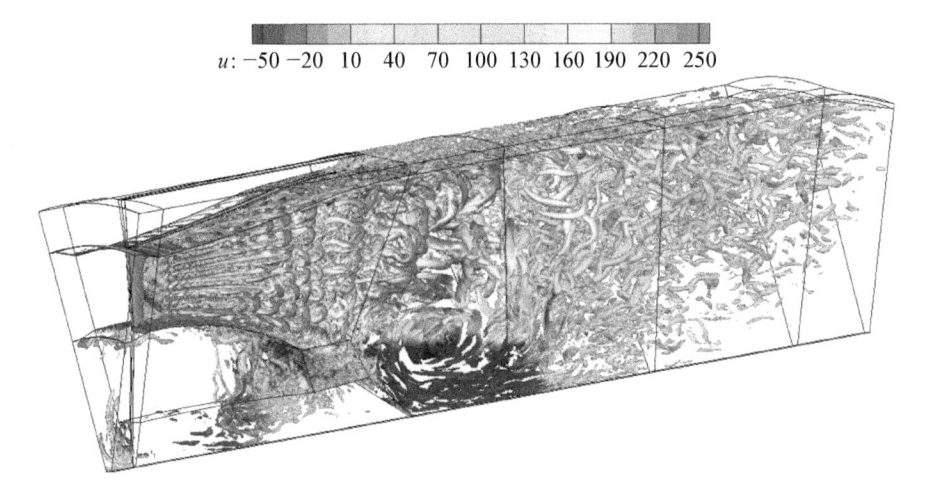

图 9.13 某加力燃烧室的 Q 准则等值面($Q=10^7$,轴向速度染色)

中心锥内,气流流道的突扩作用使得涡团逐渐耗散,其尺寸逐渐变小。由此可见,LES 能够分辨出加力燃烧室内湍流流动的复杂涡系结构。

9.2 加力燃烧室试验

加力燃烧室在设计和研制过程中,需要开展许多试验。一方面,通过试验开展相关零组件方案选型和方案改进验证;另一方面,通过试验获取加力燃烧室的各项指标和验证功能实现情况。

加力燃烧室在不同的研制阶段需要开展不同的试验,在方案论证阶段通常需要进行相关元件级或小组件级试验,主要目的是通过试验开展元件/小组件方案选型并累积试验数据和提升技术储备,主要包括混合扩压器试验、稳定器试验、喷嘴雾化试验等;在方案设计阶段,通常需要进行大组件级试验,大组件级试验件往往是多个元件和小组件物理和功能的集成,主要目的是通过试验初步验证各元件和小组件功能的匹配情况,根据试验结果完成结构优化,主要包括缩比试验、扇形试验等;在详细设计阶段,主要进行部件级试验,主要目的是通过试验获得加力燃烧室的相关特性数据,为其他相关上下游部件、控制系统设计提供界面输入,主要包括加力燃烧室的全尺寸试验、加力机匣的强度试验等。此外,在研制过程或前述试验项目中,通常结合开展相关专项试验,包括水流试验、流阻试验、点火试验、隔热屏冷效特性试验、壁温测量试验等。

本节仅从设计角度出发,介绍加力燃烧室研制过程的部分试验项目,包括试验目的、试验内容、测试要求、试验件设计要求等。为避免与试验系列相关书籍的内容重复,本节不再对试验设备、试验方法、试验测试系统等内容进行详细论述,仅视情况简要提及,对加力燃烧室与主机联调试车、高空台试验、试飞等项目也不再进行论述。

9.2.1 水流模拟试验

水流模拟试验是根据相似原理,在保证几何相似和流动相似的前提下,采用水流来模拟气体流动。在20世纪70~80年代,水流模拟试验广泛地应用于加力燃烧室流场试验研究中,水流试验简单易行,可形象地显示加力燃烧室内气流流动情况,有助于研究人员直观了解加力燃烧室内流场结构。但随着计算机水平的提高和仿真软件的开发应用,三维流场仿真和激光测速试验已取代水流模拟试验。

1. 试验目的

试验目的是研究加力燃烧室内部典型组件(包括混合器、扩压器、稳定器等)的结构形状、尺寸对流场的影响,为上述组件结构改进提供参考依据。

2. 试验内容

水流模拟试验的试验件一般采用透明的有机玻璃制作,可以在试验器中加入适量的示踪剂,用平行片状强光源照射时,就可以明显地看到试验件模型中一个轴向平面的流场,通过观察、测绘、照相和录像等方法研究分析试验件内部流场情况。通过水流模拟试验可观测到扩压器和内锥体的壁面分离情况及分离点的位置,并可观察整流支板后的气流分离情况和锥体后的涡流大小,可测得火焰稳定器后的回流区大小,对比不同结构尺寸的火焰稳定器对回流区的影响,还可测得发动机内、外涵混合后内涵气流和外涵气流的掺混区边界。

3. 试验状态

空气和水都是黏性流体,根据相似原理,不仅要保证试验模型与原几何模型相似,试验中还要保证流动相似。当雷诺数等于或大于第二临界值($Re \geq 10^5$)时,流体的黏性力已不起作用,只有惯性力起作用,由于物体在流体中的阻力系数实际上与雷诺数无关,此时流体的流动进入自模化区。

试验状态确定步骤如下:

(1) 根据真实加力燃烧室进口气动参数(包括流量 W_a、总压 P_t、总温 T_t、运动黏度 v_a)和几何特征尺寸(水力直径 D_a)确定气体雷诺数 Re_a,该雷诺数需要大于第二临界值,以确保流动进入自模化区;

(2) 保证几何相似的条件下,根据雷诺数相等的模拟条件 $Re_a = Re_w$,得到式(9.110),即可确定水流模拟试验状态。

$$Re_a = \frac{V_a D_a}{v_a} = \frac{V_w D_w}{v_w} = Re_w \qquad (9.110)$$

4. 测试要求

水流模拟试验一般用示踪剂进行显示,包括壁面示踪法、丝线法、直接注入示踪法、化学反应示踪法、电控示踪法、光学显示法等。

试验中需要对进口相关参数进行测量,主要内容包括:

(1) 水流流量,常用文丘里管方法测量;

(2) 水流压力,常用皮托管测量;

(3) 水流水温,可用水银温度计或温度传感器测量;

(4) 水流速度,常用测速方法有皮托管、激光测速法和声学多普勒方法等。

水流模拟试验显示技术具有可见性,因此试验时需要拍照和录像,以供进行试验后流型、流体分离、回流区形状分析研究。

5. 试验件设计要求

试验件设计要求有以下几方面:

(1) 可根据加力燃烧室的实际几何尺寸进行缩比来设计水流模拟试验件,但必须保证试验件尺寸与实际加力燃烧室的几何尺寸相似;

(2) 试验件需要采用透明材料,如有机玻璃,可见性优良,给观测和研究内部流场创造良好的条件。

9.2.2 混合器试验

涡扇发动机内涵和外涵的两股气流在进入加力燃烧室前进行混合,有利于推力增益和燃烧组织。通过混合器试验,可以获取出口压力、温度、速度分布,确定最佳混合器的结构尺寸,为稳定器和喷油杆布局设计奠定基础;获得混合度情况,可用于评估发动机非加力状态的推力增益,还可用于不同类型混合器的对比和选型。

1. 试验目的

通过混合器试验可以获得混合损失大小、出口流场分布情况,确定混合器的最佳结构形式和几何尺寸,为整机内、外涵匹配设计提供依据。

2. 试验内容

试验内容包括以下几方面:

(1) 分别获得混合器的损失随速度系数、外内涵流量比、外内涵进口温度比的变化关系;

(2) 测取混合器的出口速度场、温度场、压力场随进口参数的变化;

(3) 改变混合器的结构尺寸,获得混合器的特征结构尺寸对混合损失、混合度以及出口流场的影响规律;

(4) 改变混合器的种类,获得不同类型混合器的混合损失、混合度以及出口流场的特性;

(5) 在混合器壁面喷涂油流试剂,获得混合器表面边界层附近流动情况。

3. 试验状态

选取台架设计点和空中典型状态点,在给定的涵道比、外内涵压比、温度比,以及混合器进口截面总压、总温和出口截面总压、总温、速度系数等状态参数下开展相关试验。

4. 测试要求

主要测量参数有:

(1) 内涵进口流量和外涵进口流量,通常采用孔板流量计测量;

(2) 进口截面的内涵总温、外涵总温和出口截面总温,通常采用多点的温度测试耙测量;

(3) 进口截面的内涵总压、内涵静压,进口截面外涵总压、外涵静压,出口截面总压、静压,通常采用多点压力测试耙测量;

(4) 出口截面的速度分布,通常采用多孔探针测量或粒子图像测速法(particle image velocimetry,PIV)、示踪法测量。

5. 对试验件的设计要求

设计试验件时,考虑试验模型方案及基本尺寸的条件,需要符合以下要求:

(1) 根据气源条件,保证外涵的进口速度系数能够满足一定的变化范围要求,由此确定模型的基本尺寸大小;

(2) 考虑自模化条件和测量、安装要求,确定模型的大小;

(3) 基准模型与发动机实际混合器的尺寸保持几何相似,改变结构尺寸不影响内外涵出口面积比。

9.2.3 二元稳定器试验

二元稳定器试验是将一段同尺寸的二元火焰稳定器和燃油总管放置在矩形试验段内,并在要求模拟的进口状态参数下所进行的试验。矩形试验相比于全尺寸试验,其对气源能力和加温能力要求较低,同时二元稳定器易于加工,大大降低了试验件的加工成本和试验费用,缩短了研制周期。由于试验空间有限和侧壁效应的影响,同全尺寸加力燃烧室的试验相比,二元稳定器试验结果的精度较差。二元稳定器试验通常用于火焰稳定器的选型和优化,尤其在不同结构火焰稳定器的对比试验研究上,其试验结果仍具有很大的参考价值。二元稳定器试验设备简图如图 9.14 所示。

1. 试验目的

通过二元火焰稳定器试验,对不同类型火焰稳定器的点火边界、稳定边界、流阻、火焰结构等特性进行对比试验研究,为加力燃烧室的火焰稳定器选型提供依据。

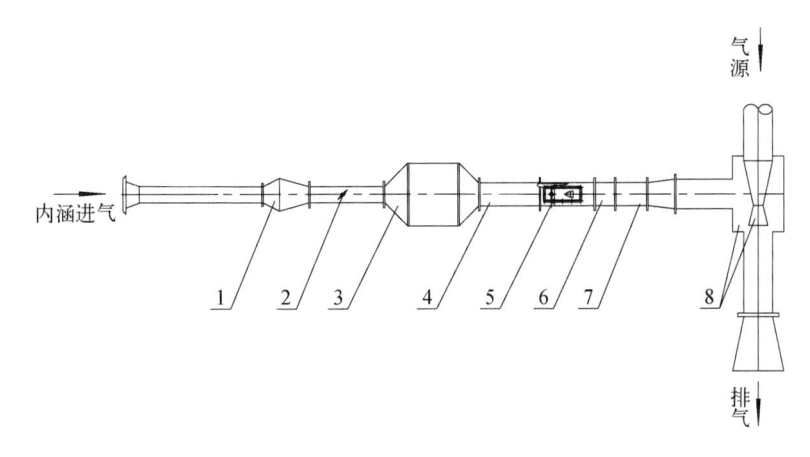

图 9.14　二元稳定器试验设备简图

1-加温器；2-蝶阀；3-稳压箱；4-前测量段；5-试验段；6-后测量段；7-冷却段；8-引射器

2. 试验内容

二元火焰稳定器试验包括低压试验和常压试验。低压试验主要测试火焰稳定器的性能，在给定的进口状态参数下，测试稳定器的燃烧效率、点火性能以及火焰稳定范围。常压试验重点进行火焰稳定器的选型，在不点火状态下进行火焰稳定器的冷态流阻试验。

(1) 点火边界和稳定边界试验：① 在给定进口状态参数下，获取所试验的火焰稳定器的点火边界和熄火边界；② 在给定进口状态参数下，改变试验件进口某一参数，如进口压力、温度、速度、外内涵流量比，获取所试验的火焰稳定器的点火边界和熄火边界；③ 在给定进口状态参数下，改变喷油杆的喷油形式、火焰稳定器与喷油杆的相对位置，获得所试验的火焰稳定器的点火边界和熄火边界；④ 在给定的试验状态下，改变火焰稳定器的几何形状和尺寸，获得火焰稳定器结构改变对点火边界和熄火边界的影响；⑤ 调试加力点火器与火焰稳定器的相对位置和点火能量对点火边界的影响。

(2) 火焰稳定器选型试验：加力火焰稳定器选取目标是选择一个燃烧效率高、流阻损失小、火焰稳定燃烧范围宽的火焰稳定器。在常压和低压状态下，录取不同结构、不同类型火焰稳定器的性能数据，如燃烧效率、流阻损失、火焰稳定范围、点火性能等，为加力火焰稳定器选型提供依据。

(3) 火焰稳定器壁温测试：通过试验获得火焰稳定器表面温度，为火焰稳定器选材提供依据。

(4) 新型火焰稳定器燃烧机理试验：通过二元稳定器试验，研究新型火焰稳定器稳定燃烧后的轴向和径向速度以及紊流分布情况。

(5) 点火电嘴与值班火焰稳定器匹配试验。

（6）火焰稳定器流阻试验：① 获得火焰稳定器堵塞比对流阻损失影响；② 获得火焰稳定器结构形式和结构尺寸的变化对流阻损失的影响；③ 获得火焰稳定器排数与排列方式对流阻损失的影响；④ 获得试验件进口状态参数对流阻损失的影响。

3. 试验状态

二元火焰稳定器试验可以进行常压试验和低压试验，常压试验主要模拟整机加力燃烧室的地面台架状态，低压试验主要模拟飞行包线上左上角压力最低点及飞行包线上其他某些特征点，试验状态参数有进口气流流量、压力、温度、速度系数等。

4. 测试要求

二元焰稳定器试验测试要求如下。

（1）试验件进口气动参数测量：① 压力测量，进口燃气压力应进行多点的总压和静压测量；② 温度测量，在稳定器后方用多点的温度测试耙测量；③ 进口燃气流量测量，内、外涵流量分别进行测量。

（2）试验件出口截面的气流参数测量：① 压力测量，在稳定器后方用多点水冷总压管测量压力分布；② 温度测量，在稳定器后方测量沿半径方向的温度分布情况。

（3）对试验件供油压力和供油流量进行测量。

（4）用燃气分析法，测出燃烧效率和燃气温度。

（5）测量稳定器下游沿程的脉动压力。

（6）试验时用照相、录像方式观察稳定器燃烧时火焰的抖动、传播以及稳定情况。

9.2.4 喷嘴特性试验

雾化质量对燃烧和点火性能的优劣有着显著的影响，因此试验件试验验证前都要进行喷嘴喷雾试验，燃油喷雾试验设备简图如图 9.15 所示。

1. 试验目的

为了设计研制一定性能的加力燃烧室和加力点火系统、检验或检修喷嘴，确定新的组织燃烧方案，需要进行喷嘴喷雾试验、打靶试验、流量特性试验，并在气流中对喷嘴后方的浓度场进行检测。

初步的检测试验仅是喷嘴流量特性和雾化锥角试验，进一步的检测试验要求测量雾化颗粒粒径，如索太尔平均直径，通过空间索太尔平均直径分布可得到均匀度指数 N，测量液滴数密度、燃油体积通量、液滴平均速度、液滴脉动速度均方根，这样就可以为鉴定喷嘴的优劣提供充分的依据，并对不符合的原因作出分析，为生产和设计服务。

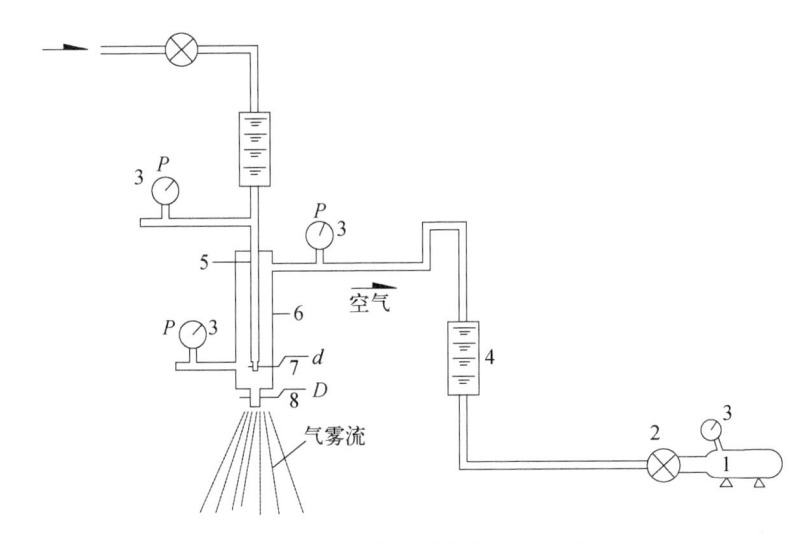

图 9.15　燃油喷雾试验设备简图

1-空气压缩机;2-阀门;3-压力表;4-转子流量计;5-水管;
6-两相流混合室;7-水喷嘴;8-气雾两相流喷嘴

2. 试验内容

对于加力燃烧室上的供油总管喷嘴,首先要进行流量特性试验,一般选取地面台架状态和典型的高空工作状态油压下测定总流量、分区流量以及流量分布,对组装总管前的单根喷嘴杆和单个喷嘴的流量特性测试也规定了相应压力下的流量要求。此外,对于直射喷嘴,应进行满足控制方向的打靶试验。离心式机械雾化喷嘴、气动雾化喷嘴根据具体使用场合要求,除了测试流量特征和喷雾锥角,还进行索太尔平均直径试验并测取液滴数密度、体积通量、气流中喷嘴后方液滴速度、浓度场分布等试验。

普通的流量特性试验和雾化锥角试验都在一般的喷嘴试验器上进行,靠压力表、量筒、角度尺指针、秒表来判断,还凭经验观察是否有明显的油道子,以鉴别喷嘴的好坏。

打靶试验要求在一定压力下直射喷嘴喷出的油柱打进一定距离上的靶孔内为合格。

喷嘴喷油方向检查要求在一定的压差条件下,用煤油检查喷油杆喷出油流的方向,一般要求平行度在长度为 50 mm 时不大于 3.5 mm。

3. 试验状态

一般的喷嘴喷雾都在常温常压的环境中进行,燃油的温度以及空气的温度均在规定控制之下,所以,对加力燃烧室喷嘴而言,试验状态与实际工作状态有较大差异。除温度以外,燃油流量、压降和空气流量均按发动机工作状态要求确定。

4. 测试要求

喷雾试验应对试验用煤油进行常规监测,试验时,应根据当天的煤油密度将实测的燃油流量 Q_T 换算成密度为 $0.78\,\mathrm{g/cm^3}$ 时的流量 Q_R,试验时,注意检查喷油杆上各小孔是否有异物堵塞,允许用反冲洗法清除脏物。

试验时的油温为 $25\pm5\,\mathrm{℃}$。

喷嘴流量特性的检测是在图纸规定的压力下,测取流量。

喷雾锥角的测量按图纸规定要求执行,不允许有油道子、缺块和歪斜等现象。

对喷嘴雾化特性的要求按照不同喷嘴类型提不同的测试要求,其中索太尔平均直径、均匀度指数和液滴分布必须要测量。此外,对直射喷嘴要测量流量特性和射流方向,对雾化喷嘴要测量体积流量分布和速度分布等。

5. 对试验件的要求

喷嘴的喷雾试验一般采用加力燃烧室整机件中的燃油总管或者试验件中的喷油杆,按照加力燃烧室燃油总管验收技术条件要求进行试验。试验时还需要加工一些辅助的试验夹具,如流量收集器、直射喷嘴靶板、角度测量指针、喷嘴固定架等。

9.2.5 扇形试验

在加力燃烧室设计或排故时,为了观察点火及燃烧现象,录取一些初步的性能参数供分析研究,因此将加力燃烧室部件进行局部的组合,如加力火焰稳定器与点火器、火焰稳定器与各区燃油总管等,做成扇形通道的试验段进行常压或低压试验,从而为完成设计和排故任务提供重要的借鉴依据。

加力扇形试验是一种状态模拟试验,当后方用引射器创造出低压条件时,可通过试验设备调试出高空状态,当后方通大气,前方通气源时,可进行常压试验来模拟台架工作状态。为了尽量接近实际,一般按 1/6 或 1/8 扇形截面来设计试验段,周向存在一定的侧壁影响,但是其测试的性能精度要比二元稳定器试验的精度高。图 9.16 为加力燃烧室扇形试验段示意图。

1. 试验目的

为了对比研究各个组织燃烧方案的优劣,或者处理型号研制中遇到

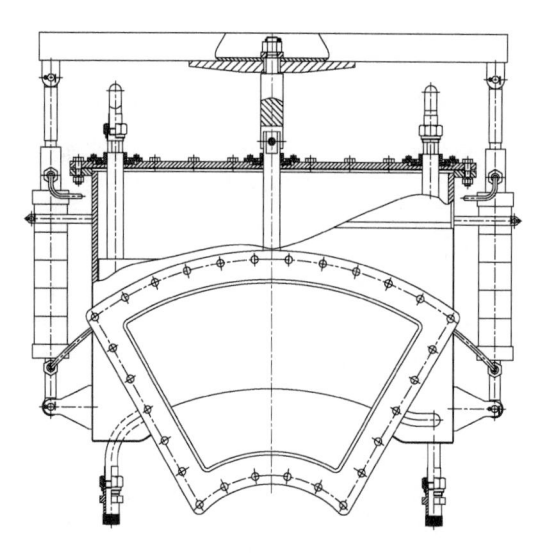

图 9.16 加力燃烧室扇形试验段示意图

的故障,可以采用扇形试验,研究稳定器与供油系统的匹配、燃油总管后方浓度场、加力筒体出口温度场、燃烧效率等,完成各个系统的初步集成验证,从而为修改设计和方案等提供试验依据。

2. 试验内容

扇形试验在试验过程中,可进行从常压到低压各种状态的试验。扇形试验可进行点火试验,初步测定点火边界和着火时间等。

扇形试验可以进行火焰稳定器的稳定工作边界试验,在各试验状态下测出贫油熄火边界和富油熄火边界,同时测定各试验状态时的燃烧效率,进口、出口温度场和流场,必要时测定喷嘴总管后方截面的燃油浓度场。

扇形试验可以进行排故措施验证试验,如排除接不通加力、火焰稳定器烧蚀、筒体温度过高等故障的试验。

扇形试验可以进行新型火焰稳定器、新型喷嘴和点火装置的原理探索试验,节约成本。该试验内容一般先在常压试验状态下进行,在技术逐渐成熟后转为低压试验状态。

扇形试验也可以进行冲压燃烧室、超级燃烧室等预先研究项目的性能测试试验,还可以进行不同种类燃油对试验件性能影响的对比试验研究。

3. 试验状态

地面台架试验为常压状态试验,低压试验则按总体性能计算的空中典型状态,一般与高空台全尺寸试车状态一致。

4. 测试要求

需测试的参数包括：

(1) 内外涵进口气流流量;

(2) 进口总压、总温、静压;

(3) 出口总压、总温、静压;

(4) 典型截面如火焰稳定器出口或喷口,燃气浓度取样测量燃油浓度分布和燃烧效率;

(5) 典型零部件壁面如锥体、稳定器、隔热屏、加力筒体的表面温度;

(6) 各油路的燃油流量;

(7) 火焰特征测量,如用红外摄像仪测取试验件温度分布、光学相机拍摄火焰火舌长度等。

5. 对试验件的设计要求

试验件包括火焰稳定器、内锥体、喷油总管、点火装置、加力筒体等按整机加力燃烧室的布局安装到试验段内部,直接固定于试验段的壁面上。

对于涡扇发动机加力燃烧室扇形试验,应先按照涵道比确定实际内、外涵道面积比,再按照全尺寸加力扩散器尺寸求出试验段壁面内表面各截面的尺寸。

对于内部试验件设计,一方面应尽可能遵照全尺寸加力燃烧室的设计和结构尺寸,另一方面要考虑好扇形内弧壁面和两侧面影响。因此,火焰稳定器结构设计应简化并可装拆,喷嘴总管应结构简单并可装拆,尽量采用可以从壁面直接插入或者采用安装板安装等。在考虑壁面影响时,留出壁面附面层影响区,防止冷壁面影响和壁面扰流对实际试验件阻塞比方面的影响。同时,留有试验件端头与壁面热膨胀量的间隙。

9.2.6 全尺寸试验

在加力燃烧室设计过程中,通过扇形试验和缩比模型试验,很难精确地、全面地模拟加力燃烧室的实际压力、温度和速度场、浓度场分布。受试验条件的局限性影响,扇形试验和其他模型试验所获得的结果往往存在各种偏差,并不能真实地代表全尺寸加力燃烧室特性情况。因此,在发动机主机没有调试成功之前,为了争取时间,加快研制进度,提前暴露和解决问题,需要开展全尺寸加力燃烧室试验。

主要有两种形式的全尺寸加力燃烧室试验:

(1) 通过利用地面高空试验设备,模拟加力燃烧室真实进气条件,开展全尺寸加力燃烧室高空模拟试验。该方法所需气源流量大、耗能大、成本高,但更能真实模拟加力燃烧室进口气流条件,理论上只要气源和设备能力足够,就能够模拟全包线范围内任何状态点。

(2) 利用现有成熟发动机主机,通过设置转接段将新研制的加力燃烧室与主机相配,开展全尺寸加力燃烧室单独调试。该方法具有试验成本低、试验设备简单的优点,但由于成熟发动机主机与新的发动机主机往往状态差异较大,其能够模拟的状态点非常有限,所构建的加力进口参数状态往往与真实发动机存在偏差,试验结果可信度较差。

第二种方法在第一代、第二代加力燃烧室研制中曾起到很关键的作用,但随着航空发动机试验能力大幅提升,采用全尺寸加力燃烧室高空模拟试验更能满足新一代航空发动机研制需要。本节仅对全尺寸加力燃烧室的高空模拟试验进行介绍,其平面布局示意图如图9.17所示。

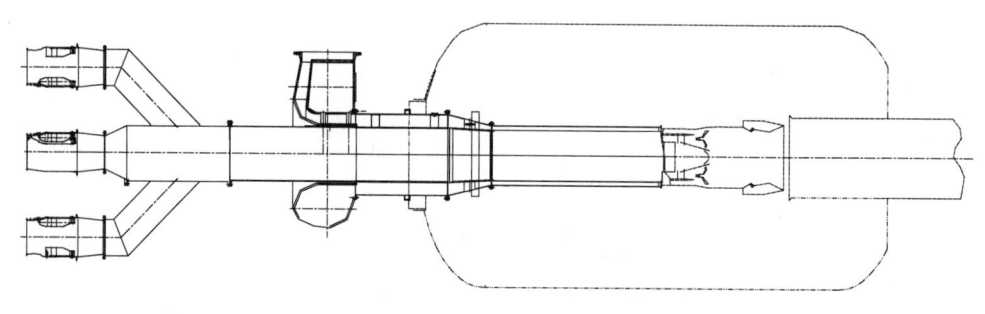

图9.17 全尺寸加力燃烧室的高空模拟试验系统平面布局示意图

1. 试验目的

通过全尺寸试验,研究和验证加力燃烧室的基本性能,获得加力燃烧室点火边界、稳定燃烧边界、冷/热态流阻特性、燃烧效率、出口温度场以及燃烧过程中的压力脉动参数,掌握机匣、隔热屏、稳定器等表面温度分布情况,为加力燃烧室改进和燃油调节规律设计提供依据。

2. 试验内容

全尺寸加力燃烧室的高空模拟试验包括低压试验和常压试验。低压试验主要测试加力燃烧室点火和稳定燃烧性能,常压试验主要获取加力燃烧室出口温度、燃烧效率,以及隔热屏、机匣表面温度分布。

(1) 冷热态流阻试验。

通过对加力燃烧室进口、出口总压进行测量,获得各试验状态点非加力和加力状态下加力燃烧室总压恢复系数。

(2) 点火试验。

获得各试验状态点的贫富油点火边界和稳定燃烧边界,找出最佳点火油气比,为点火区供油调节规律设计提供依据。

(3) 加力燃烧室燃烧性能试验。

通过试验获得各试验状态点下小加力至全加力过程中燃烧效率和出口温度情况,获得最佳燃油分配特性;通过监测加力燃烧脉动参数,评判加力供油和切油过程中工作稳定性,获得各试验状态点加力燃烧室稳定工作边界。

(4) 加力部件结构可靠性试验。

通过对加力燃烧室典型构件壁温测量数据和实物状态的分析,评判加力燃烧室典型构件结构可靠性。

3. 试验状态

利用地面高空试验设备,模拟典型飞行状态下加力燃烧室真实进气条件,可根据发动机高度、速度特性确定试验状态点,对于涡扇发动机加力燃烧室,主要模拟参数有内、外涵进口压力 P_6、P_{16},进口温度 T_6、T_{16},进口流量 W_6、W_{16}。

4. 测试要求

试验前需要对加力燃烧室试验件进行相应的测试改装,对需要测试或记录参数的测量范围、精度及其他要求等进行规定,主要测试参数如下。

(1) 气动参数测试。

测取加力燃烧室内/外涵进口的总压、总温、静压;加力燃烧室出口总压、总温、静压;加力燃烧室隔热屏冷却通道的进出口总压、总温、静压。

(2) 性能参数测试。

测取加力燃烧室的内/外涵进口流量、加力各区供油量、加温器供油量、喷口喉道面积等。

（3）典型构件壁面温度测量。

测取机匣、隔热屏、锥体、稳定器、燃油总管等构件表面温度。

（4）其他测量。

包括加力燃烧室出口燃气分析、加力燃烧脉动压力测量、加力火焰观测等。

5. 对试验件的设计要求

加力燃烧室全尺寸试验所用试验件为整机的加力燃烧室，不同之处在于，全尺寸试验件机匣、隔热屏、内锥等部件上焊接了壁温电偶，在机匣上焊接了很多临时性的测试座，有时为了获得更多的测试数据，对加力燃烧室的燃烧开展全流程测试改装，这样测试的数据更加全面，为排故和指导后续型号设计都具有重要的意义。

主要参考文献

陈光,2014. 航空发动机结构设计分析[M]. 北京：北京航空航天大学出版社.

杜一庆,2005. 高温、低阻、高效加力燃烧室火焰稳定器机理研究[D]. 武汉：华中科技大学.

杜一庆,钱壬章,王建夫,等,2004. 开缝V型火焰稳定器的冷态实验研究[J]. 华中科技大学学报(自然科学版),32(2)：67-69.

范引鹤,高德平,胡舜东,1997. 航空涡喷涡扇发动机结构设计准则(研究报告) 第五册 燃烧室和加力燃烧室[M]. 北京：中国航空工业总公司发动机系统工程局.

方昌德,2007. 航空发动机的发展历程[M]. 北京：航空工业出版社.

傅藻群,1998. 吸入式稳定器设计研究与试验[J]. 航空发动机(3)：28-32.

甘晓华,薛洪涛,雷友峰,2021. 航空发动机工程通论[M]. 北京：北京理工大学出版社.

韩宗英,何昌升,颜应文,等,2020. 钝体稳定射流火焰的火焰面模型数值研究[J]. 航空动力学报,35(2)：337-347.

何立明,2017. 飞机推进系统原理[M]. 北京：国防工业出版社.

侯晓春,季鹤鸣,刘庆国,等,2002. 高性能航空燃气轮机燃烧技术[M]. 北京：国防工业出版社.

黄勇,2009. 燃烧与燃烧室[M]. 北京：北京航空航天大学出版社.

季鹤鸣,刘玉英,2021. 涡扇加力与多功能排气装置[M]. 上海：上海交通大学出版社.

金莉,谭永华,2006. 火焰稳定器综述[J]. 火箭推进,32(1)：30-34.

金如山,索建秦,2016. 先进燃气轮机燃烧室[M]. 北京：航空工业出版社.

李宏新,董玉玺,张连祥,2017. 某型发动机典型故障分析文集(批产阶段：2006-2013年)[M]. 北京：航空工业出版社.

廉筱纯,吴虎,2005. 航空发动机原理[M]. 西安：西北工业大学出版社.

刘长福,邓明,2006. 航空发动机结构分析[M]. 西安：西北工业大学出版社.

刘永泉,2016. 国外战斗机发动机的发展与研究[M]. 北京：航空工业出版社.

马丁利,海泽,普拉特,2014.飞机发动机设计[M].胡晓煜,胡松岩,译.北京:航空工业出版社.

马文杰,杨阳,柳杨,等,2007.尾缘吹气稳定器与前方溅板式喷油匹配研究[J].航空动力学报,22(12):1977-1983.

梅雨,张萍,颜应文,2020.横向射流中煤油雾化过程的数值模拟[J].南京航空航天大学学报(S01):18-27.

朴英,张绍基,2001.军用航空发动机加力控制系统的研究和发展[J].推进技术,22(2):89-91,96.

齐飞,李玉阳,苑文浩,2021.燃烧反应动力学[M].北京:科学出版社.

尚守堂,2013.航空动力技术的研究热点及发展趋势[J].航空制造技术,22(6):881-887.

尚守堂,林宏军,程明,等,2021.航空发动机燃烧室数值仿真技术工程应用分析[J].航空动力,19(2):66-70.

孙雨超,2011.一体化加力燃烧室方案设计及数值研究[J].航空科学技术(4):71-74.

王亚军,2016.加力燃烧室典型构件壁温计算[D].南京:南京航空航天大学.

王玉梅,2009.简易层板隔热屏流阻及冷却效果研究[D].南京:南京航空航天大学.

尉曙明,索建秦,2014.先进燃气轮机燃烧室[M].北京:航空工业出版社.

《新航空概论》编写组,2010.新航空概论[M].北京:航空工业出版社.

徐旭常,周力行,2008.燃烧技术手册[M].北京:化学工业出版社.

杨开田,张孝先,2001.航空发动机设计手册:第11册 加力燃烧室[M].北京:航空工业出版社.

杨世铭,陶文铨,2006.传热学[M].北京:高等教育出版社.

杨雨,2017.大涡模拟一体化加力燃烧室三维流场[D].南京:南京航空航天大学.

尹泽勇,米栋,2015.航空发动机多学科设计优化[M].北京:北京航空航天大学出版社.

岳承熙,刘湘生,1997.航空涡喷涡扇发动机结构设计准则(研究报告) 第一册 总论[M].北京:中国航空工业总公司发动机系统工程局.

张恩和,张连祥,李宏新,2014.某型发动机典型故障分析文集(研制阶段)[M].北京:航空工业出版社.

张孝春,李江宁,徐兴平,等,2007.加力燃烧室中缝式稳定器技术研究[J].航空动力学报,22(6):881-887.

张孝春,孙雨超,刘涛,2014.先进加力燃烧室设计技术综述[J].航空发动机,40(2):24-30.

周世恒, 1990. 喷气发动机加力燃烧室技术发展[Z]. 航空发动机参考资料.

Nicoll R A, Vdoviak J W, 1996. Multi-hole film cooled afterburner combustor liner: US05483794A[P]. 1996-01-16.

Vdoviak J W, Lamando C J, 1989. Gas turbine engine augmentor: US04833881A[P]. 1989-05-30.